Loi naturelle et procréation médicalement assistée

Luc ONAMBELE

Loi naturelle et procréation médicalement assistée

Questions fondamentales de bioéthique et d'éthique biomédicale

Préface de Thierry Collaud

L'Harmattan

Du même auteur

*Loi naturelle et euthanasie. Apport d'*Evangelium vitae *à la réflexion morale contemporaine,* L'Harmattan, 2014.

5-7, rue de l'École-Polytechnique, 75005 Paris
www.harmattan.com
diffusion.harmattan@wanadoo.fr
ISBN : 978-2-343-10702-8
EAN : 9782343107028

À mon feu père Adalbert Nkoa Onana, qui nous a appris dans notre enfance les clés de structure de la loi naturelle et son objectivité morale,

À tous ceux qui souffrent du drame de la stérilité et de l'infertilité,

À tous ceux qui sont victimes de la déshumanisation dans leur état embryonnaire.

Sommaire

SIGLES ET ABRÉVIATIONS

I. Écriture sainte

Gn : Genèse

Ex : Exode

Dt : Deutéronome

Dan : Daniel

Ba : Baruch

Ps : Psaumes

Sg : Sagesse

Si : Siracide

Tb : Tobie

Lv : Lévitique

Mt : Évangile selon saint Mathieu

Mc : Évangile selon saint Marc

Lc : Évangile selon saint Luc

Jn : Évangile selon saint Jean

Ac : Actes des Apôtres

Rm : Épître de saint Paul aux Romains

He : Épître aux Hébreux

Ep : Épître de saint Paul aux Éphésiens

Gal : Épître de saint Paul aux Galates

Ph : Épître de saint Paul aux Philippiens

Col : Épître de saint Paul aux Colossiens

1Co : Première Épître de saint Paul aux Corinthiens

2Co : Deuxième Épître de saint Paul aux Corinthiens

1P : Première Épître de saint Pierre

1Jn : Première Épître de saint Jean

Jc : Épître de saint Jacques

II. Autres abréviations

VS : *Veritatis splendor*

CIT : Commission Internationale de Théologie

EV : *Evangelium vitae*

GS : *Gaudium et Spes*

OT : *Optatam Totius*

STh : Somme Théologique

CDSE : Compendium de la Doctrine Sociale de l'Église

CEC : Catéchisme de l'Eglise Catholique

CNE : Commission nationale d'éthique pour la médecine humaine (Suisse)

DZ : Denzinger

CDF : Congrégation pour la Doctrine de la Foi

DEM : Déclaration pour une éthique mondiale

FR : Lettre encyclique *Fides et ratio*

PMA : Procréation Médicalement Assistée

AMM : Association Médicale Mondiale

GPA : Gestation pour autrui

Préface

L'ouvrage que l'on va lire est le fruit d'un travail de décentrement à plusieurs niveaux. Le premier décentrement est celui d'un regard africain sur la loi naturelle, qui nous rappelle que celle-ci n'est pas la propriété d'une école philosophique européenne, mais résonne dans le cœur et l'intelligence de tout humain. Par regard africain, nous n'entendons pas un regard spécifique qui pourrait se rattacher à ce que l'on appellera une théologie africaine[1], mais celui d'un théologien originaire d'Afrique qui apporte sa pierre à la construction universelle de la théologie. L'autre décentrement important est celui d'un théologien traitant d'un sujet, les procréations médicalement assistées, qui pourrait sembler à première vue étranger à sa matière et être réservé aux experts scientifiques et médicaux du domaine de la reproduction humaine. En s'emparant du sujet à partir du lieu de la théologie, non sans avoir fait un grand effort de connaissance et de formation dans ce domaine, Luc Onambele rappelle que le discours éthique n'est pas réservé aux experts de la branche. Si cela était le cas, il fonctionnerait comme une autorégulation interne à une discipline. Au contraire, il est de la responsabilité de la société tout entière. Cela est bien évident dans le chapitre consacré à la bioéthique où l'auteur fait judicieusement référence à W.R. Potter considéré comme l'inventeur du terme "bioéthique", mais dont on étudie assez peu la pensée. Celui-ci avait conçu le champ de la bioéthique d'une manière beaucoup plus large que le domaine limité des techniques biomédicales. Il s'agissait pour lui de réfléchir aux « valeurs humaines » devant soutenir toute recherche scientifique ouvrant le champ jusqu'à une vision écologique. De ce point de vue, la parole du théologien est tout à fait à sa place, voire indispensable, comme l'a montré la réception, positive dans de nombreux milieux, de l'encyclique du pape François *Laudato Si'*.

Deux oublis menacent le monde contemporain. Il y a d'une part l'oubli du sens de la recherche scientifique et surtout de ses applications technologiques que nous venons d'évoquer. Il y a d'autre part l'oubli d'une dimension universelle de l'humain. L'homme moderne est fasciné par l'individu et par ce qui est considéré comme sa liberté ou son autonomie. Cette liberté est conçue comme la possibilité pour chacun d'entre nous d'exercer ses préférences et de faire ses propres choix. Au fur et à mesure que l'homme s'installe dans cette illusion de liberté, les autres disparaissent ou, pire, deviennent des gêneurs parce qu'ils limitent cette fausse liberté. On en arrive à la situation paradoxale où l'homme tente d'être libre et se trouve

[1] Voir la nouvelle collection « Théologie africaine » aux éditions Academic Press de Fribourg et son premier volume : BUJO, Bénézet, *Le Credo de l'Église en dialogue avec les cultures*. Fribourg, Academic Press, 2016.

isolé, se méfiant de tout le monde, devenant d'une certaine manière prisonnier de lui-même. Le drame de notre époque - en particulier dans les pays du Nord, mais le reste du monde n'est pas à l'abri - c'est que pour atteindre cette pseudo-liberté nous avons accepté de sacrifier la communauté. Nous avons sacrifié les liens intersubjectifs dont, par aveuglement, nous ne voyons plus la richesse. Restent alors des relations formalisées, codifiées et chosifiées. L'exemple de la sexualité qui est développé dans la deuxième partie du livre est frappant. Cet individu placé sur un piédestal devient le siège du droit au plaisir, du droit à un partenaire et du droit à l'enfant. Parce qu'on a perdu le sens d'une anthropologie qui nous précède, anthropologie qu'a si bien développée le pape Jean-Paul II dans ses catéchèses sur le corps[2], on ne peut faire référence qu'à une vision naturaliste, à la Kinsey, du "commerce sexuel" où le statistiquement majoritaire devient la nouvelle norme. Le drame est encore accentué parce qu'on ne sait plus transmettre aux générations suivantes la vérité des relations humaines et en particulier des relations familiales. On ne leur en propose qu'une conception mécaniste accompagnée de codes techniques visant à savoir comment "utiliser" l'autre correctement. En témoigne cette phrase terrible que l'auteur relève dans un document officiel andalou où la sexualité est présentée aux enfants de 10 ans comme « la capacité de profiter de notre corps et du corps de l'autre personne ».

Les problèmes que nous rencontrons avec la gestion de la sexualité et du désir d'enfant se prolongent dans l'utilisation des techniques de procréation médicalement assistée. La seule réponse que le monde scientifique propose et que beaucoup de nos contemporains attendent est une réponse technologique. Il s'agit de fournir un enfant à tout prix, comme on fournit un produit à celui qui nous le demande. On arrive aux aberrations d'une technique qui, ne visant que l'efficacité, ne voit pas qu'elle asservit les humains qui ont recours à elle : parcours médicalisé astreignant pour les couples ; embryons congelés qui restent en rade et dont on ne sait pas quoi faire ; adoptions homosexuelles où l'on prétend contre toute évidence qu'un enfant peut avoir, par exemple, deux papas et pas de maman ; ou encore mère "porteuse" à qui on achète son enfant pour quelques dollars.

Luc Onambele nous questionne : est-ce cela la vraie liberté ? Si non, alors que lui manque-t-il ? Il lui manque la *vérité* qui dit la vraie nature de l'homme et ce qui est bon pour lui. Il lui manque la capacité d'écouter ce que dit le fond de son cœur, son "*petit cœur / nèm ntògò*". En effet, *la vérité ne se décrète pas, elle s'écoute*. Dès le départ, nous sommes mis devant cette exigence de vérité qui sera rappelée tout au long du livre. Cela est fondamental parce qu'il faut constamment redire à nos contemporains que

[2] JEAN-PAUL II *Homme et femme Il les créa : une spiritualité du corps*. Paris, Ed. du Cerf, 2012.

l'exigence de vérité ne limite pas la liberté, mais lui donne le lieu où elle pourra le mieux se déployer. L'insistance que l'auteur met sur l'éducation dit bien cela. Une éducation bien comprise n'enferme pas, ne limite pas, mais apprend à utiliser au mieux sa liberté en l'intégrant dans cette chaîne indissociable vérité-bien-liberté, le seul endroit où elle peut trouver sa véritable dimension. C'est alors cela qui amène l'homme à son épanouissement.

C'est cette exigence d'une vérité sur l'homme que la *loi naturelle* va alors honorer. Et cette loi, chaque homme la trouve dans son cœur, pour peu qu'il veuille bien faire cet effort d'écoute évoqué plus haut. Par le recours à la sagesse africaine qui lui vient de son père, Luc Onambele nous rappelle l'importance du cœur comme organe décisionnel. Il rejoint la tradition de l'anthropologie biblique où le cœur n'est pas réduit à l'affectif comme nous avons souvent tendance à le faire actuellement, mais est le véritable organe décisionnel de la personne. Le cœur est le centre intégrateur qui synthétise et met en harmonie les données de la raison, de l'affectivité, de la sagesse héritée des ancêtres et, il aurait fallu le dire en premier, de la voix de Dieu qui parle au plus secret de l'être, au cœur du cœur, qui instruit ce "*petit cœur / nèm ntògò*" pour qu'il prenne la décision *bonne*. Le Concile Vatican II nous l'a rappelé avec force au §16 de la constitution *Gaudium et Spes* : « La conscience est le centre le plus secret de l'homme, le sanctuaire où il est seul avec Dieu et où sa voix se fait entendre. C'est d'une manière admirable que se découvre à la conscience cette loi qui s'accomplit dans l'amour de Dieu et du prochain ». Trouver en soi une norme morale qui amène à aimer Dieu et le prochain quel qu'il soit, une norme qui indique la manière dont l'homme pourra atteindre son bien, c'est-à-dire son plein épanouissement, voilà ce que dit la loi naturelle.

L'ouvrage que nous avons là est un ouvrage de théologie morale. On aurait pu craindre, en conjuguant cette discipline et la notion de loi naturelle, d'arriver à une réflexion très normative, énumérant dans le détail les pratiques permises et celles qui ne le sont pas dans ce large domaine de l'aide médicalisée à la procréation. Cela aurait été fastidieux, mais surtout cela n'aurait pas correspondu à ce que doit être une théologie morale digne de ce nom. Fort heureusement, Luc Onambele a su, avec grande sagesse, éviter ce piège. Son travail insiste bien plutôt sur le fait que le rapport à la loi naturelle, loin d'être un rapport à un corpus fermé de normes ouvrant sur une morale de l'obligation, est une contemplation du mystère de l'homme. On appréciera alors sa vision de la morale comme une morale des fondements anthropologiques et du déploiement de l'humain et non une morale du permis et du défendu. Elle trouve sa juste dimension en se laissant diriger par la vertu de prudence qui est la vertu de la prise de conscience, à la fois de l'infinie complexité de l'homme et du monde, donc de son mystère, mais aussi de la capacité de l'homme de poser des actes concrets qui en respectent la vérité, la bonté et la liberté. Il peut le faire si justement il se libère de l'illusion normative et légaliste pour, à partir de la contemplation de ce mystère, trouver la capacité d'écouter les petites voix (*nèm ntògò*) qui y résonnent et qui trouvent écho dans les tréfonds de son cœur. C'est cette écoute respectueuse du monde créé et de son Créateur qu'une certaine conception triomphaliste de la technique refuse, courant alors le risque, en voulant s'affranchir de la loi naturelle, de « dégrader le mystère en le ramenant au problème » selon le mot du philosophe Gabriel Marcel cité par l'auteur. Merci à Luc Onambele de nous rappeler qu'il y a d'autres chemins possibles.

Thierry Collaud
Professeur d'éthique sociale chrétienne
Université de Fribourg

INTRODUCTION GÉNÉRALE

I. L'ORIGINE DE NOTRE RÉFLEXION : LA MORALE TRADITIONNELLE AFRICAINE

En famille, comme il était de coutume dans la tradition Beti[3], papa nous racontait souvent des histoires pour nous inculquer certaines valeurs morales susceptibles de nous aider durant toute notre vie. Voici une de ces histoires qui revenait souvent. Même si c'est un souvenir personnel et intime, je me sens obligé de le rapporter dans la mesure où il est l'origine de ce travail.

Il était une fois un homme appelé Zibi qui avait épousé une jeune fille Kouna avec laquelle il a eu une fille qui s'appelait Eyenga. Lorsque la petite Eyenga eut huit ans, sa mère Kouna commença à entretenir une relation extraconjugale avec un autre homme du village voisin à l'insu de son père. Chaque fois que ce « monsieur de dix heures »[4] venait à la cuisine[5] de sa mère, Eyenga trouvait sa présence incommode. Mais, par le respect dû aux aînés, elle gardait le silence. Un jour, pendant que ce visiteur indésirable dégustait un plat traditionnel *okòk* servi par sa dulcinée, Zibi, par un chant, annonça son arrivée imminente à la maison. Surprise par ce retour précoce,

---

[3] Ethnie du Cameroun.

[4] Vers dix heures, les villages sont vides parce que tout le monde est parti au champ. L'expression « monsieur de dix heures » est une appellation péjorative qui désigne les imposteurs qui viennent en l'absence du propriétaire.

[5] Dans la tradition « Beti » en général et des « Étons » en particulier, l'homme ne reste pas, ne mange pas à la cuisine. Il attend la nourriture dans sa case familiale *nyëbe* ou *abaa*. Seul le mari peut parfois en cas de nécessité, entrer pour une courte durée dans la cuisine de sa femme. Les mères de familles apprennent aux jeunes filles, futures épouses, à réserver ce lieu d'intimité qu'est la cuisine seulement à leurs futurs maris. Un homme qui entre régulièrement dans la cuisine de sa femme et y demeure, soit pour manger soit pour causer, est taxé de *Fam biyem*. C'est une appellation péjorative qui désigne l'homme gourmand qui compte les morceaux de viande dans la marmite et surveille sa femme afin qu'elle soit incapable de partager la nourriture librement et équitablement au reste de la famille. La présence régulière d'un homme dans une cuisine qui n'est pas celle de sa femme est suspecte. Chaque mère doit éduquer sa fille à préserver cette intimité familiale qu'est la cuisine. La jeune Eyenga ayant reçu cette éducation de sa mère est surprise de découvrir comment la personne qui lui a enseigné la réservation de la cuisine au mari uniquement transgresse elle-même ses valeurs.

Kouna paniqua et demanda immédiatement à son amant de se rendre au fond de la cuisine[6] où elle le cacha sous le panier *essamak*[7].

Aussitôt arrivé, Zibi se rendit directement à la cuisine pour remettre à sa femme le gibier qu'il avait rapporté de la brousse. Très contente des provisions, Kouna, d'un ton doux et sensuel, accompagné d'un rituel adéquat, supplia son mari de s'asseoir pour se reposer avec un verre d'eau et quelques graines d'arachides avant le repas familial. Pendant que Zibi grignotait les arachides, la petite Eyenga était perturbée par la sérénité, la tranquillité, la spontanéité habituelle avec laquelle sa mère recevait son père. Les gestes, les paroles et le regard de Kouna étaient tellement bien coordonnés que Zibi se sentait très heureux et ne pouvait pas imaginer qu'en ce moment précis il y avait dans la cuisine de sa femme son « remplaçant ». L'attitude de son épouse, pendant ces moments, ne laissait rien transparaître d'anormal. Eyenga, se souvenant des enseignements reçus de sa mère sur la sacralité de la cuisine comme lieu d'intimité familiale, ne comprenait pas pourquoi celle qui, jusque-là, était l'incarnation par excellence de la femme idéale au foyer, visiblement, au lieu de manifester de quelque manière un sentiment de culpabilité ou une attitude taciturne, resta au contraire imperturbable et continua à servir son mari dans toute la naturalité et la dextérité possible.

Face à la personnalité ambivalente et schizophrénique de sa mère qui, d'une part, lui avait inculqué les valeurs sacrées de la cuisine, et qui, d'autre part, était la première à les transgresser sans le moindre remords, Eyenga voulait comprendre ce qui se passait réellement. Elle voulut vérifier la crédibilité des enseignements reçus de sa mère. C'est alors qu'elle se rappela que sa mère lui disait toujours que, dans le cœur de l'homme, il y a une voix très sûre, le *nem ntògò*[8], une voix très douce qui nous interpelle toujours et nous invite à faire le bien et à éviter le mal, que le *nem ntògò*

---

[6] Nous sommes dans l'Afrique traditionnelle. En général il y a une partie de la cuisine qui est toujours sombre même dans la journée.

[7] Le panier en question est unique ; il sert surtout à couvrir la volaille.

[8] La traduction littérale du *nem ntògò* est le cœur petit. C'est la raison naturelle ou syndérèse selon Thomas d'Aquin. Selon Papa, il y a dans l'homme qui agit sur le plan moral deux cœurs dont le plus gros ordonne avec force, intime des ordres dans la précipitation. Lorsque l'homme a faim par exemple, le gros cœur lui dit qu'il peut en passant manger un doigt de banane qui ne lui appartient pas puisqu'il a faim. Le petit cœur, par contre, te dit : fais attention, certes tu as faim, mais ce doigt de banane ne t'appartient pas. Il serait mieux de dire la vérité au propriétaire et il pourra le partager avec toi ou te le donner entièrement. Ainsi tu agis dans la liberté et la vérité. Lorsque je commençai les études théologiques et que notre professeur de théologie morale nous parla pour la première fois de la syndérèse ou raison naturelle, je me rappelai tout ce que Papa nous enseignait à la maison. Mais, à l'époque, je me demandais comment une personne qui n'avait jamais été à l'école pouvait être si thomiste.

connaît toujours la vérité, que le *nem ntògò* ne se trompe jamais, raison pour laquelle il nous recommande toujours la vérité, que plus l'homme écoute et agit selon les prescriptions du *nem ntògò*, plus il est libre, que le *nem ntògò* est une lumière inextinguible dans le cœur de l'homme qui nous rappelle sans cesse le bien que nous devons faire et le mal que nous devons éviter, même si l'homme n'écoute pas parfois les recommandations du *nem ntògò*.

Pour vérifier si sa mère écoutait son *nem ntògò*, la jeune Eyenga, avec une voix fine, sans pour autant interrompre ses parents dans leur conversation, improvisa une chanson[9] composée de trois phrases qu'elle exécuta à voix basse tout en esquissant de petits dessins avec un bambou sur la terre :

Que dit le nèm ntògò de papa ?

Que dit le nèm ntògò de maman ?

Que dit le nèm ntògò de la personne qui est cachée sous le panier ?

Sachant ce qui se passait, Kouna s'empressa d'envoyer la petite Eyenga cueillir des condiments derrière la cuisine. Malheureusement pour elle, c'était trop tard, puisque Zibi avait exécuté la chanson et était curieux de vérifier si, effectivement il y avait une personne cachée sous le panier. À la sortie de sa fillette, ce visiteur malsain sortit de sa cachette avec une vitesse de lycaon, de telle sorte que Zibi ne put mettre la main sur lui. C'est ainsi que Kouna perdit l'estime, la confiance, la crédibilité, l'amour de son mari et de la famille, faute de n'avoir pas écouté son *nem ntògò*.

Le souvenir d'une histoire racontée par un père de famille dans un village perdu d'Afrique pour éduquer ses enfants, semble-t-il, peut ne pas avoir de rapport avec notre thème. Mais nous verrons par la suite que c'est cette éthique traditionnelle africaine qui est à l'origine de notre réflexion.

II. FONDEMENTS ÉPISTÉMOLOGIQUES

De cette histoire, nous voulons tirer quelques hypothèses ou présupposés qui serviront de piliers ou de fondements épistémologiques à notre réflexion. En effet, une réflexion sur le thème *Loi naturelle, procréation médicalement assistée,* exige dès le départ des points d'appui sous peine de se retrouver dans un labyrinthe où le fil d'Ariane serait insuffisant, tant il est vrai que le thème, non seulement est vaste, mais aussi et surtout que son actualité déjà prédispose à des digressions qui, sans manquer d'importance dans le débat, pourraient nous engager sur un océan sans boussole d'orientation. Les divergences dans l'interprétation de certains

[9] Nous faisons une traduction littérale de la version « éton » de la chanson racontée par Papa. Nous ne disposons pas de partition parce que nous sommes dans l'Afrique traditionnelle où la musique n'est pas écrite. Néanmoins, nous avons gardé la mélodie, version racontée par Papa : nous pouvons la mettre sur partition.

concepts clés du thème vont parfois jusqu'à mettre en contradiction certains principes éthiques et juridiques. C'est le cas notamment du principe cardinal du respect de la dignité de la personne humaine, qui est brandi tant par les défenseurs de la légalisation de la gestation pour autrui que par leurs adversaires. Aussi nous paraît-il nécessaire de préciser les trois fondements épistémologiques suivants :

La chaîne vérité-bien-liberté,
La chaîne foi-raison,
L'existence des actes intrinsèquement mauvais.

II.1. La chaîne vérité-bien-liberté[10]

L'homme de par sa nature aime la vérité[11]. Il cherche toujours à connaître la vérité ; il l'expérimente comme essentielle dans sa vie et se rend compte que son bonheur dépend de la connaissance de la vérité : « Vous connaîtrez la vérité et la vérité vous libérera »[12]. Commentant ce passage de l'Évangile, Jean-Paul II nous rappelle que « ces paroles contiennent une exigence vis-à-vis de la vérité comme condition d'une authentique liberté et aussi l'avertissement d'éviter toute liberté apparente, toute liberté superficielle et unilatérale, qui n'irait pas jusqu'au fond de la vérité sur l'homme et sur le monde[13] ». L'une des définitions fondamentales de l'homme est qu'il est un être qui cherche la vérité. Cette recherche qui est profondément enracinée dans sa nature ne peut être vaine et inutile. L'homme est convaincu que la vérité est un bien rassurant. C'est ce qui justifie le comportement de la petite Eyenga qui, malgré son jeune âge, veut connaître la vérité sur les enseignements reçus de sa mère. Elle ne se limite pas aux consignes et aux normes reçues, elle veut savoir le bien-fondé des valeurs que sa mère lui a inculquées. Elle veut se rassurer, se sentir libre et épanouie par les conseils de sa mère. Mieux elle connaîtra le bien-fondé des leçons reçues, plus elle se sentira libre, sereine et heureuse dans sa famille. Dans sa recherche de la vérité, la jeune Eyenga ne s'est pas montrée particulièrement superficielle et ne s'est pas limitée à une vérité partiale ou aux consignes reçues. Son intelligence continua la recherche jusqu'à ce qu'elle rencontre une vérité absolue qui mette fin à son anxiété, nonobstant toutes les conséquences tant négatives que positives que cette recherche

[10] Les trois éléments de la chaîne sont inséparables. Chaque élément est un « maillon », mais l'ensemble forme une chaîne. S'il manque un maillon, la chaîne va se rompre. Il faut donc toujours tenir les trois valeurs ensemble. L'une d'elles ne peut être comprise et survivre sans les deux autres.

[11] Cf. Saint AUGUSTIN, *De civitate Dei,* 1. XIX, c.1, n.3, « *Nulla es homini causa philosophandi, nisi ut beatus sit* »

[12] Jn.8, 32.

[13] JEAN-PAUL II, Encyclique *Redemptor hominis*, 04.3. 1979, n° 12.

pouvait entraîner pour sa famille : c'est l'attitude de tout homme en quête de la vérité.

La découverte de la vérité totale sur un fait ou un sujet rend l'homme heureux parce que cela lui donne une satisfaction interne qui le rend libre. Toute personne dotée de capacités intellectuelles et mentales ne peut sincèrement être indifférente à la vérité et au savoir ou à sa connaissance. Saint Augustin, dans une de ses leçons, écrit à ce propos : « J'ai rencontré beaucoup de gens qui voulaient tromper, mais personne qui voulait se faire tromper[14] ». L'homme qui aspire au bonheur veut connaître librement la vérité objective sur la réalité et sur lui-même pour son autoréalisation. Il existe donc un lien essentiel entre vérité bien et liberté[15]. D'une part, la personne humaine qui est dominée par ses passions peut difficilement connaître la vérité, parce qu'elle n'est pas libre ; elle est esclave du péché et se ferme aux exigences de la vérité morale et religieuse. D'autre part, sans vérité, il n'y a pas de liberté, car celle-ci consiste essentiellement dans la capacité de l'homme de réaliser le bien ; pas n'importe quel bien, mais celui qui le perfectionne comme personne, comme fils de Dieu[16]. Par conséquent, si on nie la vérité, la liberté perd sa consistance et l'homme reste exposé à la violence de ses passions et aux conditionnements ambiants[17]. Sans ces valeurs inséparables que sont la vérité, le bien et la liberté, la vie sociale se réduit à une pièce de théâtre où chacun joue un rôle qui voile sa véritable nature. L'attitude de Mme Kouna devant son mari en est un exemple. Autrement dit, l'homme étant un animal social au sens plus littéral du terme, la chaîne vérité-bien-liberté doit être maintenue pour qu'il accomplisse sa vocation d'être social. Le comportement éthique d'une personne qui suit son libre et juste vouloir s'inscrit dans un itinéraire de bonheur et l'oriente vers sa perfection : « Il n'y a pas de morale sans liberté. (...) S'il existe un droit à être respecté dans son propre itinéraire de recherche de la vérité, il existe antérieurement l'obligation morale grave pour tous de chercher la vérité et, une fois qu'elle est connue, d'y adhérer[18] ». Le devoir-faire ou la question morale ne peut pas faire abstraction des valeurs vérité-bien-liberté, moins encore les séparer. Car il n'y a pas de morale sans liberté d'autant plus que c'est toujours librement que l'homme se tourne vers le bien et veut connaître la vérité. La chaîne vérité-bien-liberté est au centre de la question morale :

---

[14] Saint AUGUSTIN, *Confessions*, X, 23,33 : CCL 27, p.173.

[15] Cf. JEAN-PAUL II, *Veritatis splendor (dorénavant VS)*, sur quelques questions fondamentales de l'enseignement moral de l'Eglise, 08.6.1993, n° 84.

[16] Cf. T. TRIGO, « "La verdad os hará libres" (Jn8, 32). El vínculo de la verdad con la libertad » in E. MOLINA y T. TRIGO, *Verdad y Libertad. Cuestiones de moral fundamental, Etica y Sociedad*, 2009, p. 57.

[17] Cf. JEAN-PAUL II, Encyclique *Centesimus annus*, n. 46.

[18] JEAN-PAUL II, V.S., n.34.

« Maître, que dois-je faire de bon pour obtenir la vie éternelle ?[19] » et les trois maillons qui constituent la chaîne sont inséparables.

II.2. La chaîne foi-raison[20]

Si la petite Eyenga se questionne intérieurement sur la véracité des enseignements reçus de sa mère, c'est parce qu'elle est convaincue du moins intuitivement de trouver une réponse objective à sa recherche. L'innocence de son âge exclut ici l'hypothèse d'embarras ou de dénonciation de sa mère et nous incite à découvrir ce qui l'anime profondément : trouver une réponse adéquate. Sa capacité de s'interroger sur la véracité des enseignements reçus de sa mère implique déjà une première réponse. Seule la possibilité de pouvoir arriver à trouver une réponse la pousse à entonner ce chant. Elle croit que ses parents connaissent cette réponse et voudrait à tout prix la connaître à son tour. Elle est donc loin de chercher ce qu'elle ignore complètement ou ce qu'elle estime impossible d'atteindre ; elle a un pressentiment de la vérité.

Cette attitude est bien similaire à la recherche scientifique. En effet, lorsqu'un savant se met dans le cadre d'une recherche à vouloir donner une explication logique et vérifiable sur un phénomène déterminé, il est convaincu en même temps qu'il trouvera une réponse et ne cède pas devant les insuccès. Il ne juge pas non plus inutile son intuition première, même s'il ne parvient pas à atteindre son objectif. « La même chose doit valoir pour la recherche de la vérité dans le domaine des questions ultimes. La soif de la vérité est tellement enracinée dans le cœur de l'homme que la laisser de côté mettrait l'existence en crise [21]». Si l'homme cherche la vérité, c'est parce qu'il croit d'abord à son existence objective : « l'homme, être qui cherche la vérité, est donc aussi celui qui vit de croyance[22] ». C'est dans ce sens que Galilée, dans une lettre adressée au père Benedetto Castilli le 21 décembre 1613, déclara explicitement que « les deux vérités, de foi et de science, ne peuvent jamais se contredire, l'Écriture sainte et la nature procédant également du Verbe divin, la première comme dictée par l'Esprit Saint, la seconde comme exécutrice très fidèle des ordres de Dieu[23]». La recherche méthodique, dans tous les domaines du savoir, si elle respecte les normes morales, ne sera jamais véritablement opposée à la foi, puisque les réalités profanes et celles de la foi trouvent leur origine dans le même Dieu[24].

---

[19] Mt 19,16.

[20] Ce que nous avons dit pour le premier est valable ici. Les deux maillons de la chaîne foi-raison se comprennent mutuellement. Il n'y a pas de raison sans foi et il n'y a pas de foi sans raison. L'une suppose l'autre et réciproquement.

[21] JEAN-PAUL II, *Fides et ratio* (dorénavant *FR*), 14.IX.1998, n. 29.

[22] F.R, n.31.

[23] GALILEE, cité par JEAN-PAUL II, FR, note n. 29.

[24] Cf. *Gaudium et spes*, n. 36.

Comme la présence de la vérité stimulait Galilée dans sa recherche scientifique, le prévenait, l'aidait dans ses intuitions et agissait au plus profond de son esprit[25], la petite Eyenga aussi vivait pratiquement la même réalité certainement avec quelques variations. Aussi ne voulait-elle pas se fier uniquement aux connaissances acquises ou enseignements reçus de sa mère, mais elle éprouva une tension significative : d'une part, sa connaissance par croyance apparaît comme une forme imparfaite qui doit se perfectionner progressivement par l'évidence qu'elle veut atteindre personnellement, en faisant savoir à son père la présence d'une tierce personne dans la cuisine de sa mère. D'autre part, sa croyance se révèle humainement plus riche que la simple évidence et met en jeu, non seulement ses capacités cognitives personnelles, mais surtout ses capacités plus radicales de se fier à ses parents et d'entrer dans un rapport de fidélité plus stable et plus intime avec eux. Sa perfection, en effet, ne se trouve pas dans la seule acquisition des connaissances reçues de sa mère, mais aussi dans un rapport vivant de donation et de fidélité envers ses parents. Dans cette fidélité, elle trouve sa certitude et se sent en sécurité. C'est dire que « la connaissance par croyance, qui se fonde sur la confiance interpersonnelle, n'est pas sans référence à la vérité : en croyant, l'homme s'en remet à la vérité que l'autre lui manifeste[26]». L'opposition entre la foi et la raison est factice. La foi incite la raison à sortir de son isolement, à prendre volontiers des risques pour le beau, le bon et le vrai. Ainsi, la foi se fait l'avocat convaincu et convaincant de la raison[27]. Les deux maillons de la chaîne foi-raison sont inséparables.

II.3. L'existence des actes intrinsèquement mauvais

La jeune Eyenga, bien qu'elle n'ait pas étudié dans une faculté de droit et ignore que le mensonge et l'adultère sont condamnables par la loi, est choquée par l'attitude de sa mère. La première exigence de la loi naturelle, « il faut faire le bien et éviter le mal », est une vérité qui s'impose à toute personne, indépendamment de sa culture et de ses options métaphysiques. Si un visage radieux de beauté et de vigueur nous attire naturellement, un visage assombri par la tristesse et la misère devrait inéluctablement nous interpeller. Il y a donc des actes qui, par leur objet, sont intrinsèquement mauvais et ne peuvent en aucun cas se justifier, parce qu'ils sont en contradiction radicale avec le bien de la personne. La tradition morale de l'Église les qualifie d'« intrinsèquement mauvais » (*intrinsece malum*), parce qu'ils le sont en eux-mêmes, en raison de leur objet et indépendamment de l'intention de celui qui agit et des circonstances : « Il y

[25] Cf. JEAN-PAUL II, « Discours à l'Académie pontificale des sciences », 10.11.1979 : *La Documentation catholique*, 76[1979], p.1010.
[26]JEAN-PAUL II, F.R., n. 32.
[27] Cf. JEAN-PAUL II, F.R., n. 56.

a des actes qui, par eux-mêmes et en eux-mêmes, indépendamment des circonstances, sont toujours gravement illicites, en raison de leur objet »[28]. L'assassinat d'un innocent ne se justifiera jamais et aucune culture du monde ne l'admettra. C'est dans cette optique que saint Thomas[29] dit que chaque être humain, ayant atteint l'âge de la raison, est capable naturellement de discerner le bien du mal. La loi morale naturelle dans ce cas permet à l'homme doué de raison de discerner le bien du mal, la vérité du mensonge[30]. L'homme par raison naturelle (*nem ntògò*) sait ce qu'il doit faire et ce qu'il doit éviter. Il est capable grâce à cette lumière naturelle de découvrir la vérité sur le bien et d'agir conformément à lui. La loi naturelle n'est autre chose que la lumière de l'intelligence mise en nous qui nous permet de faire ce que nous devons faire et d'éviter ce que nous devons éviter[31]. L'urgence et la nécessité de récupérer la loi naturelle n'est donc pas une question académique, moins encore une prétention excessive d'unir l'humain et le divin, le naturel et le surnaturel, l'immanence et la transcendance, mais une défense face à une conception positiviste du droit et de la morale basée sur le relativisme[32]. Les gouvernants, les autorités scientifiques et tous ceux qui exercent des responsabilités sociales doivent recourir à la loi naturelle comme fondement de la rationalité publique en général et singulièrement de celle qui régit les lois relatives aux techniques de procréation médicalement assistées. La référence à la loi naturelle doit être la fondation sur laquelle reposent les lois de la bioéthique et de l'éthique biomédicale, afin que la science soit au service de l'homme et que toutes les recherches liées à la maîtrise de la vie dans ses débuts ne réduisent pas l'être humain à une réalité superflue.

III. L'ÉTAT DE LA QUESTION

Depuis la naissance d'Amandine[33] en 1982, premier bébé-éprouvette en France, précédé de Louise Brown née quatre ans plus tôt au Royaume-

[28] JEAN-PAUL II, V.S. n. 80. Nous expliciterons plus loin l'importance de l'objet moral dans les sources de la moralité de l'acte humain.

[29] Cf. Saint THOMAS D'AQUIN, *In un el duo praecepta caritatis et in decem legis praecepta. Prologus*, in *Opuscula theological.* II, en Marietti, XXII, 245, n. 1129.

[30] Cf. *Catéchisme de l'Eglise Catholique,* (dorénavant C.E.C.) n.1954.

[31] Cf. JEAN-PAUL II, V.S., n. 40.

[32] Cf. L. ONAMBELE, *Loi naturelle et euthanasie, apport* d'Evangelium vitae *à la réflexion morale contemporaine*, L'Harmattan, Paris, avril 2014, p. 83

[33] Cf. D. MEHL, *Enfants du don,* Procréation médicalement assistée : parents et enfants témoignent, Robert Laffont, 2008, p.7. « Clamart, 24 février 1982, maternité de l'hôpital Antoine-Béclère : une petite fille prénommée Amandine voit le jour au terme d'un parcours peu ordinaire ayant débuté dans le froid giron d'un tube de verre ».

Uni, les techniques d'assistance médicale à la procréation [34] se sont largement répandues. Le nombre d'enfants qui naissent chaque année grâce à ces techniques est considérable. Selon un rapport fourni par le *New England Journal of Medecine*[35], on estime que deux cent cinquante mille (250 000) bébés-éprouvettes naissent chaque année. Ce chiffre avoisine cinq millions (5 000 000) de bébés-éprouvettes en 2012 dont la moitié en Suède, un sixième (1/6) en Australie et un huitième (1/8) au total dans l'Union Européenne. Ces chiffres montrent l'évolution de la science biomédicale dans la maîtrise de la vie. Ils suscitent des espoirs par les promesses de victoires inespérées sur la stérilité et l'infertilité. La vie ne jaillit plus uniquement d'une relation sexuelle amoureuse, mais sous la houlette d'un médecin et d'un biologiste. Nul n'ignore actuellement l'importance des interventions médicales dans la procréation. « Les progrès sans cesse croissants des sciences de la vie n'ont pas seulement révolutionné l'approche médicale de la procréation, ils ont suscité un formidable espoir pour tous ces couples désespérés de ne pouvoir pas avoir d'enfant[36] ». L'idée de stérilité ou d'infertilité s'estompe ou se relativise lorsqu'on commence le parcours qui mène à un enfant par PMA[37]. La stérilité dans la plupart de nos sociétés a toujours été vécue comme une blessure et une calamité. Avant, la femme était considérée comme la seule responsable de l'infécondité du couple. Mais, grâce aux nouvelles techniques de la médecine dans ce domaine, on a mieux accès aux mécanismes hormonaux de la reproduction ; on explore les mystères de l'anatomie féminine et de l'appareil génital masculin. Les techniques d'assistance à la PMA ont révolutionné radicalement la problématique de l'infertilité. Il est à présent envisageable, non seulement d'identifier avec exactitude par des diagnostics de plus en plus précis les causes d'une infertilité, mais aussi de distinguer l'infertilité de la stérilité. Il existe d'autres effets positifs des PMA qu'il serait trop long d'énumérer ici.

Néanmoins, dans l'état actuel de ces avancées des sciences biomédicales relatives aux techniques de PMA, surgissent sans cesse des

[34] Procréation Médicalement Assistée, dorénavant PMA dans la suite du texte.

[35] Cf. V. VOORHIS, B.J., « In Vitro Fertilization » in *New England Journal of Medicine*, 2007; 356 : 379-386.

[36] J.-L. NADAL, « Comment concilier promesses et avancées biomédicales avec le respect de nos valeurs communes » in *La maîtrise de la vie*, Les procréations médicalement assistées interrogent l'éthique et le droit, sous la direction de L. KHAÏT et C. MARCHAL, Érès, 2012, p. 12.

[37] Témoignage d'Aurélie, jeune dame de 24 ans, Cf. D. MEHL, *op.cit.* pp.18-19 : « La stérilité, on l'accepte. Elle est là, il faut continuer. Bien sûr, on accuse le coup mais, à un moment, il faut reprendre l'engrenage parce que sinon on est vite perdu. C'est encore plus un défi. Et puis le projet d'enfant prend une autre épaisseur. Avant, on voulait un enfant comme tout le monde. Maintenant, je crois qu'on est plus prêts parce qu'on se prépare déjà à être parents. Ces deux ans d'attente sont deux ans pendant lesquels on devient plus assurés en tant que futurs parents ».

thèses éthiques, sociologiques, anthropologiques et juridiques qui remettent en cause les chaînons *vérité-bien-liberté*, *foi-raison*, ce qui remet en question l'existence d'*actes intrinsèquement mauvais* par leur nature même. L'approche scientifique dissout le sujet humain et parfois ne tient plus compte du bien, de la liberté humaine et banalise le mal en rejetant radicalement l'existence des actes intrinsèquement mauvais.

Sur le plan éthique, quand on sait que le taux de réussite statistiquement parlant, c'est-à-dire le nombre d'enfants nés vivants par cycle, se situe autour de vingt-sept pour cent (27 %) ; que le taux d'efficacité de ces techniques diminue avec l'âge de la femme, il est de treize pour cent (13 %) entre quarante et quarante-quatre ans (40-44) et de un pour cent (1 %) à partir de quarante-cinq (45) ans[38], il faut admettre que les résultats des PMA sont inacceptables statistiquement parlant, lorsqu'on sait qu'en règle générale l'intervalle de confiance d'une pratique médicale qui suit un protocole donné est de quatre-vingt-quinze pour cent (95 %). On s'interroge sur la valeur d'un progrès technique dans la lutte contre une maladie, quand cette procédure médicale échoue statistiquement parlant à soixante-treize pour cent (73 %). On doit se demander si tout ce qui est techniquement possible est moralement admissible. Le désir d'avoir des enfants est légitime certes, néanmoins, peut-il pour autant justifier n'importe quelle technique médicale ?

Le pourcentage de réussite est donc de vingt-sept pour cent (27 %), ce qui signifie qu'approximativement seul un quart (1/4) des embryons fécondés donne naissance à un enfant et que, pour les cinq millions (5 000 000) d'enfants qui sont nés en 2012, vingt-cinq millions (25 000 000) n'ont pas pu voir le jour. On doit se demander quel est le sort éthique de ces vingt-cinq millions (25 000) d'embryons qui n'ont pas pu naître. Quels sont leur avenir et leur destin ? Que faire des embryons surnuméraires congelés ? Peut-on en faire un usage thérapeutique, les décongeler et les laisser mourir ou les mettre à la disposition des couples infertiles ? Faut-il faciliter leur gestation par la maternité adoptive ou les garder toujours congelés tant qu'on ne trouve personne pour leur gestation ?

Du point de vue juridique, il y a plusieurs interrogations qui sont liées aux PMA, tant au plan national des Etats qu'au plan international. L'affaire Diane Blood[39] montre comment la liberté de circulation infléchit

---

[38] Cf. *Fertility and Sterility,* 2010 ; 93 : 2189-2201 ; *Human Reproduction,* 2009; 1267-78.

[39] Cf. *All Engl. Law Rep.,* 1997, February 6; [1997] 2: 687-704: Rv. *Human Fertilisation and Embryology Authority, ex parte Blood.* « La Cour, après avoir confirmé la décision du premier juge selon laquelle, *en l'absence du consentement de l'intéressé,* qui était ici le mari décédé de la requérante, la loi bioéthique de 1990 (*Human Fertilisation and Embryology*) interdit la conservation du sperme prélevé alors que l'intéressé était déjà dans le coma, et son utilisation en vue de

les lois de restriction nationale ici relatives à l'insémination artificielle posthume. L'interdit à caractère national est mis à l'épreuve du fédéralisme économique et se retrouve devant des faits accomplis parce que les candidats aux techniques de PMA partent à l'étranger pour pouvoir bénéficier des méthodes interdites dans leurs pays. En France notamment, le recours à la gestation par autrui est interdit par l'article 16-7 du Code civil qui stipule que toute convention portant sur la procréation ou la gestation pour le compte d'autrui est nulle[40]. Malgré la loi qui prohibe, le cas Mennesson[41] avait déjà donné lieu à un arrêt de la Cour de cassation du 17 décembre 2008[42]. En effet, aux termes d'une convention conforme à la loi de l'État de Californie qui autorise, sous contrôle judiciaire, la procédure de gestation pour autrui, une femme californienne a donné naissance à des jumeaux le 25 octobre 2000. Le père biologique et son épouse avaient obtenu un jugement de la Cour suprême de Californie le 14 juillet 2000, leur reconnaissant respectivement la qualité de père génétique et de mère légale des enfants à naître. Mais en cherchant à obtenir la transcription des actes de naissance établis conformément à ce jugement au consulat de France à Los Angeles, les parents se heurtèrent à un refus. Le ministère public demanda des actes de naissance des enfants pour transcription aux fins d'annulation dans les registres de l'état civil de Nantes.

---

l'insémination artificielle de sa veuve. Néanmoins, la Cour a admis le droit de la veuve de contester le refus de l'autorité de régulation d'autoriser l'exportation du sperme en vue de son insémination dans un autre Etat membre tel que la Belgique en se basant sur le droit communautaire. Ce qu'elle a fait. Cf. H. M. WATT, «Franchir les limites : aspects comparatifs et droit international privé » in *La maîtrise de la vie, op.cit.*, p. 74.

[40] Notons en passant que la situation n'est plus la même avec l'adoption de la Loi Taubira, n. 2013-404 du 17 mai 2013 sur le mariage civil des couples de même sexe, leur donnant le droit d'adoption. Néanmoins, des contradictions demeurent. Le parti socialiste, promoteur de la loi, était en même temps favorable au maintien de l'interdiction de la gestation pour autrui (GPA) et n'avait prévu aucun amendement en faveur de l'autorisation de la GPA. En effet, lorsque l'Assemblée nationale commence l'examen du projet de loi sur le « mariage pour tous », le ministère de la Justice publie une circulaire datant du 25 janvier 2013 aux greffiers des tribunaux d'instance de « ne plus refuser de certificats de nationalité française au seul motif qu'ils concernent des enfants nés de mère porteuse à l'étranger ». Par contre, François Hollande, dans une lettre adressée au président du groupe UMP à l'Assemblée nationale Christian Jacob, dit s'opposer « fermement à la gestation pour autrui ».

[41] Si l'article 16-7 du Code civil français interdisait la gestation pour autrui avant l'adoption de la loi Taubira, celle-ci est parfaitement autorisée par certains États des États-Unis.

[42] *Revue critique* DIP, 2009, p. 320, note P. Lagarde, D. 2009, p. 340. Note L. Brunet et avis D. Sarcele, *RTD. civ.*, 2009, p. 106, obs. J. Hausser, cité par H. M. WATT, *op.cit.* pp.76-77.

Malgré une tentative de résistance des juges du fond, la Cour de cassation a jugé « recevable, au vu des articles 423 du Code de procédure civile et 16-7 du Code civil, l'action du ministère public en annulation des transcriptions sur les registres de l'état civil de Nantes d'actes de naissance établis en Californie, dès lors que les énonciations inscrites sur ces actes ne pouvaient résulter que d'une convention portant sur la gestation pour autrui [43]». Le rapport rendu le 25 juin 2008 fut certes un travail considérable, mais il atteignait la cible : l'extrême difficulté et même l'impossibilité de pouvoir légiférer en toute objectivité sur les cas de PMA qui ne relèvent pas seulement des compétences juridiques. En guise de réaction, le professeur Hauser concluait qu'avec une « proposition simple de la loi unique, on peut faire des enfants n'importe comment, n'importe où et à n'importe quel prix, dans leur intérêt supérieur, avec une ordonnance médicale non remboursée par la Sécurité sociale[44] ». Le 18 mars 2010, la Cour de Paris s'est prononcée de façon plus radicale et, considérant que, selon l'article 16-7 du Code civil dont les dispositions sont d'ordre public, et en vertu de l'article 16-9 du même Code portant que toute convention sur la procréation ou gestation pour autrui est nulle, elle a annulé la transcription sur les registres de l'état civil de Nantes des actes de naissance de Californie et a ordonné la transcription de l'arrêt en marge des actes annulés.

Ce pèlerinage juridique entrecroisé d'oppositions et d'hésitations entre les différentes cours concernées, non seulement confirme, comme nous le disions, les difficultés liées aux législations juridiques relatives notamment à la paternité/maternité génétique et à la paternité/maternité légale ou sociale, mais aussi que la PMA met les pauvres enfants dans une situation indécise qu'ils n'ont pas choisie. Le droit, du moins pour le cas présent, n'évoque pas l'état psychologique et moral de la mère porteuse et génétique qui, pendant neuf mois, a porté ces enfants dans ses entrailles et devrait après son accouchement oublier qu'elle a mis au monde des jumeaux.

Sur le plan sociologique, sachant que la valeur sociale ou le bien-être de la société est l'un des critères importants pour évaluer le bien-fondé d'une recherche médicale[45], l'un des problèmes sociaux qui se pose parmi tant d'autres à l'assistance aux techniques de PMA est de savoir comment concilier socialement la parenté génétique et la parenté biologique : quelle est la nature des liens sociaux qui s'établissent entre l'homme la femme stérile et leur enfant ? Quelle place sociale faut-il réserver au don biologique du donneur par rapport aux origines de l'enfant ? Quel regard chacun des acteurs, intervenants, parents-donneurs notamment, porte-t-il sur cette

[43] H.M. WATT, *op.cit.* p. 76.

[44] J. HAUSER, *RTD civ.* 2008, p.468, cité par H. M. WATT, *op.cit.* p. 178.

[45] Cf. ASSOCIATION MÉDICALE MONDIALE (dorénavant AMM), *Manuel d'Éthique Médicale,* 2ème édition, Paris, 2009, p. 103.

aventure ne sachant pas comment l'entourage familial, les amis et la société vont réagir ? Quelles sont les conséquences sociales de la fameuse confidentialité qui doit se gérer à l'égard de l'entourage, de l'enfant, du donneur et de la mère porteuse, lorsque la technique a été réalisée par un don de sperme ou d'ovule ou encore par gestation par autrui ?

Somme toute, entre le bonheur émerveillé devant la vie qui apparaît enfin et des situations aussi inédites que troublantes, la conscience humaine se trouve face à une épreuve dont le débat très difficile mêle parfois les convictions personnelles et les responsabilités collectives rendant ainsi l'unanimité impossible. Les passions sont vives d'autant plus que ce sont des interrogations qui plongent l'homme au cœur même de son mystère, même si parfois il préfère ne pas le reconnaître. Une voix méconnue, souvent incomprise et même contestée dans ses réponses, celle de l'Église, aurait-elle droit de cité dans ce débat où l'homme moderne court inlassablement vers une médicalisation universelle ? Si oui, quel sera alors le fondement sur lequel reposera la position de l'Église afin que, comme *Mater et Magistra*, elle puisse proposer un terrain d'entente dans cet entrecroisement d'opinions contradictoires ? Qu'est-ce qui peut justifier la pertinence de l'enseignement de l'Église sur les PMA dans un contexte où le développement des sciences en général et particulièrement de la biomédecine dans ses avancées actuelles se construit sur un présupposé qui associe le séculier et le moderne, ayant comme conséquences l'incompatibilité entre la foi chrétienne et la vie moderne et la remise en question par l'État du principe d'universalité de l'Église[46] ?

Le thème est vaste et nous avons le devoir de respecter une double exigence méthodologique et pratique. Nous nous limiterons aux aspects éthiques des techniques de procréation médicalement assistée laissant dans l'ombre le côté juridique. Pour ce faire, le travail aura deux grandes parties

Dans la première partie, sachant que la procréation est un des préceptes de la loi naturelle, nous verrons que toute mauvaise interprétation de la loi naturelle entraîne inéluctablement des conséquences sur les jugements éthiques inhérents à la procréation assistée. La loi naturelle est le principe éthique de base sur lequel devraient s'appuyer les techniques de procréation médicalement assistée, afin d'éviter la dénaturalisation de la sexualité humaine et de l'acte conjugal. En s'appuyant sur la loi naturelle, on comprendrait mieux tous les problèmes éthiques relatifs aux techniques de procréation médicalement assistée, notamment la dénaturalisation de la

---

[46] Cf. J. CASANOVA cité par R. MUÑOZ, « La religión en la esfera pública. Tareas para la teología », in R. MUÑOZ, J.S. CAÑIZARES y G. GUITIÁN, *Religión, sociedad moderna y razón práctica,* EUNSA, 2012, p. 35. Le contexte est celui de la différenciation qui ici signifie l'émancipation des sphères séculières, notamment l'Etat moderne, l'économie capitaliste, les sciences empiriques, des normes et institutions ecclésiastiques, la privatisation de la religion.

dignité de la personne humaine, la fragmentation de la maternité, de la paternité et de la filiation (hétérologue), de la mortalité embryonnaire… Sans ce fondement éthique de base, il devient difficile de voir toutes les pentes glissantes liées à ces techniques. Ainsi, après avoir présenté les traits fondamentaux ou clés de structure de la loi naturelle (*lex naturalis*) et son objectivité morale (chapitre I), nous verrons comment la compréhension de la loi naturelle devient très ambiguë dans la société actuelle (chapitre II). Enfin, nous montrerons comment la loi naturelle est le fondement de la bioéthique et de l'éthique biomédicale (chapitre III).

Dans la deuxième partie, nous verrons concrètement comment cette éthique universelle qu'est la loi naturelle peut protéger les victimes des techniques de reproduction assistée (parents, enfants, praticiens, embryons, mères porteuses,…) et certaines structures sociales, comme le mariage et la famille. Pour formuler une analyse éthique de la reproduction humaine artificielle, il serait nécessaire de connaître au préalable la vérité, la signification de la sexualité humaine (Chapitre I). L'étude des enjeux éthiques (chapitre II) nous fera découvrir les non-dits des techniques de reproduction assistée. Enfin, face à la complexité des problèmes inhérents à la croissance exponentielle des techniques de reproduction assistée, nous ne pouvons pas manquer d'inviter à la redécouverte du visage de Celui qui est venu pour que tout homme, sans distinction aucune, ait la vie en abondance.

PREMIÈRE PARTIE
LA LOI NATURELLE, FONDEMENT DE L'ÉTHIQUE BIOMÉDICALE ET DE LA BIOÉTHIQUE

L'évolution actuelle de notre société moderne met devant nous deux facteurs qui exigent une recherche sur ce qui peut faire tenir le monde ensemble. La réflexion de Joseph Ratzinger dans *Les fondements moraux prépolitiques d'une société libérale*[47] est capitale pour cette recherche. D'une part, l'avènement de la mondialisation crée une société où les puissances singulières des points de vue politique, économique et culturel sont obligées d'être en relation les unes avec les autres, dans les divers espaces qui se touchent et se compénètrent. D'autre part, la croissance accrue des possibilités dont dispose l'homme actuellement de faire et de détruire interpelle le contrôle juridique et éthique du progrès, bien au-delà de ce à quoi on était habitué. La recherche des fondements éthiques au sein des cultures qui se rencontrent se pose aujourd'hui avec acuité. Le projet d'une « éthique mondiale » de Hans Küng, ainsi que la *Déclaration pour une éthique mondiale* du Parlement mondial des religions[48] dans ce sens, malgré les multiples critiques à leur sujet, illustrent dans tous les cas l'exigence des faits. À ces deux facteurs ci-dessus mentionnés, s'ajoute un troisième.

Dans ce village de rencontre interculturelle, les certitudes éthiques, qui jusqu'à présent portaient les hommes, sont sérieusement bousculées. La réalisation du Bien, question fondamentale de la rationalisation sociale, y compris à son propre détriment, devient incertaine. Le terrorisme notamment se donne une légitimité morale. Ben Laden, dans ses messages, présentait le terrorisme comme une réponse des peuples impuissants et opprimés à la superbe des puissants comme une punition méritée de leurs prétentions, de leur autocélébration et de leur barbarie qui offense Dieu[49].

---

[47] Cf. J. RATZINGER, « Ce qui tient le monde ensemble. Les fondements moraux prépolitiques d'une société libérale » in J. HABERMAS. J. RATZINGER, *Raison et religion, la dialectique de la sécularisation*, Salvator, Paris, 2010, pp.63-73.

[48] Cf. H. KÜNG, Proyecto de una ética mundial, Madrid: Trotta, 1991; PARLAMENTO DELLE RELIGIONI MONDIALI, *Dichiarazione per un'etica mondiale,* Chicago, 4-IX-1993 (texte préparé par Hans KÜNG)

[49] Cf. J. RATZINGER, « Ce qui tient le monde ensemble. Les fondements moraux prépolitiques d'une société libérale » in J. HABERMAS. J. RATZINGER, *op.cit.*, p.70.

Par ailleurs, même si la transformation et l'image actuelle du monde sont nées des connaissances scientifiques accrues, elles ont aussi contribué à l'effondrement des certitudes morales. L'évidence est que la science ne peut pas apporter une conscience éthique renouvelée. Il revient à l'homme d'écouter les recommandations du *nèm ntògò*, afin de jeter un éclairage critique sur les conclusions prématurées et les certitudes illusoires de la science. Ainsi, l'homme dégagerait dans les résultats de la science l'élément non scientifique de la réalité humaine, élément souvent confondu parce que la science n'en montre que quelques aspects partiels : la nature humaine et la loi naturelle subséquente, fondement des valeurs issues de l'essence de l'homme, valeurs qui sont inviolables par tous ceux qui possèdent cette essence. Il s'agit de ce qui, par nature indéfectible, est un droit qui précède toute décision de la majorité.

Cette partie voudrait donc contribuer à clarifier dans ses traits fondamentaux les clés de la structure de la loi naturelle (*lex naturalis*) et son objectivité morale. Si la loi naturelle est le fondement objectif de toute rationalité publique, quelle signification revêt une nature humaine susceptible d'être source de normativité morale ? Quels sont les principes et le contenu méthodologiques d'une éthique normative dont les arguments sont de caractère « *iusnaturalis* » ? La procréation étant une inclination naturelle, peut-on prétendre résoudre les multiples dilemmes éthiques que posent les techniques de procréation assistée en outrepassant la loi naturelle ? Quel rôle la loi naturelle doit-elle jouer dans le développement des sciences biomédicales et de la bioéthique ? Comme nous le verrons, la réponse à cette question est fondamentale pour la suite et réside dans la structure même de la loi naturelle. Cette réponse a des implications anthropologiques. Son présupposé est une anthropologie personnaliste dans la perspective holistique, qui est en opposition avec les anthropologies dualiste et spiritualiste, caractéristiques de la société actuelle.

CHAPITRE I
LOI NATURELLE : CONCEPT ET PROPRIÉTÉS

Ce chapitre est un approfondissement d'une de nos recherches antérieures sur la loi naturelle[50]. Nous trahirons certainement les théoriciens et spécialistes de la loi naturelle. Mais nous tenons à exprimer à notre façon la réalité qui existe dans le cœur de tout homme et qui transcende toute conceptualisation philosophique, biologique des êtres raisonnables. Cette réalité est proprement spirituelle ou autre..., composée des inclinations à la vérité, au bien, à l'amour, à la procréation, à la conservation et à la défense de la vie, l'inclination à la vie en société, l'inclination à la sexualité... et qui ne s'oppose pas à la liberté humaine. Aussi, partant de l'évidence de l'existence de cette « réalité commune », nous reconsidérerons les sources d'incompréhension de la loi naturelle que sont la nature humaine et l'universel humain qui s'impose et est connu théoriquement, mais difficilement réalisable dans la pratique. Autrement dit, sachant que l'idée d'un universel humain s'impose d'elle-même aujourd'hui, qu'est-ce qui sous-tend la reconnaissance de cet « humain universel » ? Comment cet « humain-universel » s'articule-t-il avec « l'humain-particulier » et « l'humain-singulier » ? Répondre à ces questions suppose au préalable la clarification de la prétention universelle de la morale.

I. LES IMPASSES DE L'UNIVERSALITÉ ÉTHIQUE ET LA PROCRÉATION

En effet, le thème de l'universalité éthique peut paraître sans importance d'autant plus que l'universalité est la caractéristique des principes moraux. Scheler notamment soutenait qu'il existe des devoirs qui, par le fait qu'ils sont inhérents à la vocation de la personne, ne sont pas universels. Mais, en même temps, il ne niait pas l'existence de principes éthiques universels. Selon lui, ces principes épuisent la sphère de nos devoirs[51]. Celui qui affirme qu'on ne doit pas traiter les êtres humains en les

---

[50] Cf. L. ONAMBELE, *Loi naturelle et euthanasie. Apport d'Evangelium vitae à la réflexion morale contemporaine*, L'Harmattan 2014, pp.84-109.

[51] Pour une étude approfondie de l'existence des normes morales universelles selon SCHELER, nous recommandons l'étude faite par L.R. DUPLÁ, « ¿Una ética universal ? in J.J. PÉREZ-SOBA. J.D. LARRÚ. J. BALLESTEROS (eds), *Una ley*

humiliant, non seulement se considère comme étant le premier concerné à ne pas le faire, mais il affirme aussi implicitement et explicitement que personne ne devrait le faire. L'universalité des principes moraux ne signifie pas qu'il n'y a pas de normes morales qui admettent des exceptions dans leur application, ce qui est une autre question. L'universalité signifie que les normes morales lient les personnes, mais avec des exceptions licites. Même s'il existe des points de vue divergents sur certaines questions morales, cela ne réfute pas la prétention universelle de la morale. On peut discuter sur la validité d'une norme morale. Mais, ce sur quoi on ne discute pas, c'est de savoir si, lorsque la validité d'une norme est reconnue, cette validité lie tous les hommes ou seulement quelques minorités. Les controverses sur les normes morales affectent le contenu des normes, mais non la prétention universelle qui est commune à ces normes. C'est ce que tous les hommes intuitivement devinent par le sens commun. L'accueil des personnes est une recommandation morale universelle pour le sens commun, mais, dans la pratique, il y a une volonté individuelle d'en préférer quelques-unes par rapport à d'autres. La vie humaine revêt une grande valeur universelle parce qu'elle est inviolable et sacrée, mais dans la pratique, il y a des volontés individuelles de valoriser la vie de certaines personnes plus que celle des autres. Ce sont là quelques archétypes de comportement injuste.

En effet, même si la prétention universelle de la morale est un truisme, le contexte actuel du pluralisme rend l'universalité de la morale problématique. Küng notamment fait d'un accord éthique universel la clé de la paix mondiale. Kant, par contre, considère que le chemin susceptible de garantir la paix mondiale est le droit positif[52]. Dans le cadre de ses réflexions sur la philosophie de l'histoire universelle, Kant eut l'espérance qu'un jour l'ordre juridique universel parviendrait à s'implanter et garantirait, une fois pour toutes, la paix entre les nations. Certes, Kant n'éclaircit pas si cet ordre juridique devrait adopter la forme unique d'une ligue des Nations relativement indépendantes, mais il signale avec précision que le moyen pour arriver à ce brut est l'adoption graduelle par tous les États d'une constitution républicaine. Peut-être que Kant croyait réellement que l'histoire universelle de l'humanité déboucherait un jour sur cette fin heureuse. Dans le cas contraire, sa théorie sur le projet de paix perpétuelle est seulement une expérience mentale teintée d'ironie. En choisissant cette dernière hypothèse, on peut faire valoir sa théorie du mal radical[53]. Car, s'il est vrai que la nature humaine est fragile comme un bois tordu et sculpté incorrigiblement, le mal serait toujours une force opérante dans l'histoire et

---

de libertad para la vida del mundo, Actas del congreso internacional sobre la ley natural, Publicaciones de la Facultad de Teología San Damaso, 2007, p. 261ss.

[52] Ibid., p.109.

[53] Pour la théorie du mal radical, Cf. E.KANT, *La religion dans les limites de la simple raison,* première partie.

la paix perpétuelle entre les hommes serait une chimère. En plus, si Kant avait vécu dans notre monde sécularisé et globalisé où le projet de paix est déterminé non par les États, mais par les organisations économiques, idéologiques, religieuses, il aurait compris que la guerre ne constitue plus la grande menace de la paix et de la sécurité mondiale, mais que les organisations du terrorisme international sont capables de déstabiliser la paix dans n'importe quelle partie du monde[54].

La question de fond ici est de savoir si l'éthique mondiale dépend des normes morales universellement admises et acceptées ou des singularités et particularités de chaque personne. Comment harmoniser en morale les trois dimensions de l'acte humain que sont le singulier, le particulier et l'universel[55] ? Peut-on séparer en morale l'universel du particulier et du singulier ? Quel est le niveau de concrétisation et d'acceptation que doit avoir un contenu moral pour qu'il puisse répondre au consensus planétaire ? Quel est le rôle de la loi naturelle dans ce rapport dialectique entre l'« universel », le « particulier » et le « singulier » ?

Nous reviendrons sur cette problématique, mais ce que nous voulions souligner ici, c'est la complexité de l'universalité des normes morales qui exige un fondement sans lequel son interprétation et sa compréhension deviennent contradictoires. En effet, la promotion de la vie, de la dignité de la personne humaine et de ses droits fondamentaux sont les thèmes centraux de tous les projets politiques et économiques des États de la société contemporaine [56] . Un système politique ou un programme économique qui n'intègre pas la défense de la vie et la promotion de la dignité de la personne humaine et ses valeurs fondamentales devient anachronique. « Les droits et les valeurs attachées à la personne humaine tiennent une place importante dans la problématique contemporaine[57] ». Néanmoins, bien que nous soyons témoins de la convergence universelle pour promouvoir certaines valeurs comme la dignité de l'homme, la sacralité et l'inviolabilité de la vie humaine, la paix et l'aspiration à la démocratie

---

[54] Pour une tentative intéressante d'adapter le projet de paix perpétuelle kantien aux contextes actuels, nous recommandons J. HABERMAS, « Kants Idee des ewigen Friedens-aus dem historischen Abstand von 200 Jahren », in J. HABERMAS, *Die Einbeziehung des Anderen*, (Frankfurt, Suhrkamp, 1996)192-236.

[55] Cf. X. THEVENOT, *Morale fondamentale*, Notes de cours, Don Bosco et Desclée de Brouwer, 2007, p. 110.

[56] Cf. *Déclaration universelle des Droits de l'Homme,* art.3 : « Tout individu a droit à la vie, à la liberté et à la sûreté de sa personne ; *Pacte international sur les Droits civiques et politiques*, art. 6.1 : « Le droit à la vie est inhérent à la personne humaine. Ce droit doit être protégé par la loi. Nul ne peut être arbitrairement privé de la vie ».

[57] CONGREGATION POUR LA DOCTRINE DE LA FOI (Dorénavant CDF) (, *Déclaration IURA ET BONA sur l'euthanasie et sur l'observation d'un usage thérapeutique droit et proportionné des médicaments analgésiques.* Le texte que nous citons est juste la première phrase de l'introduction de ce document.

comme expressions d'une société juste, nous sommes régulièrement confrontés à un paradoxe surprenant :

> « D'une part, les différentes déclarations des droits de l'homme et les initiatives qui s'en inspirent montrent, dans le monde entier, la progression d'un sens moral plus disposé à reconnaître la valeur et la dignité de tout être humain en tant que tel sans aucune distinction de race, de nationalité, de religion, d'opinion politique ou classe sociale.
>
> D'autre part, dans les faits, ces nobles proclamations se voient malheureusement opposer leur tragique négation. C'est d'autant plus déconcertant, et même scandaleux, que cela se produit justement dans une société qui fait de l'affirmation et de la protection des droits humains son principal objectif et en même temps sa fierté. Comment accorder ces affirmations de principe répétées avec la multiplication continuelle et la légitimation fréquente des attentats contre la vie humaine ? Comment concilier ces déclarations avec le rejet du plus faible, du plus démuni, du vieillard, de celui qui vient de naître ? »[58]

Les valeurs universelles notamment la vie, la dignité de la personne humaine sont affirmées théoriquement dans les textes des institutions nationales et internationales et niées par ces mêmes institutions dans la pratique. L'homme qui, naturellement et universellement, a une inclination à conserver et à développer sa vie, légalise les pratiques contre la vie naissante. L'homme reconnaît universellement la vie et la dignité de la personne humaine comme des valeurs fondamentales, mais en même temps il vote des lois et multiplie des méthodes relatives à la suppression de la vie. Ces contradictions inhérentes à l'application concrète des normes morales universelles non seulement illustrent le tragique obscurantisme de la conscience collective actuelle, mais met aussi en lumière l'urgence de mobiliser les consciences des hommes de bonne volonté, des laïcs chrétiens et des membres des autres communautés religieuses à s'engager pour créer, dans la culture et dans la société civile et politique, les conditions nécessaires d'émergence d'une pleine conscience des valeurs inaliénables de la loi morale naturelle[59]. C'est ce qui rendrait possible le dialogue avec les hommes de bonne volonté et la cohabitation à tous les niveaux sur une base éthique commune[60]. L'urgence et la nécessité de récupérer la doctrine de la loi naturelle ne sont pas, il nous semble, une question académique, moins encore la prétention excessive d'unir l'humain et le divin, mais une défense de cette doctrine capitale face à une conception positiviste de la procréation assistée basée sur le relativisme éthique. Autrement dit, les gouvernants, les

---

[58] JEAN-PAUL II, Lettre encyclique *Evangelium vitae* (dorénavant EV), sur la valeur et l'inviolabilité de la vie humaine, 25.III. 1995, n. 18.

[59] Cf. BENOÎT XVI, *Discours aux participants de la session plénière de la C.I.T.,* 5.10.2007.

[60] Cf. JEAN-PAUL II, *Discours aux membres de la C.I.T.,* 7.10.2004.

hommes de science et tous ceux qui exercent des responsabilités sociales doivent respecter la loi naturelle comme le fondement de la rationalité publique qui régit les lois relatives aux techniques de procréation médicalement assistée. La véritable rationalité publique, selon Benoît XVI, n'est pas garantie automatiquement par le consensus majoritaire, mais par la transparence de la raison humaine à la Raison créatrice et par l'écoute commune de cette source de notre rationalité[61]. Précisément, c'est cette écoute qui évite que, dans le débat public, ne triomphent toujours les plus forts ou ceux qui ont des moyens de se faire entendre ; c'est cette écoute qui ferait que, dans le débat public, le fruit de la génération humaine dès sa conception soit traité et respecté comme une personne humaine ayant tous ses droits[62]. Il ne s'agit pas d'une question exclusivement ou principalement confessionnelle[63], même si la connexion entre loi naturelle et Révélation est très étroite, mais d'une question plus fondamentale relative au jugement moral de la personne humaine. Toute incompréhension de la loi naturelle entraîne des malentendus sur le jugement moral en général et singulièrement sur la position de l'Église face aux techniques de procréation médicalement assistée. Aussi, sans prétendre innover, nous recherchons une méthode qui nous interpelle et nous permet d'exprimer notre compréhension de la loi naturelle.

II. À LA RECHERCHE D'UNE MÉTHODOLOGIE

> « Parfois lorsque je lis certains traités spirituels dans lesquels la perfection est montrée à travers mille entraves, environnée d'une foule d'illusions, mon pauvre petit esprit se fatigue bien vite, je ferme le savant livre qui me casse la tête et me dessèche le cœur et je prends l'Écriture Sainte. Alors tout me semble lumineux, une seule parole découvre à mon âme des horizons infinis, la perfection me semble facile, je vois qu'il suffit de reconnaître son néant et de s'abandonner comme un enfant dans les bras du Bon Dieu. Laissant aux grandes âmes, aux grands esprits les beaux livres que je ne puis comprendre, encore moins mettre en pratique, je me réjouis d'être petite puisque les enfants seuls et ceux qui leur ressemblent seront admis au banquet céleste. Je suis bien heureuse qu'il y ait plusieurs demeures dans le royaume de Dieu, car s'il n'y avait que celle dont la description et le chemin me semble incompréhensible, je ne pourrais y entrer[64] ».

---

[61] Cf. BENOÎT XVI, *Discours aux participants de la session plénière de la C.I.T.*, 5.10.2007.

[62] Cf. CDF, *Donum vitae,* Sur le respect de la vie humaine naissante et la dignité de la procréation. Réponses à quelques questions d'actualité, 22.II.1987, n.1.

[63] Cf. BENOÎT XVI, *Discours aux participants de la session plénière de la C.I.T.*, 5.10.2007.

[64] THERESE DE LISIEUX, *Œuvres Complètes*, Cerf-DDB, 2011, Lettre n. 226.

Sans être une alternative, ces mots de sainte Thérèse de l'Enfant-Jésus traduisent ce que nous vivons au moment où nous voulons parler du concept de la loi naturelle. Nous sommes au milieu d'une panoplie de brillantes présentations conceptuelles de la loi naturelle qui ne nous disent rien et que parfois nous sommes incapables de comprendre. Sans prétendre innover, moins encore minimiser ces approches théoriques de la loi naturelle, nous recherchons une méthodologie qui nous rejoint dans ce que nous sommes et ce que nous sentons. En effet, le thème de la loi naturelle est un des thèmes classiques qui, non seulement est à cheval sur plusieurs disciplines, mais aussi a toujours été d'une actualité brûlante à toutes les époques de l'humanité. L'homme étant par nature un être social qui ne peut pas vivre et développer ses qualités sans être en relation avec les autres[65], la loi naturelle est le fondement de cette sociabilité humaine. Dès que les hommes vivent en société, le fondement des valeurs, des droits et devoirs susceptibles de régir la vie commune s'impose. Il existe par conséquent d'excellentes publications faites par d'éminents professeurs et d'autres esprits brillants sur la loi naturelle. Mais, laissant la méthodologie de ces brillantes publications aux esprits brillants, nous choisissons la méthodologie qui nous convient et qui nous parle, celle du récit, et ceci pour les deux raisons suivantes :

D'une part, nous nous retrouvons facilement dans le récit. C'est d'ailleurs un récit raconté par un père de famille dans le but d'inculquer des valeurs morales à ses enfants qui est à l'origine de cet itinéraire. Nous voulons rester fidèle à cette tradition, dans laquelle nous nous retrouvons facilement et écouter continuellement les recommandations du petit cœur (*nèm ntògò)* après chaque récit.

D'autre part, il semble que certaines difficultés relatives à la compréhension de la loi naturelle sont liées à une présentation trop intellectualiste et discursive de son contenu. Sans toutefois nier l'importance de la conceptualisation discursive de la loi naturelle, réservée aux « grandes âmes » et aux « esprits brillants », cette approche parfois ne révèle pas la condition humaine. Ainsi, sachant que « le concept de loi naturelle suppose l'idée que la nature est porteuse pour l'homme d'un message éthique et constitue une norme morale implicite qu'actualise la raison humaine[66]», qu'il existe un agir moral naturel, vrai et universel, qui n'a pas comme source la raison discursive ou connaissance rationnelle, nous pensons, rejoignant Jesús González, qu'il n'existe aucune manière de comprendre une société, y compris la nôtre, sans passer par les récits qui constituent ses ressources

---

[65] Cf. *Compendium de la doctrine sociale de l'Eglise* (dorénavant CDSE), n. 109 ; *Catéchisme de l'Église catholique* (dorénavant CEC), n. 1789.

[66] COMMISSION INTERNATIONALE DE THEOLOGIE (dorénavant CIT), *A la recherche d'une éthique universelle : nouveau regard sur la loi naturelle*, 12.VI.2009, n. 69.

dramatiques de base[67]. Si la mythologie dans son sens originel est le centre de compréhension d'une société, par des récits, nous pouvons comprendre facilement le message éthique qui est au cœur de tout homme. La vertigineuse mouvance de la corruption avec ses multiples facettes dans une société peut faire croire que les récits et les mythes ne peuvent pas offrir de valeurs morales. Au contraire, les mythes et les récits sont des essais ou des expériences qui, lorsque les hommes se les approprient, jouent les différents rôles. Ainsi, à travers les mythes et les récits, les hommes exposent les preuves alternatives et les différentes options qui peuvent se présenter dans la vie réelle comme le font les personnages de science-fiction. Les mythes et les récits sont des exercices de conscience avec des implications morales qui font partie de l'être humain. Rejoignant Paul Valadier[68], nous pouvons dire que, pour que les sciences biomédicales et la morale soient au service l'homme, elles devraient tacitement s'alimenter des mythes et des récits. Ainsi les savoirs tant spéculatifs que pratiques de ces deux disciplines auraient la nécessité de croire qu'il est bon de connaître, qu'il est mieux d'errer que ne pas se tromper, qu'il est correct d'apprendre des erreurs, mais surtout qu'il est précieux de douter. En voulant présenter notre conception de la loi naturelle, nous ne savons pas si nous nous trompons ou si nous errons ; nous ne savons pas non plus si nous croyons ou si nous connaissons.

III. LE CONCEPT DE LA LOI NATURELLE

III.1. Quelques récits

Suite à l'histoire de la petite Eyenga, origine de notre réflexion, nous présenterons trois autres récits provenant de trois cultures différentes.

Premier récit[69]

Au Grand Séminaire Notre-Dame de l'Espérance de Bertoua-Cameroun, un professeur réalisa le sondage suivant auprès de ses étudiants :

Nous sommes en Afrique, dans un contexte de pauvreté et de misère matérielle. Les revenus annuels de la famille n'atteignent pas deux cent mille francs CFA (environ trois cents euros). Et voilà que subitement, vous êtes

---

[67] Cf. J. GONZÁLES REQUENA, *La reivindicación de lo invisible,* Conférence prononcée à la Faculté de Philosophie et des Lettres de Buenos Aires, 19 septembre 1994.

[68] P. VALADIER, « Entre le mythe et la science, la morale » *Monde scientifique*, n° 16, vol. 2, p. 757.

[69] Cf. Annexe I, Un questionnaire avait été distribué aux étudiants à répondre de façon anonyme. Le formulaire du questionnaire se trouve dans le document annexe I.

face à une proposition qui consiste à gifler votre mère et à avoir un milliard de francs CFA (environ un million cinq cent mille euros). Que feriez-vous ?

Avant de présenter les résultats du sondage, il est important de savoir que nous sommes dans un contexte d'extrême misère. Un bon niveau académique n'est pas forcément source de garantie d'emploi. Avoir une possibilité de changer la situation économique, sociale d'une multitude serait une manne tombée du ciel. Certes, la mère qui reçoit la gifle de son fils sera profondément blessée à plus d'un titre. Même si elle sait d'avance que son fils le fait pour le bien de toute la famille, elle sera toujours blessée profondément en disant que, si elle avait eu la possibilité de relever le niveau économique de la famille, son fils ne se serait pas trouvé face à un tel dilemme. Dans le cas où elle ignore d'avance les motivations de son enfant, elle sera toujours blessée et se demandera si c'est une gifle qu'elle devait recevoir comme punition pour avoir mal élevé son enfant. Néanmoins, les conséquences matérielles positives dans le cas échéant sont énormes, surtout qu'en Afrique la mère se sacrifie toujours pour le reste de la famille. Supporter une humiliation sachant que c'est pour le bien de la famille peut parfois être insignifiant pour une mère qui veut le bien de la famille. Gifler sa mère produit certes un dommage de part et d'autre, mais en faisant un calcul comparatif de la proportion entre les effets favorables et les effets dommageables selon leur rapport au but poursuivi ici qui est le relèvement du niveau socio-économique de la famille, on se rend compte que les effets bons l'emportent. On peut donc dire, dans la perspective « proportionnaliste » et « utilitariste », que cette gifle, en tant que telle, n'est pas un acte moralement mauvais parce que les conséquences immédiates ou lointaines sont bonnes dans la mesure où la vérité est le bien-être familial, le développement socio-économique d'un pays. Cependant, malgré ce contexte favorable au calcul proportionnaliste et utilitariste, voici ce que donnèrent les résultats de l'enquête. On observa trois types de réponses selon le tableau suivant :

Affirmative	*04*
Négative	*75*
Neutre	*26*
Total	*105*

La quantité affirmative (04) représente le nombre des étudiants qui répondirent sans hésitation qu'ils seraient capables de gifler leur mère respective et de lui demander pardon après pour lui expliquer que ce n'était pas par méchanceté ou par pure cruauté, mais pour des raisons économiques et surtout pour l'intérêt de toute la famille.

La quantité négative (75) représente le nombre des étudiants qui répondirent négativement à l'offre. Selon cette catégorie, pour rien au monde, ils seraient capables de poser un tel acte même si on leur offrait tout l'or du monde.

La quantité neutre (26) représente le nombre des étudiants qui s'abstinrent. Conformément au formulaire de l'enquête qui exigea une justification en cas d'abstention, la plupart sinon tous exigèrent un temps de réflexion avant d'agir. D'après les explications recueillies par rapport à ce temps de réflexion, il serait question de parler, de dialoguer avec leur mère afin de lui expliquer que ce n'est pas par méchanceté qu'ils agissent ainsi, mais que c'est l'avenir de la famille qui en dépend. C'est au terme du consensus issu du dialogue qu'ils pourraient agir.

Même si nous reviendrons sur l'interprétation de ces résultats, notons en passant qu'ils sont surprenants compte tenu du contexte et du milieu dans lesquels le sondage a été réalisé. Ce contexte de misère matérielle est un facteur de risque qui, en principe, devrait gonfler la quantité affirmative (04). Autrement dit, selon les prévisions, on s'attendrait à ce que cette valeur soit supérieure aux autres compte tenu des avantages matériels et des conséquences positives que l'acte posé peut entraîner dans la famille, dans une région et même dans un pays.

Deuxième récit

En 1940, un curé d'une grande paroisse de Pologne requis par la police russe reçut l'ordre de signer une accusation fausse contre un évêque ukrainien, gréco-catholique, en vue d'une liquidation de l'Eglise uniate, dont il était pasteur. Selon son témoignage, voici ce qui s'est passé :

Un jour ils me demandèrent de signer une accusation contre Monseigneur S. J'ai refusé, car c'était faux ; ils l'avouaient du reste eux-mêmes. Alors ils firent entrer une jeune fille polonaise de L., âgée de 19 ans environ. "Tu la connais ? – Non ! – Alors, tu signes ? – Non ! " Vlan ! Un coup de poing dans le visage de la jeune fille. Puis ils la maltraitèrent pendant près d'une heure, à mon estimation. Ils dansèrent avec les grosses bottes ferrées sur sa poitrine et sur son ventre. Elle est morte. Elle ne pouvait pas survivre. J'ai refusé de signer[70].

---

[70] Récit du P. Bochenski cité par S. PINCKAERS, *Ce qu'on ne peut jamais faire,* la question des actes intrinsèquement mauvais, Histoire et discussion, Eds Universitaires Fribourg Suisse, Cerf, 1986, p. 18.

Nous reviendrons sur ce récit également. Néanmoins, notons que la méthode utilisée ici pour obtenir la signature du prêtre était subtile et perfide : la torture physique. Nous pouvons dire que cette méthode, d'une certaine façon, mettait à l'épreuve la sensibilité vis-à-vis d'autrui, la pitié pour les autres qui souffrent enseignée par la morale chrétienne. Cette méthode pouvait aussi provoquer chez le curé un sentiment de culpabilité et d'auto-accusation par rapport au commandement de l'amour du prochain. À la souffrance physique de la jeune fille, s'ajoutait la souffrance morale du prêtre. Dans cette situation exceptionnelle de détresse de la jeune fille dont la vie était en danger, on peut se demander si le prêtre ne pouvait pas consentir un mensonge en signant pour sauver la jeune fille. Devait-il maintenir son strict principe moral abstrait au détriment de la vie d'une personne devenue terriblement concrète quand on la voit sous la torture ? Sachant que lorsqu'une autorité décide de supprimer une Eglise comme c'était le cas pour les Soviets rien ne peut faire obstacle, pourquoi fallait-il résister ? Et qui sait si cette jeune fille ne serait pas devenue la mère d'un génie, du libérateur d'un peuple ?

Troisième récit

Ce récit raconte un naufrage sur les côtes vierges d'Amérique que souffrit un voyageur observateur des peuples et coutumes du seizième (XVIe) siècle, Alvar Núñez Cabeza de Vaca[71].

Il nous donna un tel coup d'eau qui nous mouilla tous ; et comme nous allions nus et le froid qui faisait était très grand, les rames nous sautaient des mains, et à un autre coup que la mer nous donna, troubla le bateau ; le voyant et deux autres s'accrochèrent sur lui pour s'échapper ; il arriva bien plus le contraire, que le bateau les prit par-dessous et ils se noyèrent ». (...) « Nous qui restions échappés, nus comme à la naissance et dépourvus de tout ce que nous avions apporté, et même que tout valait peu, pour alors valait beaucoup. Et comme c'était alors novembre, et le froid très grand, et nous tels quels sans difficulté ils pouvaient nous conter les os, nous étions la figure propre de la mort ». (...) « et ainsi, nous avions demandé à Notre Seigneur la miséricorde et le pardon de nos péchés, versant beaucoup de larmes, ayant chacun pitié, non seulement de soi, mais bien plus de tous les autres, qui dans la même situation se trouvaient ». Enfin, il se produisit une craintive rencontre avec les Indiens, à laquelle l'explorateur espagnol se réfère en ces termes :

---

[71] A.N. CABEZA DE VACA, *Naufragios y Comentarios,* Edición de Roberto Fernando, Madrid, 2000, pp.64-66. Le texte original que nous citons est espagnol, mais traduit par nous. Nous proposons, vu sa longueur, sa version originale en Annexe II. Le texte espagnol que nous traduisons est ancien et nous respectons la tradition littéraire de l'époque.

« ... plus lorsqu'ils nous virent ainsi..., ils revinrent en arrière. Je sortis vers eux et les appelai, et ils vinrent très terrifiés ; je leur fis comprendre par des signes comment s'était naufragé notre bateau et comment s'étaient noyés trois d'entre nous »... « Les Indiens, à voir le désastre qui nous était arrivé et le désastre dans lequel nous étions, avec tant de mésaventure et de misère, s'assirent parmi nous, avec la grande douleur et la pitié qu'ils eurent de nous voir dans un tel malheur, commencèrent tous à pleurer haut, et tant vraiment, que loin de là on pouvait les entendre, et ceci dura plus d'une demie heure ; et certes voir que ces hommes tant sans raison et tant crus, à la manière des brutes, sentirent tant de douleurs pour nous, fit qu'en moi et chez les autres de la compagnie crûrent plus la passion et la considération de notre malheur. Me sentant paisible dans ces larmes, j'interrogeai aux chrétiens, et je dis que, s'ils voudraient, je prierais à ces Indiens qu'ils nous emmènent à leurs maisons ; certains d'entre eux qui avaient été dans la Nouvelle Espagne répondirent qu'on ne devrait pas en parler avec eux, parce que si dans leur maison ils nous emmenaient, ils nous sacrifieraient à leurs idoles ». De toutes les façons, Cabeza de Vaca demanda aux Indiens qu'ils les cachassent *: « en nous emmenant saisis et avec beaucoup d'empressement, nous fûmes dans leurs maisons ; et par le grand froid qu'il y avait, et craignant que sur le chemin certains ne meurent ou s'évanouirent, ils pourvurent qu'il ait quatre ou cinq grands feux mis en un laps de temps, et chacun d'entre eux nous réchauffait ; et dès qu'ils virent que nous avions pris quelques forces et de chaleur, ils nous emmenèrent précipitamment jusqu'à l'autre, que presque qu'ils ne nous laissaient poser les pieds au sol ; et de cette façon, nous arrivâmes jusqu'à leurs maisons, où nous trouvâmes qu'ils avaient fait une maison pour nous, et beaucoup de feu à l'intérieur ; et après une heure que nous étions arrivés, ils commencèrent à danser et faire une grande fête, qui dura toute la nuit, même si pour nous autres il n'y avait pas de plaisir, ni de fête, ni de sommeil, en attendant l'heure à laquelle ils nous auraient sacrifiés ; et le matin ils nous donnèrent à nouveau du poisson et des racines, et nous offrirent un si bon traitement, qui nous rassurait de quelque chose et que nous perdions la peur du sacrifice.*

On exalte beaucoup les droits de l'homme ; néanmoins on a des difficultés à dire ce qu'est l'humain ; voici que ces larmes émouvantes et merveilleuses des « sauvages Indiens» représentent la rencontre de l'humain avec l'humain à l'état pur, dépouillé de tous les artifices sociaux, de toute théorisation intellectuelle, culturelle et scientifique ; ces larmes émouvantes et merveilleuses traduisent la rencontre de l'homme avec lui-même, la reconnaissance qui transcende les approches conceptuelles et théoriques et nous mettent face à la réalité essentielle de l'homme qu'est la loi naturelle : la capacité de partager, de se reconnaître dans la douleur et la souffrance de l'autre. Il n'y eut aucun sacrifice comme le prévoyaient les chrétiens de la

« Nouvelle Espagne », mais une vie communautaire fondée sur la loi naturelle, qui se traduisit par le respect de l'autre et de ses valeurs. Nous ne pouvons pas sauter à pieds joints sur cette attitude de ces « Indiens sauvages ». On devrait se demander pourquoi ils n'ont pas eu peur de ces gens qui n'avaient pas la même culture, la même religion, la même morphologie physique et, en plus, ne parlaient pas la même langue qu'eux. Il y a dans l'homme, l'humain, le *nèm ntògò* qui l'invite sans cesse à ne pas être indifférent à la souffrance de l'autre. L'homme dans sa vérité intégrale possède une bonté qui se met toujours au service du bien de la personne et de sa perfection : c'est exactement le contenu de la loi naturelle.

III.2. Le précepte fondamental de la loi naturelle

Il ressort de ce qui précède qu'il existe chez les hommes une *réalité commune, un dénominateur commun* qui, indépendamment de la race, de la culture, du bagage intellectuel, des convictions métaphysiques, de l'avoir matériel, discerne ce que nous appelons bien ou mal dans l'ordre pratique. Grâce à elle, la perception des biens moraux fondamentaux devient immédiate, vitale, fondée sur la connaturalité de l'esprit avec les valeurs ; elle engage aussi bien l'affectivité que l'intelligence, le cœur que l'esprit[72]. Cette réalité est responsable des premiers principes moraux. La connaissance du bien et du mal par l'homme requiert l'existence de cette réalité. Peu importe que ce « dénominateur commun » soit appelé différemment selon les cultures et les époques, mais il est commun à tout être humain. Nous gardons pour la suite l'appellation qui est à l'origine de notre réflexion. Papa l'appelait *nèm ntògò* ou petit cœur ; saint Thomas l'appelait syndérèse[73] ; pour Aristote, c'est le bien de l'homme ou son *ergon* propre. Son activité propre suppose un usage théorique et pratique et le distingue spécifiquement des autres êtres vivants[74] ; saint Jérôme la dénommait *l'étincelle de la conscience*[75] *ou une lumière inextinguible propre à chaque être humain ;* ... Toujours est-il que le *nèm ntògò* est un état permanent de l'appareil moral,

---

[72] Cf. C.I.T. *op.cit.*, n. 44.

[73]L'expression est utilisée par saint THOMAS *S.Th,* II-II, q.47, a. 6c. et ad 1. J. RATZINGER propose qu'on remplace ce terme, parce qu'il est problématique, par le concept platonique de l'anamnèse qui a l'avantage non seulement d'être linguistiquement plus clair, mais plus profond et plus clair et surtout concordant avec les thèmes essentiels de la pensée biblique et avec l'anthropologie développée par la bible in *L'Eglise. Une communauté toujours en marche,* Ed. Pauline Madrid, 1992 p. 108 cite par T. TRIGO, « Ley natural, ley de Dios y ley del hombre », in E. MOLINA T. TRIGO, *op.cit.*, note n. 9, p. 90.

[74] Cf. ARISTOTE, *Ethique à Nicomaque*, I, 7.

[75] « *Scintilla conscientiae in Cain quoque pectore, postquam eiectus est de Paradiso, non extinguitur, et qua victi voluptatibus, vel furore, ipsaque interdum rationis decepti similitudine, nos peccare sentimus* », *Glosa ordin. Ezechiel,* I, c.1 (PL 25, 22A-B).

une disposition innée qui dicte à l'homme ses jugements de conscience en y imprimant ses principes moraux. La petite Eyenga était scandalisée par la duplicité de sa mère et voulait vérifier si cette dernière écoutait son *nèm ntògò*. Selon notre sondage, malgré l'extrême misère qui sévit dans la plupart des pays africains, les étudiants ne sont pas prêts à sacrifier la dignité de leurs parents pour gagner de l'argent. Le pauvre curé est convaincu que le mensonge détruit la vérité sur l'homme. Les « sauvages Indiens », témoins du désastre qui arriva aux « civilisés de la Nouvelle Espagne », sentirent une compassion qui sauva Cabeza de Vaca et ses compagnons.

Le *nèm ntògò* connaît le bien, établit et programme sa réalisation, raison pour laquelle l'homme non seulement n'est jamais indifférent au bien et au mal, mais aussi et surtout connaît et expérimente qu'il doit aimer le premier et éviter le second[76]. L'homme est libre de bénéficier des radiations de son *nèm ntògò*, même s'il peut choisir de ne pas écouter ses recommandations. Kouna illustre l'attitude que l'homme adopte parfois face à ses prescriptions. Cette mère de famille enseigne à sa fille à écouter toujours les recommandations de *nèm ntògò*, mais la sérénité, la dextérité et la naturalité avec laquelle elle reçoit son mari après avoir caché un visiteur malsain dans sa cuisine illustrent qu'elle ignore totalement, à cet instant précis, ce qu'elle enseigne à sa fille. Le *nèm ntògò* dans son processus de fonctionnement a deux niveaux consécutifs et inhérents. Le premier niveau est la proto-conscience ou la fonction cognitive distincte de la conscience morale qui juge la conduite. Le second niveau est sa fonction prescriptive. Après avoir pris connaissance du bien que nous devons faire et du mal que nous devons éviter, le *nèm ntògò* nous prescrit de faire le premier et d'éviter le second. Les erreurs morales ne proviennent pas du *nèm ntògò* parce qu'il signale toujours à l'homme le véritable bien[77]. Autrement dit, tout être humain qui accède à la conscience et à la responsabilité fait l'expérience d'un appel intérieur à accomplir le bien. Il découvre qu'il est fondamentalement un être moral, capable de percevoir et d'exprimer cette interpellation ou cette évidence morale : il faut faire le bien et éviter le mal, premier précepte de la loi naturelle[78]. La vie morale naît et se développe grâce au *nèm ntògò* qui est la porte qui permet à l'acte personnel de s'ouvrir à l'essence de la nature humaine. « Le bien moral correspond au désir profond de la personne humaine qui - comme tout être - tend spontanément,

---

[76] Nous rappelons que Kouna enseignait à sa fille de suivre toujours les recommandations du *nèm ntògò* qui nous prescrit ce que nous devons faire et ce que nous devons éviter.

[77] Cf. T. TRIGO. « Ley natural, ley de Dios y ley del hombre », in E. MOLINA T. TRIGO, *op.cit.*, p. 91.

[78] Cf. C.I.T., *op.cit.*, n. 39.

naturellement, vers ce qui la réalise pleinement, vers ce qui lui permet d'atteindre la perfection qui lui est propre, le bonheur[79] ».

Synthétiquement, selon les spécialistes de la loi naturelle, il existe une théorie éthique qui d'une part détermine, ce qui est bon pour les êtres humains et d'autre part, dit comment nous devons agir pour accomplir ce bien. Cela suppose qu'il y ait trois fondements du bien : un fondement métaphysique dans la perspective aristotélicienne où le bien est tout ce qui nous attire ou que nous désirons[80], un fondement épistémologique basé sur les critères de connaissances de ce bien qui nous attire et un fondement moral qui nous prescrit comment nous devons accomplir ce bien au plan pratique. On distingue de façon classique trois types ou classes de biens : le bien « utile » fondé sur l'utilité, le bien « délectable » fondé sur le plaisir, le bien « honnête » ou « humain » fondé sur la vertu[81]. L'une des grandes difficultés de compréhension de cet intellectualisme réside dans la conciliation des dimensions métaphysiques, épistémologiques, morales de ce bien, qui est le principe de base de la loi naturelle : « il faut faire le bien et éviter le mal ». Sans prétendre résoudre la difficulté, nous pensons que la loi naturelle est une réaction spontanée qu'un être humain, doté de toutes ses facultés, peut ou devrait avoir face à certaines situations existentielles qui dégradent l'homme. Tous les êtres humains ont intuitivement une orientation implicite vers cette lumière qui constitue le principe fondamental de la loi naturelle : « il faut faire le bien et éviter le mal ». Néanmoins, ce précepte fondamental de la loi naturelle doit être concrétisé afin qu'il puisse porter sa lumière sur les biens inhérents à la nature humaine. Pour ce faire, il convient d'analyser les tendances innées ou inclinations naturelles qui permettent à l'homme de se réaliser totalement[82]. Ce précepte fondamental doit être précisé afin qu'il soit applicable aux valeurs concrètes qui sont inhérentes à la nature humaine.

---

[79] Cf. C.I.T., *op.cit.*, n.41.
[80] Cf. Aristote, *Ethique à Nicomaque*, I,1, 1094a 2-3.
[81] Cf. A. SARMIENTO, « El hombre, señor de sus actos » in A. SARMIENTO E.MOLINA T. TRIGO, *Teología moral fundamental,* EUNSA, 2013, p. 175.
[82] Cf. *S.Th.*, I-II, 94,2.

III.3. Les préceptes ou principes[83] premiers de la loi naturelle

III.3.1. La conservation de la vie

Naturellement, l'homme sait que la vie est un bien. L'homme possède une inclination naturelle à conserver et à développer son existence. C'est ce qui justifie sa réaction spontanée face à une menace de la mort. Si les êtres vivants luttent toujours pour la survie, c'est parce que naturellement la mort représente pour eux une menace. La vie physique apparaît comme un bien fondamental et mérite d'être protégée et conservée dans toute son intégrité chez tous les vivants. Conformément à ce premier précepte, l'homme, de manière propre, cherche toujours à améliorer la qualité de sa vie biologique par l'usage des biens qui garantissent sa subsistance, notamment la nourriture, les vêtements, le travail, le logement, l'environnement sain… Ensuite, l'homme se fixe des fins à réaliser qui contribueront à son développement harmonieux et responsable. Il découvre l'importance des biens moraux, des valeurs à préserver, des obligations à remplir et des droits à faire prévaloir. L'inclination naturelle à préserver la vie a comme corollaire le droit de réclamer ce qui est nécessaire à sa conservation dans un environnement favorable[84].

Cette inclination naturelle est à l'origine de l'ordre politique de la société et de la lutte pour la défense et la promotion du bien commun. En effet, vivant dans la société, l'être humain sent la nécessité de promouvoir le bien commun, qui dans un sens peut être compris comme l'ensemble des conditions qui permettent à l'homme de se réaliser davantage comme personne[85]. Font partie de cette conception première du bien commun tous les biens humains, tels que l'économie, la sécurité, la justice sociale, l'éducation, l'accès à l'emploi et la recherche spirituelle[86]. Dans un autre sens, le bien commun peut être défini comme la finalité de l'ordre politique et de la cité elle-même. Le bien commun ici s'identifie à tous et à chacun et exprime la dimension communautaire du bien humain promu et défendu par toute la société. Cette vision du bien commun évolue avec la société elle-même en fonction des exigences de la personne, de la justice et du rôle des

---

[83] Voir A. SARMIENTO, « La ley moral natural » in A. SARMIENTO E. MOLINA T. TRIGO, *op.cit.*, p.411, note n°. 76 : En général, les auteurs utilisent indifféremment les termes « principes » ou « préceptes » en se référant au contenu de la loi naturelle. Nous estimons que cela est dû aux fins qui peuvent être le savoir pratique pour les préceptes et le savoir spéculatif pour les principes : les vérités morales exprimées dans les principes éthiques se configurent aussi comme préceptes.

[84] Cf. *Déclaration universelle des droits de l'homme*, articles 3, 5, 17, 22, in C.I.T., *op.cit.*, n. 48.

[85] Cf. *Gaudium et Spes*, n. 26 ; C.D.F., Déclaration *Dignitatis humanae,* n. 6.

[86] Cf. JEAN XXIII, Encyclique *Pacem in terris,* n. 55.

puissances publiques[87]. L'inclination naturelle vers le bien de la vie dessine les contours du bien commun que la société doit poursuivre : la liberté, la vérité, la justice et la solidarité[88]. Ainsi, sachant qu'il est fondamentalement un être social par nature et non par pure convention, l'homme découvre que, pour se réaliser comme personne, il a besoin d'un tissu de relations qu'il noue avec d'autres personnes et il se trouve ainsi au centre de cercles concentriques que sont notamment la famille, le milieu de vie, la communauté, la nation et l'humanité[89]. Certaines sociétés comme la famille et la cité correspondent de façon immédiate à la nature humaine[90].

III.3.2. La procréation : l'inclination naturelle à la conservation de l'espèce

La procréation est un des préceptes premiers de la loi naturelle. Les êtres vivants réalisent la tendance à conserver leur espèce par la procréation. Sachant que la perpétuité dans l'existence biologique lui est impossible, l'homme, naturellement, cherche à surmonter cette limite inhérente à toute existence physique par la génération[91]. Ceci s'inscrit dans le prolongement de la tendance à persévérer dans l'être. La procréation ou inclination à la conservation dans l'espèce apparaît ainsi comme un bien fondamental ou une aspiration sacrée de toute personne. La procréation est une dynamique naturelle reconnue universellement dans toutes les sociétés. Elle porte l'homme vers la femme et réciproquement et leur impose de prendre soin des enfants et de les éduquer. Ceci exige implicitement la permanence du couple homme et femme et leur fidélité mutuelle. Déjà au plan naturel, ces valeurs sont donc importantes à poursuivre, même si elles ne pourront s'épanouir pleinement que dans l'ordre spirituel de la communion interpersonnelle[92]. De l'inclination naturelle à la procréation, la vie, qui est une loi naturelle, devient inviolable et sacrée. Il convient de préciser la signification de l'inviolabilité et de la sacralité de la vie comme loi naturelle. Les deux grandes tendances actuelles de la bioéthique (laïque et catholique) sont unanimes pour dire que vivre est une loi naturelle[93]. Mais les divergences apparaissent dans les interprétations qu'elles en font. Certains substituent d'une part, la reproduction assistée à la procréation assistée et, d'autre part, la qualité de la vie à son inviolabilité. Nous pensons que la vie

---

[87] Cf. C.I.T., n. 85.

[88] Cf. *Compendium de la Doctrine Sociale de l'Eglise,* n. 192-203.

[89] Cf. G.S., n. 73-74.

[90] Cf. C.E.C., n. 1882.

[91] Cf. C.I.T., *op.cit.*, n. 49.

[92] Cf. *Déclaration universelle des droits de l'homme*, article 16, in C.I.T., *op.cit.*, n. 49.

[93] Cf. A. SARMIENTO, « El bien de la vida », in A. SARMIENTO. T. TRIGO. E. MOLINA, *Moral de la persona,* EUNSA, 2006, p.73.

humaine est inviolable parce qu'elle possède une valeur que les autres réalités de la terre ne possèdent pas.

III.3.2.1. La vie humaine doit être valorisée en soi

Lorsqu'on dit que la vie humaine est inviolable, cela signifie qu'elle ne peut en aucun cas être traitée comme un bien instrumental, comme une chose ou un moyen au service d'une fin qui est au-dessus du bien intégral de la personne[94]. Positivement, c'est proclamer que la vie humaine possède une valeur en soi par le simple fait qu'elle soit vie humaine. Ce caractère inviolable de la vie humaine est inscrit dans le cœur et la conscience de chaque homme qui, impérativement, est appelé à répondre de son attitude devant sa propre vie et celle des autres comme une réalité qui ne lui appartient pas et dont il ne peut pas disposer à sa guise. La question « Qu'as-tu fait de ton frère ? », que Caïn ne peut pas éviter[95], illustre la responsabilité commune de tous les hommes devant l'inviolabilité de la vie. Elle ne dérive pas exclusivement de la foi ou des convictions religieuses, mais de la valeur incomparable de la personne humaine qui est l'expression de la loi naturelle. Théologiquement, l'inviolabilité de la vie provient du fait que l'homme est appelé à une vie pleine qui va au-delà de l'existence terrestre, une vie qui est la participation à la vie même de Dieu. Cette vocation surnaturelle révèle la grandeur et le prix de la vie humaine dans sa phase temporelle[96]. Le développement de la vie comme une loi naturelle est éclairé par la promesse de la vie divine et renouvelé par le don de cette vie ; ce développement atteindra son accomplissement dans l'éternité[97]. De nombreux textes bibliques soulignent le caractère inviolable de la vie humaine dans des contextes variés et des perspectives diverses. L'alliance de Dieu avec l'humanité est tissée d'appels à reconnaître la vie humaine comme un don de Dieu. L'Ancien Testament a toujours considéré le sang comme un signe sacré de la vie et la validité de cet enseignement est pour tous les temps[98]. Dans le Nouveau Testament, Jésus explique par ses paroles et ses gestes les exigences relatives à l'inviolabilité de la vie qui étaient déjà présentes dans l'Ancien Testament où la législation prenait soin de protéger les personnes dont la vie était faible et menacée, notamment l'étranger, l'orphelin, le malade, le pauvre, la vie avant la naissance[99].

L'inviolabilité de la vie, expression de la loi naturelle, permet de répondre à certains problèmes éthiques que posent les techniques de procréation médicalement assistée. En effet, la mise en œuvre des techniques

[94] Cf. Ibid., p.74.
[95] Cf. Gn 4,10.
[96] Cf. E.V., n. 2.
[97] Cf. 1 Jn 3,1-2.
[98] Cf. C.E.C., n. 2260.
[99] Cf. Ex 21, 22; 22, 20-26.

de procréation médicalement assistée rend possibles certaines interventions sur les embryons et les fœtus. Les objectifs poursuivis par ces techniques peuvent être thérapeutiques, diagnostiques, scientifiques ou commerciaux. Le critère de l'inviolabilité de la vie doit être le fondement de toutes les législations juridiques et de tous les jugements éthiques qui concernent les techniques de procréation assistée. Autrement dit, lorsque le Magistère de l'Église réaffirme que « la vie, une fois conçue, doit être protégée avec le plus grand soin »[100] ou que « la vie humaine doit être respectée et protégée de manière absolue depuis le moment de sa conception »[101], l'Église ne fait que rappeler l'inviolabilité de toute vie humaine inscrite dans toutes les consciences. Le Magistère ne fait que mettre en lumière l'élément souvent négligé dont la science ne présente que quelques aspects partiels : la nature humaine et la loi naturelle subséquente fondent des valeurs issues de l'essence de l'homme, valeurs qui sont inviolables par tous ceux qui possèdent cette essence. Le Magistère ne fait que rappeler que l'inviolabilité de la vie humaine est par nature un droit qui précède toute décision de la majorité. La raison humaine est capable de percevoir la valeur inviolable de la vie humaine.

III.3.2.2. Toute vie humaine est inviolable

Pour certaines idéologies, l'affirmation du caractère inviolable de la vie ne signifie pas que chaque vie humaine soit inviolable ; elle ne concerne que la vie de l'espèce humaine dans sa totalité. Dans cette approche, la vie de chaque personne singulière n'aurait pas une valeur en soi ; elle vaudrait seulement par la contribution qu'elle apporte à l'humanité. Par conséquent, au nom de l'utilité et du bien-être de l'espèce humaine, on pourrait justifier la suppression de certaines vies considérées comme inutiles ou défectueuses[102]. C'est la conception qui soutient la mentalité eugéniste : elle ne respecte la vie humaine que dans certaines conditions.

La vie de chaque être humain est unique et irremplaçable et, comme telle, inviolable et autonome. Comme le certifie l'expérience quotidienne, la personne humaine se perçoit en fait comme une unité et comme une appartenance à soi qui ne peut pas appartenir à un autre. En effet, l'être humain se présente comme un en-soi dans son genre, irremplaçable et qui ne peut pas être réduit aux autres[103]. Dans le langage courant, l'identité personnelle du sujet de la vie humaine est désignée par le « je », ce qui

---

[100] *Gaudium et Spes*, n. 51.

[101] SAINT-SIEGE, *Charte des Droits de la Famille,* 1983, art. 4.

[102] Cf.P.VESPIEREN, « Diagnóstico prenatal y aborto selectivo. Reflexión ética », in F.ABEL.E.BONÉ-J.C.HARVEY (eds.), *La vida humana: origen y desarrollo. Reflexiones bioéticas de científicos y moralistas,* UPC, Madrid-Barcelona 1989, p.172.

[103] Cf. THOMAS D'AQUIN, *Sentences I.*, d.1, q. 2, a.1, ad 1.

voudrait dire que celui à qui on attribue cette identité est irremplaçable, un et le même durant toute son existence. C'est de la perception de cette conscience que naît inséparablement le respect dû à chaque vie humaine comme une attitude éthique fondamentale. Si toute personne humaine est « un être unique » parmi les êtres créés dans le monde, il devient évident qu'elle ne peut être instrumentalisée ou être au service de certaines réalités qui lui sont inférieures. Voilà ce que signifie l'affirmation selon laquelle la personne humaine est une fin en soi et ne peut en aucun cas être traitée comme un moyen[104]. La raison de cette singularité et la valeur de chaque vie humaine se radicalisent, enfin, par le fait qu'à l'origine de chaque vie humaine il y a un acte créateur de Dieu. Chaque personne répond à un appel singulier et unique de Dieu : c'est un appel personnel, qui signale un destin personnel, qui ne peut pas être absorbé par un destin collectif. Lorsque, dans la considération de la vie humaine, la relation avec Dieu disparaît, il reste seulement la relation avec soi-même et les autres. « L'homme ne parvient plus à se saisir comme un être mystérieusement différent des autres créatures terrestres ; il se considère comme l'un des nombreux êtres vivants, comme un organisme qui, tout au plus, a atteint un stade de perfection très élevé. Enfermé dans l'horizon étroit de sa réalité physique, il devient en quelque sorte une chose, et il ne saisit plus le caractère transcendant de son existence en tant qu'homme »[105]. Alors la condition personnelle et la valeur de la vie humaine sont confiées à l'arbitraire parce que l'homme ne considère plus la vie comme un don de Dieu, comme une réalité sacrée qui exige respect et vénération. La vie devient une chose que l'homme revendique comme sa propriété privée qu'il peut totalement dominer. Dans ce contexte, les techniques de procréation assistée, qui semblent être au service de la vie, ouvrent paradoxalement la porte aux attentats contre la vie. Outre leur pourcentage d'échecs[106], les « embryons surnuméraires » sont supprimés ou utilisés pour des recherches prétendument scientifiques[107]. Bref, lorsque la procréation n'est plus une loi naturelle, les embryons humains se réduisent à un simple matériel biologique dont on peut librement disposer.

[104] Cf. J. SEIFERT, « El concepto de persona en la renovación de la teología moral. Personalismo y personalismos », in A. SARMIENTO (ed.), *Moral de la persona y renovación de la teología moral,* Ediciones Internacionales Universitarias, Madrid, 1998, pp.26-27.

[105] JEAN-PAUL II, E.V. n. 22.

[106] Cf. A.P. FERRARETTI (et al.) « Assisted reproductive technology in Europe, 2009: results generated from European registers by ESHRE » in *Human Reproduction*, vol.0, n.0, 2013, pp. 1-14,

[107] Cf. JEAN-PAUL II, E.V. n. 14.

III.3.2.3. Dans toutes ses phases

Évaluer adéquatement la portée de l'inviolabilité de la vie humaine exige, entre autres, d'affirmer que la vie humaine ou chaque vie humaine a absolument une valeur en soi, qui ne dépend pas des manifestations de son développement, dans toutes les phases de son existence108. La valeur de la vie et sa dignité ne sont pas liées fondamentalement à la « qualité de la vie»109, mais au fait radical d'être vie humaine. L'inviolabilité de la vie ne dépend pas de paramètres externes comme l'absence de la douleur, de malformations physiques, etc.110. Le fondement anthropologique de cette exigence morale réside dans l'unité de la personne qui, comme telle, ne peut pas être comprise seulement à partir de ses « co-principes » (âmes ou corps), moins encore s'identifier à ses manifestations. Dans la perspective théologique, l'inviolabilité de la vie humaine trouve son fondement dans les vérités de la Création et de la Rédemption. Ce sont les faits et surtout la vie de Jésus qui nous révèlent la dignité et le sens de toute vie. Même dans les moments les plus précaires et les plus vulnérables, moments où la vie semble devenir inutile, la vie demeure un don qui doit être soigneusement protégé111. De son origine à sa fin, la vie humaine demeure un don du Créateur et de son Rédempteur. Le dessein de Dieu sur l'homme est qu'il reproduise dans sa vie l'image de son Fils112. C'est le chemin pour développer son existence comme don de Dieu. Et effectivement c'est dans la vulnérabilité que Jésus révèle toute la grandeur et toute la valeur de la vie113. Par conséquent, il devient évident que l'éclipse du sens de Dieu conduit inéluctablement à la perte du sens de la vie : « Quand Dieu est nié et quand on vit comme s'Il n'existait pas, ou du moins sans tenir compte de ses commandements, on finit par nier ou par compromettre la dignité de la personne humaine et l'inviolabilité de sa vie »114. Dans ce vide, confronté à la vulnérabilité d'une vie naissante, l'homme devient incapable de

---

108 Cf. CDF, *Donum vitae,* nn. 75-76.

109 Nous reviendrons amplement sur ce terme dont l'usage commence vers la moitié du XXe siècle. Nous recommandons l'étude de D. GARCIA GUILLÉN, *Ética de la calidad de vida,* Fundación Santa María de Madrid, 1984. Néanmoins, faisons remarquer que c'est un terme qui exige d'être nuancé pour qu'il ne soit pas synonyme de respect ou d'inviolabilité de la vie. On ne peut pas faire dépendre la valeur de la vie de paramètres externes à la vie elle-même (absence de douleur, malformations physiques, etc.) ou considérer la qualité de la vie comme une raison de respecter la vie. Bref, la qualité de la vie ne peut pas être au-dessus de la vie.

110 Cf. G. HERRANZ, « Science biomediche e qualità della vita», in *Persona, Verità e Morale,* Città Nuova, Roma 1988, pp.79-87 cité par A. SARMIENTO (ed.), *Moral de la persona y renovación de la teología moral, op.cit*., p.77.

111 Cf. JEAN-PAUL II, EV, n. 32.

112 Cf. Rm 8, 28-29

113 Cf. JEAN-PAUL II, EV, n. 33.

114 JEAN-PAUL II, EV, n. 96

s'interroger radicalement sur le sens de son existence et s'enferme dans l'horizon étroit de la réalité physique. La vie devient sa propriété privée et les techniques de procréation assistée deviennent pour lui des moyens qui lui permettent de dominer et de manipuler la vie.

III.3.3. L'inclination naturelle à connaître la vérité

C'est l'inclination qui différencie l'homme des autres animaux. Comme être raisonnable, l'homme est capable de connaître la vérité, d'entrer en dialogue avec les autres, d'établir et de nouer des relations d'amitié. L'épanouissement de sa nature spirituelle exige de lui qu'il noue avec autrui des relations d'amitié afin de développer avec les autres une coopération intense pour la recherche de la vérité. La connaissance de la vérité fait partie de son bien intégral et est à l'origine de la science dans tous les domaines[115]. L'homme découvre ainsi une vérité anthropologique selon laquelle la personne humaine est antérieure à la société. Pour qu'elle soit humanisante, la société doit répondre aux attentes inscrites dans la personne en tant qu'être social[116]. L'inclination naturelle à la recherche de la vérité, qui exprime sa densité humaine, comporte l'exigence de la sincérité, de la droiture et de la véracité. En plus, la tendance naturelle de connaître la vérité fait naître en l'homme un sentiment d'insatisfaction et d'inachèvement face à la relativité de ses connaissances sur la réalité. Il se sent ainsi fini dans l'espace et dans le temps et voudrait, selon Blondel, rejoindre l'Infini, l'Absolu, Dieu. En effet, l'insatisfaction qui vibre dans le cœur de l'homme postule non seulement l'existence d'un être absolu, mais aussi d'un ordre supranaturel, celui de la grâce. Certes, cette inclination naturelle peut être niée par ceux qui refusent d'admettre l'existence d'un Dieu personnel ; cependant, elle demeure présente dans la recherche de la vérité et du sens qui habite tout être humain[117].

La redécouverte de cette inclination naturelle à la vérité est très importante dans le contexte actuel : le rationalisme réduit la vérité à un concept abstrait ; la science la durcit et la dépersonnalise ; la vérité est confondue avec les idées, les mots qui essayent d'exprimer cette vérité l'enferment au contraire. Bref, « à la tentation du déterminisme par la vérité scientifique a succédé celle de la relativité de toute science et de toute vérité. La vérité est devenue dépendante du sujet qui la pense, liée à son histoire, à son milieu, à sa culture, à ses intérêts, à des impératifs sociaux ou politiques »[118]. C'est ce qu'illustrent notamment toutes les contradictions relatives au droit à la vie en général et particulièrement aux droits de

---

[115] Cf. S. PINCKAERS, *Les sources de la morale chrétienne,* Editions Universitaires Fribourg-Suisse, Editions du Cerf Paris, 1985, p.462.

[116] Cf. C.I.T., *op.cit.* n. 86.

[117] Cf. C.I.T., *op.cit.*, n. 50.

[118] S. PINCKAERS, *Les sources de la morale chrétienne, op.cit.*, p.428.

l'enfant[119]. Le jugement moral sur les méthodes de procréation assistée n'est plus fondé sur la vérité de la personne humaine, ni sur celle de la sexualité. L'homme devient incapable de découvrir que la vie physique, par laquelle commence l'aventure humaine dans le monde, n'épuise pas toute la valeur de la personne, ne représente pas tout le bien de l'homme qui est appelé à l'éternité[120]. L'homme se ferme à la vérité selon laquelle « la transmission de la vie humaine a été confiée par nature à un acte personnel et conscient, et comme tel soumis aux très saintes lois de Dieu : des lois inviolables et immuables qui doivent être reconnues et observées. C'est pourquoi on ne peut user de moyens et suivre des méthodes qui peuvent être licites dans la transmission de la vie des plantes et des animaux »[121].

En général, ces préceptes premiers sont une explicitation du précepte fondamental de la loi naturelle. Leur formulation plus adéquate est l'amour de Dieu et du prochain[122].

III.4. Les préceptes seconds de la loi naturelle

Ceux-ci dérivent des préceptes premiers par un raisonnement plus ou moins complexe et immédiat. Ils ne sont pas contenus dans le décalogue, mais peuvent être déduits de lui. La loi naturelle étant la raison en œuvre sur le plan pratique, les préceptes seconds sont les conclusions dans l'ordre spéculatif. N'ayant pas l'évidence immédiate des premiers principes dont ils prolongent la portée, ils constituent l'ensemble des règles morales regroupées sous l'appellation de droit naturel[123].

III.5. La loi naturelle, loi de Dieu et loi de l'homme

Lorsque l'homme s'interroge sur le bien à faire et sur le mal à éviter, cela signifie qu'il se tourne en dernier ressort vers Dieu, plénitude de la bonté[124]. La quête rationnelle du bien à faire et du mal à éviter est en même temps une quête religieuse. Dieu, bonté en soi, est le principe de la loi

---

[119] Cf. J.-L. TAURAN, *Discours à la VIe Assemblée Générale de l'Académie Pontificale pour la vie,* 11.II.2000 : « Au niveau des instruments juridiques des Nations Unies, l'affirmation la plus forte sur le droit à la vie, même de l'enfant à naître, est contenue dans la *Déclaration et* [la] *Convention sur les Droits de l'Enfant.* Le principe n°4 de la Déclaration, répété dans le Préambule de la Convention, affirme que chaque enfant a besoin d'*une protection juridique adéquate, avant et après sa naissance.* Mais cette affirmation n'a pu être possible que parce qu'elle laissait le soin aux législations nationales de déterminer le moment où un être humain commence à exister. »

[120] Cf. CDF. *Donum vitae, op.cit.*, n. 4.

[121] JEAN XXIII, *Mater et Magistra,* 1961, n. 53.

[122] Cf. S.Th., I-II, q. 100, a.3

[123] Cf. J.-M. AUBERT, *Loi de Dieu Lois des hommes*, Desclée, 1964, p.59.

[124] Cf. JEAN-PAUL II, V.S. n. 9.

naturelle et l'homme ne peut pas prétendre concevoir le bien sans ouverture à la transcendance. Le bien est ce que toutes les choses désirent[125] et la bonté, qui attire et engage l'homme, a sa source en Dieu. Comme la nature de l'homme est rationnelle, la raison pratique a déjà une exigence ou premier principe qui s'identifie avec le premier précepte de la loi naturelle : « il faut faire le bien et éviter le mal ». La loi naturelle en effet est la loi propre de la raison humaine qui l'émet à la lumière des premiers principes dont elle-même s'est dotée [126]. C'est une vérité dont l'évidence s'impose immédiatement à chacun. Or, si l'autorité de la loi réside dans son pouvoir d'imposer des devoirs, d'attribuer des droits et de sanctionner[127], tout cela n'existerait pas dans l'homme, puisqu'il n'est pas le législateur suprême de ses propres actes. Ainsi, « l'obéissance libre de l'homme à la loi de Dieu implique effectivement la participation de la raison et de la volonté humaine à la sagesse et à la providence de Dieu. (...) La loi naturelle est la Loi éternelle elle-même, inscrite dans les êtres doués de raison et les inclinant à l'acte et à la fin qui leur sont propres[128] ».

Le fondement de la loi naturelle repose sur l'harmonie entre la liberté et la nature propre de l'homme. Le prétendu conflit entre la liberté et la loi, entre l'autonomie et l'hétéronomie en morale, trouve grâce au *nèm ntògò* une solution qui, ayant comme unique critère la vérité universelle et immuable, rend accessible une définition adéquate de la loi naturelle. Une authentique autonomie morale signifie que l'homme accueille la loi morale que lui prescrit le *nèm ntògò* conformément au commandement de Dieu : « La liberté de l'homme et la Loi de Dieu se rejoignent et sont appelées à s'interpréter, c'est-à-dire qu'il s'agit de l'obéissance libre de l'homme à Dieu et de la bienveillance gratuite de Dieu envers l'homme » [129]. L'obéissance aux recommandations de la loi naturelle ou hétéronomie ne signifie plus que la vie morale est soumise à une volonté toute-puissante et absolue, extérieure à la liberté humaine. Ainsi conçue, la loi naturelle serait contradictoire à la révélation de l'Alliance et au mystère de l'incarnation rédemptrice. Donc, l'obéissance libre de l'homme à la loi de Dieu ou théonomie participée implique la participation de la raison et de la volonté humaines à la sagesse et à la providence de Dieu. « De l'arbre de la connaissance du bien et du mal, tu n'en mangeras pas »[130] : cela signifie qu'à l'origine l'homme ne possédait pas cette connaissance. Il y participe seulement par la lumière de son *nèm ntògò* et de la révélation divine qui lui manifestent les exigences et les appels de la Sagesse éternelle. Les

[125] Cf. ARISTOTE, *Ethique à Nicomaque,* I,1, 1094 a 2-3.
[126] Cf. A. M. GONZÁLES, *Claves de ley natural*, RIALP, 2006, p. 74.
[127] Cf. LEON XIII, cité par JEAN-PAUL II, V.S., n. 44.
[128] JEAN-PAUL II, V.S. nn.41.44.
[129] Ibid. n. 41.
[130] Gn 2, 17.

recommandations du *nèm ntògò* sont une expression de la loi divine, raison pour laquelle Mme Kouna disait à sa fille que le *nèm ntògò* ne se trompe jamais. Quand l'homme obéit à son *nèm ntògò*, sa liberté se soumet à la vérité et cette liberté devient l'image même de la proximité de Dieu qui est présent en tous[131]. Le dilemme entre la liberté et la loi est évacué parce que les concepts d'autonomie et d'hétéronomie ne peuvent pas être utilisés séparément. La loi naturelle est la loi propre de l'homme et en même temps une participation à la Sagesse divine. En effet, « où donc ces règles sont-elles écrites, -se demandait saint Augustin-, si ce n'est dans le livre de la lumière qu'on appelle vérité ?[132] ». La loi morale naturelle n'est pas une loi extrinsèque à l'homme, une loi que Dieu imposerait arbitrairement à l'homme sans aucune relation avec sa nature ; la loi morale naturelle n'est pas non plus une loi qui, découlant de la volonté toute-puissante de Dieu, n'aurait aucun rapport avec la vérité sur l'homme et pourrait être remplacée par une volonté contraire, comme l'estimait Ockham. La loi morale naturelle, au contraire, est fondée sur la vérité et sur le bien propre de la personne. Par conséquent, en écoutant et en obéissant aux recommandations du *nèm ntògò*, l'homme s'accomplit pleinement. L'autonomie véritable de la raison pratique signifie que l'homme possède lui-même sa propre loi reçue du Créateur[133]. Tout compte fait, la théonomie participée, comme nouvelle compréhension de la loi naturelle, inscrit l'homme dans une conviction qui lui permet d'être pleinement sujet[134], l'invite à l'humilité principielle qui le fait participer au mystère pascal en lui faisant comprendre qu'il faut se perdre comme sujet pseudo-tout-puissant[135] pour devenir un sujet théologal qui, par son action, perfectionne sa propre nature.

Les commandements de Dieu ne s'opposent pas à la nature humaine. Au contraire, la nature humaine y trouve son accomplissement parfait. Car le Dieu-Créateur, qui s'est révélé en Jésus-Christ, ne peut pas exiger de l'homme ce qui est contraire à sa nature. Le prétendu conflit ou opposition entre la nature humaine et les commandements de Dieu, qui aurait comme conséquence l'opposition entre la liberté et la loi morale naturelle, est factice. L'homme, indépendamment de ses options métaphysiques, de sa culture, de sa race ou des aires géographiques, se sent attiré et séduit par la Vérité ; il reconnaît que la vie est un bien absolu, que le respect dû aux parents est une valeur, que le mensonge, la convoitise, l'adultère, le vol,... sont des vices. Donc la loi naturelle et le décalogue ne s'opposent pas. Au

---

[131] Cf. Ep 4, 6.

[132] AUGUSTIN, cité par JEAN-PAUL II, V.S., n. 51.

[133] Cf. JEAN-PAUL II, V.S., nn. 40 ; 41.

[134] En français, le mot « sujet » peut signifier d'une part celui qui dirige l'action, c'est le cas du sujet d'un verbe, d'autre part, celui qui est soumis comme « sujet d'un patron ». Nous l'employons dans le premier sens.

[135] X.THEVENOT, *op.cit.*, p. 168.

contraire, les principes de la loi naturelle trouvent leur fondement et leur justification dans les commandements de Dieu. Synthétiquement, nous pouvons résumer cela par le tableau ci-dessous :

Inclinations naturelles, connues par la raison	**Dix commandements, connus par la révélation**
Connaissance de la vérité : Bien et Vérité Absolus : Inclination naturelle à faire le bien et à connaître la vérité	Tu adoreras ton Dieu et tu Le serviras
	Tu ne prononceras le nom du Seigneur ton Dieu
	Tu respecteras le jour du sabbat
Procréation : Inclination naturelle à la vie : Persévérer dans l'existence Défendre et valoriser de la vie Inclination naturelle de la vie familiale	Tu ne commettras pas de meurtre
	Tu ne commettras pas d'adultère
	Tu ne convoiteras pas la femme d'autrui
La conservation de la vie : Inclination naturelle à la vie familiale et sociale :	Tu honoreras ton père et ta mère
	Tu ne feras pas de faux témoignage
Homme animal politique, différentes formes de justices	Tu ne commettras pas de vol
	Tu ne convoiteras pas le bien d'autrui

IV. PROPRIÉTÉS DE LA LOI NATURELLE

IV.1. La reconnaissance des actes intrinsèquement mauvais

L'existence des actes intrinsèquement mauvais fait partie des fondements épistémologiques que nous posions au début. La petite Eyenga, qui n'a pas étudié le droit, ignore sans doute que l'adultère et le mensonge sont condamnés par la loi ; mais elle est bouleversée par la duplicité de sa mère. La remarque générale sur le sondage des étudiants est que les résultats sont surprenants : la majorité, soit soixante-quinze (75) étudiants sur cent cinq (105), réagit contre le réalisme de la vie que véhicule la logique utilitariste et proportionnaliste, devise de la société actuelle. Les conditions dans lesquelles le sondage a été réalisé montrent qu'il n'y eut aucune pression externe susceptible d'influencer leurs réponses. En plus, les conditions de misère matérielle rendaient la logique utilitariste attrayante : faire le plus grand bien possible pour le plus grand nombre, se permettre un peu de mal en giflant un parent en vue du bien[136]. On se demande pourquoi une mère ne serait pas capable de supporter une telle « humiliation » pour le plus grand bien possible de sa famille, de la région et peut-être d'un pays. Pourquoi ne comprendrait-elle pas facilement son enfant considérant que l'acte posé n'altère en rien la relation qui existe entre eux ? Quoi qu'il en soit, les résultats du sondage sont là. C'est un fait que plus de la majorité répondirent négativement. À la question de savoir pourquoi ils l'ont fait, il existe certainement plusieurs réponses.

Par ailleurs, dans le deuxième groupe représentatif de ceux qui s'abstinrent, la justification de leur attitude est aussi surprenante : « ils dialogueraient d'abord avec leurs mères avant d'agir ». En faisant un calcul comparatif ou la proportion du point de vue de l'utilité entre d'une part, les effets bons favorables qui représentent ici le plus grand bien de la famille, de la région et même du pays et, d'autre part, les effets dommageables notamment la souffrance corporelle et psychologique de la mère, les effets bons l'emportent. Pourquoi alors insistèrent-ils sur le dialogue avec leurs mères avant d'agir ? Pourquoi exigèrent-ils le consentement de leurs mères avant d'agir ?

Enfin, un autre élément, qui est loin d'être négligeable, c'est l'attitude de la minorité qui répondit par l'affirmative : selon les résultats, cette minorité, malgré le bien-être économique que produirait l'acte, insiste pour réconcilier avec la mère. On se demande si cette réconciliation est vraiment nécessaire. Ils pouvaient aussi se dire que leurs mères respectives les comprendraient.

Somme toute, nous constatons que les trois réactions (affirmatives, négatives et neutres) ont quelque chose en commun : tous les étudiants, à des degrés différents, sont convaincus que choisir volontairement et librement[137] de gifler un parent pour avoir de l'argent est un acte intrinsèquement mauvais. L'acte physique que constitue la gifle est le fruit d'un consentement délibéré. La bonne intention, qui est le relèvement du niveau socio-économique de la famille, de la région et même du pays, ne suffit pas. Peu importe le bien qui pourra en résulter. Mais l'acte en soi est mauvais de

[136] Cf. Rm3, 8 : « Il n'est pas licite de faire le mal en vue du bien »

[137] Nous insistons sur la *volonté délibérée*. Les actes humains sont fondamentalement des actes volontaires. Pour une étude plus approfondie des sources de la moralité, nous recommandons A. SARMIENTO « Los elementos determinantes de la moralidad del acto humano » in A. SARMIENTO E. MOLINA T. TRIGO, *Teología Moral Fundamental, op.cit.*, pp.221-235.

par sa nature[138] selon notre sondage. La majorité (75) l'a exprimé clairement. Ceux qui s'abstinrent (26) donnèrent comme explication qu'ils dialogueraient d'abord avec leur mère avant d'agir. Si le fait de gifler un parent avait été un acte bon en soi, la question du dialogue ne se poserait plus. Ils sont convaincus des dommages irréparables que l'acte posé provoquera au sein de la famille. La dignité de l'homme en général et d'un parent dans le cas échéant est un en-soi qui ne peut pas être soumis aux lois de l'offre et de la demande. Poser un tel acte pour des raisons économiques laisserait une blessure incicatrisable dans les consciences et dans la famille. Le temps de réflexion exigé ici a comme objectif de voir comment la douleur psychologique provoquée par un tel acte pourrait être atténuée. Même la minorité (4 étudiants sur 105) qui s'est prononcée en faveur de la gifle est convaincue que l'acte en soi est mauvais, puisque ces jeunes se sentent obligés de venir demander pardon à leur mère. Cela montre qu'ils ont conscience de la gravité des dommages qu'un tel acte peut produire au sein d'une famille et de la société. « Il y a des comportements concrets qu'il est toujours erroné de choisir, parce que leur choix comporte un désordre à la volonté, c'est-à-dire un mal moral » 139 . Il y a des actes qui, indépendamment des circonstances et des intentions, sont toujours immoraux en fonction de leur objet. Ce sont ces actes que la tradition morale catholique qualifie d'intrinsèquement mauvais. La première propriété de la loi naturelle est qu'elle nous permet grâce au nèm ntògò de reconnaître, malgré les pressions sociales, l'existence d'actes intrinsèquement mauvais, des actes qui ne contribuent pas au bien de la personne et qui sont contraires à sa nature.

IV.2. L'universalité

Même si l'unanimité règne difficilement entre les hommes, l'universalité de la loi naturelle signifie la reconnaissance de l'existence des valeurs tenant par elles-mêmes, issues de l'essence de l'humain et donc inviolables par tous ceux qui possèdent cette essence[140]. L'universalité de la loi naturelle est le principe et l'expression de l'humanité de tout homme, indépendamment des aires géographiques, de l'âge, de la culture, du niveau intellectuel, de l'avoir matériel et des options métaphysiques. Sans avoir aucune notion des droits de l'homme qu'on exalte tant dans la société

---

[138] Cf. JEAN-PAUL II, VS, n.78 : L'objet moral est le choix volontaire et délibéré du sujet qui agit. De ce fait, il est différent de l'objet physique de l'action.

[139] C.E.C., n. 1755.

[140] J. RATZINGER, « Ce qui tient le monde ensemble. Les fondements moraux prépolitiques d'une société libérale » in J. HABERMAS J. RATZINGER, *op.cit.*, p.68.

actuelle[141], les « Indiens sauvages » sont bouleversés devant le désastre qui arriva aux habitants de la « Nouvelle Espagne ». Ils se sentent concernés par le malheur qui est arrivé à ceux qui les considèrent comme des primitifs et ont peur d'être sacrifiés par eux. La petite Eyenga, elle aussi, est perturbée par l'attitude ambivalente de sa mère. La tranquillité, la naturalité avec laquelle cette femme manipule son mari provoquent l'indignation d'une petite qui n'a pas encore atteint l'âge de la raison. Les étudiants, eux, sont convaincus que la dignité d'un parent n'a pas de prix. Le pauvre curé ne veut pas mentir ni par faiblesse, ni formellement pour collaborer à une injustice, parce qu'il est convaincu que le faire le détruirait comme personne. Céder au mensonge l'asservit par rapport au système mis en œuvre pour la réalisation d'une politique et d'une idéologie.

La Tradition chrétienne justifie cette universalité de la loi naturelle par la création. En effet, créés à l'image de Dieu, tous les hommes ont une même nature et la même origine. Inscrit dans le cœur de tous les hommes[142], le « dénominateur commun » ou nature rationnelle s'impose à tous les hommes dotés de raison et vivant dans l'histoire[143]. Tout ne peut pas être contredit ou abrogé seulement par une autorité humaine. La valeur et la vigueur de la loi naturelle ne dépendent pas de son acceptation ou de son rejet par les hommes et les peuples. Car la loi naturelle est « présente dans le cœur de chaque homme et établie par la raison, la loi naturelle est universelle en ses préceptes et son autorité s'étend à tous les hommes. Elle exprime la dignité de la personne et détermine la base de ses droits et de ses devoirs fondamentaux »[144]. L'universalité de la loi naturelle ne s'oppose pas ou ne dissout pas la singularité des actes humains, mais les couvre tous. Car les actes humains concrets ne peuvent pas toujours montrer l'universalité du véritable bien. C'est pour cela que, parfois, les cadres de l'activité humaine restent hors de la souveraineté du Créateur. À la différence des lois humaines qui se limitent à traiter les généralités des cas et des situations concrètes, la loi naturelle englobe toutes et chacune des situations et des circonstances dans lesquelles se meuvent les personnes.

IV.3. L'immutabilité

La loi naturelle est aussi immuable. Elle demeure invariable à travers tous les temps et tous les lieux. La nature humaine est fondamentalement la même chez tous les hommes et à toutes les époques. Comme expression de

---

[141] Cf. J.-F. MATTEI, *L'homme en quête d'humanité,* Presses de la Renaissance, 2007, p. 11. : « On n'a jamais autant exalté les droits de l'homme. Mais on a de plus en plus de mal à dire ce qu'est l'humain. »

[142] Cf. Rm 2,15, in CEC, n. 1956.

[143] Cf. JEAN-PAUL II, VS, n. 51.

[144] *C.E.C.,* n. 1956.

l'être même de l'homme, elle est immuable en soi. Néanmoins, l'immutabilité de la loi naturelle n'exclut pas l'historicité, mais la réclame au contraire. En effet, la diversité et la pluralité des circonstances historiques dans l'ordre de la détermination de ce qui, à chaque moment, aujourd'hui et maintenant, doit se réaliser, connotent l'immutabilité de la loi naturelle[145]. Les changements et les diversités culturelles ne peuvent pas affecter l'essence de la loi naturelle. Au contraire, ces changements et diversités contribuent à la mise en évidence de nouveaux aspects de cette loi, ce qui permet à l'homme une connaissance plus ample et meilleure de lui-même. En réalité, ce qui varie n'est pas la loi en tant que telle, mais la connaissance que l'on a de cette loi. En plus, même si les normes qui expriment la loi naturelle demeurent substantiellement protectrices [146], il faut toujours chercher et rencontrer une formule plus adéquate, capable d'exprimer authentiquement la vérité[147]. L'application de la loi naturelle varie beaucoup et peut exiger une réflexion adaptée à la multiplicité des conditions de vie selon les lieux, les époques et les circonstances. Néanmoins, dans la diversité des cultures, elle demeure comme une norme en soi entre les hommes qui, au-delà des différences inévitables, leur impose les principes communs[148].

V. QU'ENTENDONS-NOUS PAR NATURE HUMAINE ?

L'une des difficultés de compréhension de la loi naturelle réside, comme nous l'avons souligné antérieurement, dans les ambiguïtés relatives à la conception et à la compréhension de la nature humaine. Nous relèverons certaines de ces difficultés dans le prochain chapitre. Nous voulons, dans cette partie, montrer que la nature humaine n'est pas « moralement neutre ». Elle est porteuse de principes ou signifiés moraux relatifs à la vérité ultime de nos actions. L'homme, par sa raison, doit l'actualiser dans la pratique et, précisément, dans les actions concrètes, afin que le devoir moral soit l'expression de la loi naturelle[149].

V.1. Influence des fondements anthropologiques sur l'éthique de la loi naturelle

L'influence des fondements anthropologiques sur la conception de la loi naturelle dérive de la relation étroite qui existe entre l'anthropologie et l'éthique. La vision anthropologique que quelqu'un peut avoir influence ses

[145] Cf. A. SARMIENTO, « La ley moral natural » in A. SARMIENTO E. MOLINA T. TRIGO, *Teología Moral Fundamental, op.cit.*, p. 410.
[146] Cf. C.E.C., n. 1958.
[147] Cf. JEAN-PAUL II, V.S. n. 53.
[148] Cf. C.E.C., n. 1957.
[149] Cf. A.M. GONZÁLEZ, « El fundamento de la ley natural», in *En busca de una ética universal: un nuevo* modo *de ver la ley natural.* Documento de la Comisión Teológica Internacional y comentarios, (Ed.) T. TRIGO, EUNSA, 2010, p.154.

options morales. Celui qui a une conception purement matérialiste de l'homme valorise les actions morales de l'homme en tenant compte des aspects scientifiques, pragmatiques et utiles, bref, ce qui est purement matériel. S'il est logique et cohérent que, dans la tradition empiriste, les influences de l'utilitarisme de Bentham et Stuart Mill aient pu donner naissance au pragmatisme et à l'utilitarisme moral, il est aussi normal qu'une empreinte classique et personnaliste, comme fondement ontologique, ait comme conséquence une morale centrée sur le bien de la personne et le bien commun compris comme unité de la personne corps-âme. Donc, la vision anthropologique influence les orientations éthiques et entre autres la conception de la nature humaine et de la procréation médicalement assistée. Entre les différentes conceptions actuelles de l'homme, il existe une variété de visions qui imprègnent et influencent les choix éthiques[150]. L'éthique s'appuie sur l'anthropologie. La façon de traiter les personnes ou de se comporter avec elles dépend de la vision anthropologique. Les mouvements « anti-fondationalistes », qui estiment que les problèmes de la société sont exclusivement publics et doivent par conséquent être réglés selon les procédures des politiques pragmatiques, véhiculent subtilement, eux aussi, une anthropologie : l'homme est un être rationnel sans nature, un carrefour de désirs et de croyances, dont la pensée serait le produit de l'histoire[151]. Là où la nature humaine est admise, tout ce qui relève d'elle est contraire à l'épanouissement de la personne : « La nature ne fait pas toujours les choses pour le mieux, et une des tâches de la médecine consiste justement à modifier l'issue naturelle de certains phénomènes dans l'intérêt légitime des vivants. En outre, ce qu'on appelle "nature" ou "naturel" est souvent quelque chose de construit culturellement. »[152] Selon ces idéologies, il est légitime que les couples de même sexe aient recours à la PMA pour avoir les enfants que l'orientation sexuelle qu'ils ont choisie ne leur permet pas d'avoir[153].

Par ailleurs, en poursuivant notre réflexion, nous nous rendons compte que toute l'information sur la réalité est, en soi, une richesse énorme. La philosophie prend les données scientifiques et les passe au crible de l'esprit critique, pour examiner enfin leurs significations actuelles et leurs implications dans le futur. Certes, les transformations profondes du monde et

---

[150] Cf. E.P. SOLANA, « Concepto de bioética y corrientes actuales » in G.M. TOMÁS (et al.), *Bioética personalista: ciencia y controversias*, Ediciones Internacionales universitarias, 2007, p.23.

[151] Cf. F.-X. PUTALLAZ-B.N. SCHUMACHER, *L'humain et la personne*, Cerf, 2008, p.13.

[152] COMMISSION NATIONALE D'ETHIQUE POUR LA MEDECINE HUMAINE de Suisse (dorénavant CNE), *La procréation médicalement assistée. Considérations éthiques et propositions pour l'avenir*, Prise de position n° 22/2013, Berne, décembre 2013, p.49.

[153] Cf. CNE, *op.cit.* p.49.

l'image du monde née des connaissances scientifiques accrues ont contribué de manière décisive à bousculer les certitudes morales. Mais il nous « paraît évident que la science comme telle ne saurait apporter un éthos, que par conséquent une conscience éthique renouvelée ne se constitue pas comme un produit né de débats scientifiques [154] ». Car l'homme n'est pas seulement biogénétique. Si on l'affirme, on est sur la voie d'une réponse « métagénétique » et en train de construire une anthropologie philosophique qui réduit l'homme à la matière. Mais la réalité humaine est « polyphaséthique », dans la mesure où elle possède de nombreuses faces et aspects à partir desquels elle peut être observée et interprétée. Là où l'homme se dévoile, les données immédiates deviennent problématiques. La richesse de la connaissance humaine consiste dans cette possibilité d'intégrer les différentes visions de la réalité. La connaissance scientifique est indubitablement un progrès, mais il reste à savoir si ce progrès est nécessairement humain. Par progrès humain, nous nous référons à tout ce qui fait avancer la connaissance sur l'homme, non seulement du point de vue quantitatif, mais aussi de celui de toutes les virtualités inscrites dans sa nature, ce qui permet à l'homme d'être plus humain ou de faire que le monde soit plus humain, ce qui lui permet d'améliorer véritablement la vie humaine. Si progresser signifie croître en humanité, il est nécessaire d'avoir une conception de la nature humaine spécifique qui servira de fondement ou de plate-forme à l'édifice anthropologique. Depuis des siècles, certains refusent d'affirmer l'existence d'une telle conception de la nature humaine en la vidant de son sens original ou en la réduisant à la matière. Il est nécessaire, selon nous, de récupérer cette conception de la nature humaine telle que l'ont proposée des auteurs comme Robert Speamann et la philosophe espagnole Ana Marta González [155]. À partir de celle-ci, on comprendrait mieux comment la procréation fait partie des préceptes de la loi naturelle.

V.2. La rationalité de la nature humaine

Pour bien comprendre le contenu rationnel de la nature humaine, il faut, au préalable, le soustraire à toute interprétation naturaliste. Il ne s'agit pas d'une nature réduite à ses dimensions empiriques, ni d'une nature objective conforme à une théorie quelconque porteuse d'un message

[154] J. RATZINGER, « Ce qui tient le monde ensemble. Les fondements moraux prépolitiques d'une société libérale » in J. HABERMAS J. RATZINGER, *op.cit.*, p.65.

[155] Pour ce développement, cf. A.M. GONZÁLEZ, *En busca de la naturaleza perdida. Estudios de bioética fundamental*, EUNSA, 2003; voir aussi du même auteur « Claves fundamentales de bioética », in *Cuadernos de bioética*, 6, 2001; *Claves de Ley natural*, RIALP, 2006 ; « El fundamento de la ley natural», *op.cit.*, pp.147-166.

éthique[156]. L'empirique pur n'est pas porteur d'un message éthique. En plus, une objectivation quelconque, une conceptualisation scientifique de la nature ne peuvent pas être porteuses d'un message distinct de celui que, au préalable, nous avons introduit en elle avec notre façon de la conceptualiser[157]. Néanmoins, dire que la nature humaine n'est pas porteuse d'un message susceptible d'objectivation scientifique et de vérification empirique ne signifie pas renoncer à la réalité dudit message, moins encore l'abandonner à la merci de n'importe quelle interprétation subjective. La nature humaine est porteuse d'un message éthique précisément dans la mesure où elle constitue en elle-même une instance antérieure à toutes les interprétations, à toutes les distinctions entre l'objectif et le subjectif, entre l'empirique et l'interprétation. Ces distinctions épistémologiques sont des produits de notre entendement : la nature humaine n'est pas une invention de l'esprit humain, mais une instance métaphysique, antérieure à nos abstractions et objectivations mentales. C'est en tant que telle que la nature humaine peut offrir un message réellement englobant de l'agir humain, un message relatif au sens des actions, un message éthique [158]. La nature humaine ainsi comprise et le message éthique dont elle est porteuse deviennent spécialement évidents dans une immédiateté non réglementée par la réflexion. Cette immédiateté non réglementée nous permet de rejeter les comportements déterminés que nous trouvons indignes ou inacceptables. En affirmant sans la moindre réflexion face à certaines situations de la vie courante : « il n'y a pas de droit ! Il n'y a pas de justice ! », même si nous utilisons le langage du droit, cela est néanmoins la manifestation opérative de la loi naturelle dans la vie ordinaire. La loi naturelle est toujours présente dans des situations déterminées dans lesquelles nous nous sentons obligés de faire le bien. Les expressions négatives de la loi naturelle du genre « ne fais pas cela ! » sont spécialement significatives ; elles sont révélatrices d'un ordre qui nous précède, un ordre selon lequel toutes nos actions réclament une orientation ou inclination au bien. Cette orientation au bien est antérieure à nos actions, notamment à celles qui acquièrent définitivement un sens positif ou négatif ou qui sont définitivement bonnes ou mauvaises.

---

[156] A titre d'exemple, nous pouvons citer le « message éthique » qu'il faudrait extraire si la nature avait été interprétée simplement dans une perspective évolutive. La loi naturelle ne serait autre chose que la loi de survie du plus fort parmi les espèces. Le but de la médecine dans ce cas se réduirait à promouvoir la loi de la survie des espèces, ce qui justifierait notamment l'eugénisme qui sous-tend le diagnostic prénatal préimplantatoire (DPI) que nous présenterons plus loin.

[157] Cf. A.N.WHITEHEAD, *El concepto de naturaleza,* Gredos, Madrid, 1968. pp.13,15. Cf. M. HEIDEGGER, « Vom WESEN und Begriff der physis», en *Wegmarken*, Gesamtausgabe. I Abteilung: Veröffentliche Schriften 1914-1970, Band 9, pp. 239-301 cité par A.M. GONZÁLEZ, « El fundamento de la ley natural», *op.cit.*, p.152.

[158] Cf. A.M. GONZÁLEZ, « El fundamento de la ley natural», *op.cit.*, p.152.

C'est un ordre métaphysique qui ne s'identifie pas à un horizon herméneutique particulier, moins encore à un ordre social institué, même si les déterminations qu'il donne en dérivent. Cet ordre ne dérive pas de nos expériences particulières, de nos idées ou de nos désirs, mais les précède et les synthétise finalement dans une même vérité[159].

Certes, il y a une vérité ultime de nos actions sans laquelle on ne peut pas examiner simplement l'adéquation de nos expériences particulières, de nos idées ou de nos désirs. Cette vérité ultime est à l'origine des conduites socialement instituées et de certains motifs de fonctionnalité sociale. L'existence de cette vérité ultime de nos actions traduit le fait que nos expériences, nos idées et nos désirs acquièrent une valeur normative, ceci, uniquement dans la mesure où ils s'incorporent et répondent à un critère antérieurement déterminé, de nature métaphysique et métaculturel. Grâce à cette dimension métaculturelle de notre nature, nous réalisons l'irréductibilité du bien moral en distinguant ce qui est utile de l'agréable. En effet, l'ordre moral a une dimension métaphysique qui est au-delà de l'unité et de la diversité culturelle, des orientations métaphysiques, des aires géographiques et qui permet de distinguer le bien honnête du bien utile ou délectable. La notion de « bien honnête » traduit le bien en soi comme une fin, avec une indépendance constitutive d'une vie pleine et accomplie. Ainsi, la vie ordinaire reçoit une dimension morale qui se soustrait aux considérations purement pragmatiques ou instrumentales. La vie se lie avec tout ce qui fait que l'homme soit une « fin en soi » dans la perspective kantienne ou un être « aimé par lui-même », comme disait Thomas d'Aquin[160], c'est-à-dire une personne[161]. C'est cette conception de la nature humaine qui, d'une part, met en exergue le respect inconditionnel dû à tout être humain à chaque instant de son existence et qui, d'autre part, sauvegarde la spécificité des actes personnels qui transmettent la vie, inscrivant ainsi la procréation dans l'ordre naturel de l'humain.

---

[159] Cf. J. RATZINGER, « Ce qui tient le monde ensemble. Les fondements moraux prépolitiques d'une société libérale » in J. HABERMAS, J. RATZINGER, *op.cit.*, pp.63-73.

[160] Selon saint Thomas, la substance rationnelle est « *per se volita* ». Cf. A.M. GONZÁLEZ, « Naturaleza y dignidad personnal en el pensamiento de Robert Spaemann » en A. SARMIENTO (et al.) (eds), *El primado de la persona en la moral contemporánea,* Servicio de Publicaciones de la Universidad de Navarra, Pamplona, 1997, pp.215-224.

[161] Nous voulons dire que l'expression thomiste de « substance rationnelle » ou celle de « personne comme fin en soi » de KANT font une référence implicite à un autre type des réalités qui ne sont pas des fins, mais des moyens, ou qui ne sont pas voulues par elles-mêmes, mais en fonction d'autre chose. Mesurer la profondeur de ce contraste, autour duquel se structure l'agir humain, n'est pas un travail que nous pouvons commenter ici.

En effet, la nature, à laquelle nous faisons appel lorsque nous voulons faire ressortir l'existence des principes moraux communs à tous les hommes, n'est pas n'importe quel aspect ou fragment de la nature, objet des différentes sciences positives[162]. C'est le principe dynamique des opérations qui permettent à l'homme de faire le bien et d'agir conformément à la vérité.

Tout bien considéré, nous disons synthétiquement que la nature humaine comprend une intelligibilité, un ordre, une fin qui, quoiqu'elle soit bien explicable par la science, ne s'épuise pas. Dans son acception classique, la nature humaine est comprise comme une tendance, une direction, une *téléologie*. Si nous disqualifions cette intelligibilité en réduisant la nature humaine à la pure matière, toute la morale perd son sens et se limiterait aux procédés, aux décisions et aux consensus en vogue. C'est pour cela que nous voulons dire que la nature humaine a une intelligibilité, un *telos*. Les sciences empiriques n'offrent pas beaucoup d'informations relatives à la nature humaine. En plus, en dehors des données empiriques, il existe autre chose de plus : une intelligibilité.

> « Rien ne justifie de réduire la réalité à celle que la science nous dit d'elle, seulement une philosophie empiriste. Et, à la philosophie pour la philosophie, il paraît plus raisonnable de préférer ce qui est compatible avec les supposés primordiaux de notre vie, le plus fondamental de ce qui est, précisément, du sens. Non seulement le sens que nous autres nous imprimons à nos actes, mais le sens que nous découvrons, y compris dans les processus naturels, et qui tant de fois constitue le point de départ de nos actions. "Faim", "soif", "homme", "femme", "santé", "maladie", ne sont pas des termes purement factices, dont le sens peut s'épuiser en apportant une explication cause-effet de son contenu ; sinon que ce sont des termes téléologiques, qui seulement se comprennent dans le contexte d'une réflexion plus ample qui transcende le plan de ce qui est purement factice, pour chercher le sens »[163]

---

[162] Cf. C.I.T., *op.cit.*, nn. 64-65, note n. 65 : « La théorie de l'évolution, qui tend à réduire l'espèce à un équilibre précaire et provisoire dans le flux du devenir, ne remet-elle pas radicalement en question le concept même de nature ? En fait, quoi qu'il en soit de sa valeur au plan de la description biologique empirique, la notion d'espèce répond à une exigence permanente de l'explication philosophique du vivant. Seul le recours à une spécificité formelle, irréductible à la somme des propriétés matérielles, permet de rendre raison de l'intelligibilité du fonctionnement interne d'un organisme vivant considéré comme un tout cohérent ».

[163] Cf. A.M. GONZÁLEZ, « Claves fundamentales de bioética », in *Cuadernos de bioética,* 6, 2001: « Nada justifica reducir la realidad a lo que la ciencia nos dice de ella. Sólo una filosofía empirista. Y, filosofía por filosofía, parece más razonable preferir oa que resulta compatible con los supuestos primordiales de nuestra vida, el más fundamental de los cuales es, precisamente, el del sentido. No sólo el sentido que nosotros imprimimos a nuestros actos, sino el sentido que descubrimos incluso

Les multiples préjugés qui existent sur la conception classique de la nature humaine rendent la réhabilitation de sa conception téléologique difficile. Néanmoins, dans l'expérience quotidienne du sens commun, l'urgence s'impose. Tout le monde sait que d'un œuf de poule, sortira un poussin, futur coq ou futur poule et non un chiot ou un éléphanteau. C'est l'intelligibilité de la nature humaine. Nous pensons que, dans la mesure où nous récupérerons cette conception de la nature humaine, il sera possible d'établir la validité d'une objectivité réelle des choses qui ne nous appartiennent pas. Face à cette objectivité réelle, l'homme saura qu'il ne doit pas se comporter comme un despote dominateur de la nature humaine. Devant les multiples dilemmes éthiques inhérents à l'infertilité, le médecin comprendra mieux qu'il est au service des couples et de la procréation et que son rôle est d'apporter de l'aide à l'acte conjugal et à sa fécondité[164]. Dans cette perspective anthropologique, il sera possible de développer, non une éthique de la reproduction assistée et utilitariste qui est orientée vers d'autres fins que le bien propre de l'être humain, mais une éthique de la procréation assistée qui est fondée sur la loi naturelle.

VI. LES TROIS DIMENSIONS DE LA LOI NATURELLE

Recherchant le bien moral, l'être humain se met continuellement à l'écoute de son *nèm ntògò* pour prendre conscience des inclinations que lui recommande sa nature. L'homme découvre que les biens vers lesquels il tend naturellement sont nécessaires à l'accomplissement de son bien moral et se formulent d'eux-mêmes comme injonctions morales. Ces préceptes très généraux qui constituent le contenu de la loi naturelle s'articulent sur les trois dimensions de l'acte humain que sont le singulier, le particulier et l'universel[165].

VI.1. La dimension universelle de la loi naturelle

Partageant la même humanité, nous savons que l'objectif des préceptes premiers de la loi naturelle est de protéger ce que nous avons en commun. Tout en reconnaissant l'immense variabilité des différentes cultures et traditions, la dimension universelle de la loi naturelle voudrait que l'humanité commune soit respectée chez moi et chez les autres. La

---

en los procesos naturales, y que tantas veces constituye el punto de partida de nuestra acción. "Hambre", "sed", "hombre", "mujer", "salud", "enfermedad", no son términos puramente fácticos, cuyo significado se pueda agotar aportando una explicación más amplia que trascienda el plano de lo meramente fáctico, para buscar su sentido».

[164] Cf. CDF, *Dignitas personae*, 8.IX.2008, n.12.

[165] Cf. X. THEVENOT, *Éthique pour un monde nouveau*, Paris, Salvator, 2005, pp.26-32 ; *Morale fondamentale*, Notes de cours, Don Bosco et Desclée de Brouwer, 2007, pp.87-111.

« règle d'or », « ne fais subir à personne ce que tu n'aimerais pas subir »[166] est l'une des formulations magistrales de la dimension universelle de la loi naturelle. Selon saint Augustin, le « précepte : ce que tu ne veux pas qu'on te fasse, ne le fais pas à autrui, ne peut en aucune façon varier en fonction de la diversité des peuples »[167]. En outre, cette dimension nous amène à reconnaître généralement que les grandes règles éthiques non seulement s'imposent à un groupe humain déterminé, mais qu'elles valent pour chaque individu et pour chaque peuple. C'est le témoignage de l'existence d'un patrimoine de valeurs morales communes à tous les hommes. La dimension universelle de la loi naturelle exprime la manière dont l'homme doit s'insérer de façon créative et harmonieuse dans un ordre cosmique et métaphysique qui transcende le sens de sa vie[168]. Elle se présente comme un impératif imprégné d'une sagesse immanente qui nous impose de faire le bien et d'éviter le mal. « Je dois toujours me conduire de telle sorte que je puisse vouloir que la maxime de mon action devienne une règle universelle »[169]. Certes, la prétention universelle de l'impératif catégorique de Kant a été critiquée ; néanmoins, les différents récits de départ nous ont montré comment « l'universel humain» se déploie dans chacun d'entre nous indépendamment des cultures, des races, des espaces géographiques et des options métaphysiques. Le fondement universel de la loi naturelle n'est pas un en-soi imaginaire sans rapport avec la réalité. L'universel que nous recommande la loi naturelle est, d'une certaine manière, un acte qui surmonte les limites tout en les reconnaissant. C'est ce qui justifie sa liaison étroite avec le particulier et le singulier. La dimension universelle de la loi naturelle déploie dans toutes ses convictions de fond que l'homme est, au cœur de sa singularité et de sa particularité, capable de reconnaître l'humanité qui se révèle chez tout être humain. Cette humanité doit être respectée chez l'autre comme je voudrais qu'elle soit respectée chez moi. Aucune idéologie ne peut sacrifier cette humanité dans la mesure où chaque être humain est doué du même « coefficient » immuable d'humanité. L'universalité rend compte de cette permanence, en tant qu'elle exprime la totalité spatiale, temporelle et spirituelle du genre humain qui, naturellement, a une inclination à procréer. C'est le droit à la vie, un des fondements de l'universalité de la loi naturelle qui est le fondement des droits de

---

[166] Tb 4,15; Mt 7, 12 « Tout ce que voulez qu'on fasse pour vous, faites-le aussi aux autres ».

[167] S. AUGUSTIN, *De doctrina christiana*, III, xiv,22 (« *Corpus christianorum, series latina*, 32 », p.91 : « *Quod tibi fieri non vis, alii ne feceris, nullo modo posse ula eorum gentili diversitate variari* ».

[168] Cf. C.I.T. *op.cit*, n. 12.

[169] E. KANT, *Fondements de la métaphysique des mœurs*, Paris, Delagrave, 1973, in X. THEVENOT, *op.cit.* p.89.

l'homme[170]. Par la *Déclaration Universelle des Droits de l'Homme* en 1948, tous les pays reconnurent qu'il existe des droits universels, inviolables et inaliénables à la personne humaine. Dans ces droits inaliénables se reflètent les exigences objectives et les valeurs indispensables de la procréation, comme loi morale naturelle universelle qui n'admet pas de frontières géographiques ou de conditionnements réductifs d'ordre culturel, politique ou idéologique : les instruments juridiques internationaux reconnaissent et proclament solennellement le droit fondamental à la vie[171]. Limiter la vie à cet « universel humain » peut provoquer le désespoir du sujet moral pensant que la loi naturelle recommande des choses irréalisables. L'« universel humain » de la procréation maintiendra sainement sa pression si elle s'articule avec les deux autres dimensions de la loi naturelle que sont le particulier et le singulier.

VI.2. La dimension particulière de la loi naturelle

VI.2.1. Le bien commun : fin de la personne humaine et expression de la dimension particulière de la loi naturelle

La loi naturelle est le fondement de toute rationalisation publique. Pour éviter de tomber dans les pièges de l'arbitraire, de la manipulation et de la dictature de la majorité, les normativités sociales, politiques, économiques et « même religieuses [172] » doivent être l'expression de la dimension particulière de la loi naturelle. La dimension particulière de la loi naturelle est la phase de la normativité concrète. En effet, « dans un projet de société d'où la loi naturelle et la transcendance sont bannies, il reste le pouvoir de l'homme sur l'homme et la dernière instance normative de la société dans ce cas se limite à l'autonomie de la personne comprise comme exigence d'une liberté absolue n'ayant aucun lien avec la vérité objective »[173]. Si la loi naturelle est la base de l'argumentation de l'éthique dans la dimension universelle, l'ordonnancement politique est l'expression de la dimension particulière de la loi naturelle. Les bornes législatives doivent être édifiées sur les principes éthiques enracinés dans la loi naturelle.

---

[170] Cf. M. AGI, *De l'idée d'universalité comme fondatrice du concept des Droits de l'Homme d'après la vie et l'œuvre de René Cassin*, Ed. ALP'AZUR, 1980, p.11.

[171] Cf. *Déclaration universelle des Droits de l'Homme,* art. 3 ; *Pacte International sur les Droits civiques et politiques,* art.6.1.

[172] Parfois, les religions ont des pathologies extrêmement dangereuses qui ont besoin de la lumière de la loi naturelle comme organe de contrôle, de purification et de régulation. Pour plus d'approfondissement sur ce thème, cf. J. HABERMAS J. RATZINGER, *op.cit.*, pp.33-85.

[173] L.ONAMBELE, *op.cit.*, p. 140.

En effet, en s'interrogeant sur l'origine de la vie de l'homme dans la société, Aristote affirme que l'homme est un être social par nature[174] et non par choix ou par convention contractuelle. La sociabilité est connaturelle à l'homme. Il a besoin pour se réaliser comme personne d'un tissu de relations avec autrui. Ainsi, l'homme se trouve au centre d'une toile de relations formée de cercles concentriques que sont la famille, le milieu de vie et de travail, la communauté de voisinage, la nation et, enfin, l'humanité[175]. L'homme trouve au centre de ces cercles les éléments nécessaires à sa croissance et contribue à son tour à leur perfectionnement. La perfection humaine ne se réalise pas en dehors de la communauté parce qu'il n'existe pas de vie individuelle ou un moment social hors nature de la vie commune humaine : « La cité par nature est antérieure à l'individu, parce que, si l'individu séparé ne se suffit pas à lui-même, il sera semblable aux autres parties en relation avec le tout, et celui qui ne peut pas vivre en société ou qui n'a besoin de rien pour sa propre suffisance, n'est pas membre de la cité, mais une bête ou un dieu »[176]. Naturellement, la cité constitue toujours une forme d'être avec des variations culturelles qui se traduisent dans la matérialisation de la sociabilité humaine : temples religieux, édifices du gouvernement, le marché ou l'économie, les frontières défensives, les places publiques, les maisons, etc. Selon Aristote, l'homme n'est pas seulement un individu, mais un être toujours en position dans un lieu concret à l'intérieur d'un espace humain commun. Penser l'homme d'une autre façon revient à faire abstraction de la théorie politique moderne parce qu'il n'existe pas d'homme hors d'une communauté donnée. L'homme existe toujours comme père/mère, fils/fille, citoyen, médecin, professeur, artisan, etc. Par conséquent, la primauté du bien commun sur le bien privé est absolue lorsqu'il s'agit des réalités de même genre[177].

Cela ne veut pas dire que le bien commun porte atteinte à la dignité supérieure de la personne humaine, mais qu'il est une dimension essentielle de cette dignité. Autrement dit, l'ordonnancement de la vie humaine et de la vie personnelle au bien commun est ce qui donne à l'homme sa plénitude ou la perfection ultime de son caractère de personne. Il n'est pas possible de vivre et de pratiquer la vertu sans justice comme fin naturelle de toutes les

[174] Cf., Aristote, *La politique*, 1253.
[175]Cf. *Gaudium et Spes,* nn.73-74.
[176] Aristote, *La politique,* 1252b-1252a cité par M. HERRERO, « La ley natural y la ciudad», in T. TRIGO (Ed.), *En busca de una ética universal: un nuevo modo de ver la ley natural, op.cit.*, pp. 168-169: « La ciudad es por naturaleza anterior al individuo, porque si el individuo separado no se basta a sí mismo será semejante a las demás partes en relación con el todo, y el que no puede vivir en sociedad, o no necesita nada para su propia suficiencia, no es miembro de la ciudad, sino una bestia o un dio ».
[177] Cf. *S.Th.*, I-II, q. 152, a. 4 ad 3.

autres sachant surtout que la charité est sa finalité surnaturelle : « La charité dépasse la justice, parce qu'aimer c'est donner, offrir du mien à l'autre ; mais elle n'existe jamais sans la justice qui amène à donner à l'autre ce qui est sien, c'est-à-dire ce qui lui revient en raison de son être et de son agir »[178]. La dignité de la personne n'est pas seulement d'ordre ontologique, substantielle, moins encore une dimension purement statique. La dignité de la personne s'accomplit surtout grâce à son activité personnelle qui est une activité morale et rationnelle. Dans une telle activité, les biens propres de la personne ne peuvent pas être seulement des biens particuliers ou privés, mais avant tout le bien commun moral dans toutes ses formes hiérarchiques, parce que le bien commun par excellence est le bien propre de la personne. Lorsque la société est ainsi organisée, la loi naturelle devient le fondement normatif sur lequel reposent la législation et l'ordre politique et détermine l'ensemble des valeurs qui rendent la société plus humaine. Dans la société, les valeurs ne peuvent plus être de nature privée, idéologique ou confessionnelle ; elles ne doivent pas non plus être le résultat d'un consensus, mais l'expression des exigences de l'humanité commune fondée sur la loi naturelle.

VI.2.2. La dimension particulière de la loi naturelle comme fondement des rapports entre bien commun et bien public

Dans une société pluraliste, il nous semble nécessaire de distinguer le bien commun du bien public afin de voir comment, dans cette distinction, la dimension particulière de la loi naturelle comme source de toute normativité sociale joue un rôle capital. La réflexion de Herrero[179] à cet effet nous est capitale.

Nous pouvons dire que l'antagonisme entre le bien et la liberté-vérité, conséquence de la séparation entre la dimension immanente et transcendante de la loi naturelle, a ses origines lointaines dans le nominalisme. Dans le monde moderne, cela a dégénéré en opposition entre le bien commun et le bien privé. L'une des conséquences de cette opposition est que la vie humaine n'est plus toujours considérée comme un bien, une manifestation de Dieu dans le monde, un signe de sa présence[180]. Nous présentons, d'une part, les positions de Constant et de Berlin, et, d'autre part, celles de Skinner et Taylor comme des paires d'auteurs qui illustrent cela. Un des textes inauguraux du libéralisme postrévolutionnaire de Benjamin

---

[178] BENOÎT XVI, *L'amour dans la vérité,* 29.VI.2009, n. 6.

[179] Cf. M. HERRERO, « Qué puede significar bien común en la sociedad pluralista contemporánea? », *Revista Empresa y Humanismo*, vol.IX, n.1(2006), 127-140; voir aussi « La ley natural y la ciudad», in T. TRIGO (Ed.), *En busca de una ética universal: un nuevo modo de ver la ley natural, op.cit.*, pp. 173-185.

[180] Cf. E.V., n.15.

Constant fut celui qu'il prononça en 1819 à Paris[181]. Dans cette conférence, l'auteur expose le noyau de la discussion entre les deux traditions. « Le monde a changé, dit-il ; nous ne pouvons pas aujourd'hui désirer jouir d'une liberté comme celle des anciens. Eux, ils nous dépassaient habituellement dans tous les aspects publics parce qu'ils étaient esclaves dans toutes leurs relations privées. Néanmoins, cela leur procurait une très grande satisfaction parce que la volonté de chacun avait une influence réelle sur l'ensemble de la communauté, et précisément pour cela, ils étaient disposés à se sacrifier pour leurs droits politiques. Nous autres, cependant, nous devons confier notre participation réelle dans la vie politique au processus de la somme des volontés ponctuelles. Nous ne pouvons pas jouir de la liberté des anciens, liberté qui se composait de la participation active et constante au pouvoir collectif. Notre liberté doit se composer du goût pacifique et de l'indépendance privée[182]. »

Isaiah Berlin, un des historiens du vingtième siècle, reprend la distinction faite par Constant et, s'appuyant sur elle, relance la discussion. La nouvelle nomenclature est à présent la liberté positive et la liberté négative[183]. La dernière conception de la liberté fut celle des modernes : à présent, l'homme s'est libéré des pensées positives de la liberté dépendantes du « monisme » platonicien, de l'ascétisme chrétien et du rationalisme des Lumières, bref, du « je transcendantal » qui offrait un guide sûr au « je empirique ». Ce qui reste alors, ce sont les désirs, l'émotivité, les sensations et le plaisir de se sentir bien et confortable avec soi-même. L'unique idéal politique possible est de ne pas interférer dans l'espace neutre où se déroule cette activité. Toute la politique doit se confiner à obtenir cet espace dans lequel chaque citoyen se sent débarrassé des autres le plus possible. Plus cet espace de non-interférence est grand, plus grande sera la liberté. Les murs de protection de cet espace sont les droits individuels, la neutralité qui connote aujourd'hui le pluralisme et le relativisme. La fragilité congénitale de la raison et l'impossibilité d'aller au-delà d'une vision fragmentaire de la réalité sont les hypothèses sur lesquelles repose la critique de Berlin sur la tradition gréco-chrétienne. Le moment clé de cette libération rationnelle fut, selon Berlin, la publication du *Prince* de Machiavel, dans lequel il est affirmé que ceux qui vivent selon les préceptes de la morale chrétienne sont destinés à se faire écraser par ceux qui recherchent le pouvoir. Dans ce processus de libération de la raison par rapport à la réalité, le romantisme offrit une nouvelle dynamique et un mode radical de préférer le « je

[181] Cf. B. CONSTANT, *Sobre la libertad en los antiguos y en los modernos,* Tecnos, Madrid, 2002, cité par M.HERRERO, « Ley natural y la ciudad », *op.cit.* p.74.
[182] *Ibid.*, p.75.
[183] Cf. I. BERLIN, *Dos conceptos de libertad y otros ensayos,* Alianza, Madrid, 2001.

individuel et autonome » de chaque homme. Il n'y a pas de limites dans la réalité parce que chacun est son propre artifice. La morale est modelée par la volonté ; les fins se créent, ne se découvrent pas : enfin, la raison est restée éclairée. Dans ce contexte, même si la conscience ne cesse de nous présenter la vie comme une réalité sacrée et intangible, l'homme tend toujours à justifier certaines violations de la vie naissante[184]. Il y a une sorte d'éclipse de la vie comme loi naturelle. Bref, à propos de ces deux objections sur la liberté dans la pensée contemporaine, nous notons ce qui suit

D'une part toute la liberté individuelle s'exerce toujours dans un contexte de liberté politique comprise comme participation. La solidarité universelle est un fait, un bénéfice pour tous les hommes, et aussi un devoir[185]. Les droits supposent les devoirs sans lesquels ils deviennent arbitraires[186]. Cette articulation entre droit et devoirs, expression de la dimension particulière de la loi naturelle, est le fondement de l'élaboration des normes juridiques, économiques, politiques et sociales. Lorsque la rationalisation sociopolitique ne repose pas sur les fondements de la loi naturelle, le droit devient arbitraire, voluptuaire et les droits élémentaires et fondamentaux de l'humanité sont violés et ignorés. C'est ce qui justifie parfois que, dans les pays dits développés, certaines revendications du droit sont parfois superflues et même vicieuses. Les droits individuels dépourvus du cadre des devoirs qui leur octroient un sens plénier s'affolent et s'alimentent d'une spirale de requêtes sans repères. Une revendication exaspérée des droits aboutit à l'oubli des devoirs et déconnecte la relation étroite qui existe entre vérité bien et liberté, entre bien commun et bien privé. La procréation médicalement assistée n'affecte plus la construction du lien intergénérationnel, les relations sociales et l'ordre public[187]. C'est pourquoi la dimension particulière de la loi naturelle, fondement de toute normativité sociale, délimite les droits parce qu'elle repose sur une vision anthropologique qui transcende l'arbitraire. Sans cette dimension particulière de la loi naturelle comme édifice sur lequel repose la rationalisation sociale et politique, les droits de l'homme sont modifiés arbitrairement et le devoir de les respecter diminue dans la conscience commune. Les gouvernements et les organismes internationaux oublient l'objectivité et le développement des peuples s'en trouve mis en danger[188]. La vie est accueillie seulement dans certaines conditions. Par conséquent, se déclenche

---

[184] Cf. JEAN-PAUL II, E.V. n.11.

[185] Cf. PAUL VI, *Populorum progressio*, 26.3.1967, n. 17.

[186] Cf. JEAN-PAUL II, *Message pour la Journée Mondiale de la paix*, 2003, n. 5.

[187] Cf. O.HÖFFER, *La procréation médicalement assistée. Considérations éthiques et propositions pour l'avenir*, *op.cit.*, p.3.

[188] Cf. BENOÎT XVI, Message pour la Journée Mondiale de la paix, 2007, n. 13.

« *une guerre des puissants contre les faibles* : la vie qui nécessiterait le plus d'accueil, d'amour et de soin est jugée inutile, ou considérée comme un poids insupportable, et elle est donc refusée de multiples façons. Par sa maladie, par son handicap ou, beaucoup plus simplement, par sa présence même, celui qui met en cause le bien-être ou les habitudes de vie de ceux qui sont plus favorisés tend à être considéré comme un ennemi dont il faut se défendre ou qu'il faut éliminer. Il se déchaîne ainsi une sorte de *conspiration contre la vie* »[189].

D'autre part, la crise anthropologique due à l'exaltation abusive du « je individuel et autonome » fait qu'il n'existe plus une possibilité de définir un espace de liberté commune où s'élabore et se développe une liberté politique. La dimension particulière de la loi naturelle n'est plus le fondement sur lequel reposent le bien commun et le bien public. Il n'existe plus de critère objectif et universel pour établir le fondement et la hiérarchie correcte des valeurs[190]. La démocratie qui est censée être un système politique où se réalisent et se promeuvent les droits inaliénables de la personne se retrouve sans valeurs, sans vérité objective comme fondement. Pourtant, s'il n'existe pas cette dimension particulière de la loi naturelle comme vérité dernière qui guide et oriente l'action politique, les idées et les convictions peuvent facilement être exploitées par le pouvoir, transformant ainsi la démocratie en idéologie. La dignité humaine, valeur de la démocratie et fondement des droits de l'homme, n'est pas octroyée ou conférée aux citoyens. Grâce à la loi naturelle, la dignité humaine doit être reconnue, déclarée et, si possible, respectée et promue par le législateur. C'est dire que la démocratie, en elle-même, est issue d'une conception de l'homme à laquelle elle ne peut pas renoncer sous peine de se transformer en autre chose : « Fondamentalement, la démocratie est un système et, comme tel, un instrument et non pas une fin. Son caractère moral n'est pas automatique, mais dépend de la conformité à la loi morale, à laquelle la démocratie doit être soumise comme tout comportement humain : il dépend donc de la moralité des fins poursuivies et des moyens utilisés »[191]. Le paradoxe de tout ceci est que, tandis que la richesse mondiale croît exponentiellement, les inégalités augmentent et « le scandale des disparités criantes »[192] se pose avec de plus en plus d'acuité. Dans les pays industrialisés ou développés, apparaissent de nouvelles formes de pauvreté comme la solitude et, dans les pays sous-développés, il y a des minorités qui jouissent du surdéveloppement où la consommation est synonyme de gaspillage, alors que l'entourage croupit dans une misère déshumanisante. Bref, ce que nous voulions souligner, c'est que le remplacement de la dimension particulière

[189] JEAN-PAUL II, E.V., n. 14.
[190] Cf. *Compendium de la doctrine sociale de l'Eglise,* n. 407.
[191] JEAN-PAUL II, E.V. n.70.
[192] Cf. PAUL VI, *Populorum progressio,* 26.3.1967.n. 9.

de la loi naturelle par l'exaltation abusive du « je individuel » rend la société de plus en plus déshumanisante. Lorsque les lois qui régissent une société sont dépourvues des dimensions particulières de la loi naturelle, on tombe dans le positivisme juridique, qui, sous le charme du libéralisme politique ou de la justification non religieuse et post-métaphysique des fondements normatifs de l'État constitutionnel démocratique[193], peut basculer facilement dans l'idéologie.

VI.3. La dimension singulière de la loi naturelle

La dimension singulière de la loi naturelle est la conscience ou l'acte par lequel s'articulent les deux dimensions antérieurement évoquées. C'est ce qui est effectivement possible dans le concret. En effet, les hommes savent et admettent universellement l'existence de normes morales : « La vie humaine est un bien inviolable », expression universelle de la loi naturelle ; les programmes politiques intègrent cette dimension universelle de la loi naturelle du bien de la vie en adoptant des lois relatives à sa promotion et à sa défense, dimensions particulières de la loi naturelle. La dernière instance de la loi naturelle est la singularité dans laquelle chaque citoyen accueille, vit et applique concrètement la promotion et la défense de cette vie qui est reconnue comme bien universel. La dimension singulière est différente du situationnisme ou de la morale de situation qui se limite au singulier sans se préoccuper du particulier et de l'universel. Un des exemples du situationnisme éthique qui n'a rien à voir avec la dimension singulière de la loi naturelle est l'opportunisme. Par dimension singulière de la loi naturelle, nous voulons dire que « pour arriver à une juste évaluation des choses à faire, le sujet moral doit être doté d'un certain nombre de dispositions intérieures qui lui permettent tout à la fois d'être ouvert aux interpellations de la loi naturelle et bien informé des données de la situation concrète »[194]. La dimension singulière de la loi naturelle n'est pas à confondre avec le modèle rationaliste de la loi naturelle[195]. Elle est plutôt l'ensemble des dispositions intérieures -des vertus morales- pour une évaluation juste du

---

[193] Cf. J.HABERMAS, « Des fondements prépolitiques pour l'État de droit démocratique ? », in J.HABERMAS et J. RATZINGER, *op.cit.*, p. 36.

[194] C.I.T., *op.cit.*, n. 55.

[195] Ibid., n.33: « Le modèle rationaliste moderne de la loi naturelle se caractérise : 1/ par la croyance essentialiste en une nature humaine immuable et anhistorique, dont la raison peut parfaitement saisir la définition et les propriétés essentielles ; 2/ par la mise entre parenthèses de la situation concrète des personnes humaines dans l'histoire du salut, marquée par le péché et la grâce, dont l'influence sur la connaissance et la pratique de la loi naturelle sont pourtant décisives ; 3/ par l'idée qu'il est possible à la raison de déduire *a priori* les préceptes de la loi naturelle à partir de la définition de l'essence de l'homme ; 4/ par l'extension maximale donnée aux préceptes ainsi déduits, de sorte que la loi naturelle apparaît comme un code de lois toutes faites qui règle la quasi-totalité des comportements. »

bien qui doit être fait et du mal qui doit être évité concrètement. C'est ce qui rend la loi naturelle performative dans la pratique. Le sujet doit compter sans doute sur les préceptes universels, mais il est nécessaire, en plus de cela, qu'il soit « capable d'adapter les préceptes universels de la loi naturelle aux conditions concrètes de l'existence dans des contextes culturels divers. Cette capacité est assurée par les vertus morales, particulièrement par la prudence qui intègre la singularité pour diriger l'action concrète »[196]. La prudence permet à l'homme d'être capable d'appliquer les normes morales universelles dans des situations déterminées et de choisir les moyens adéquats ici et maintenant pour réaliser concrètement le bien qu'il s'est proposé. Autrement dit, la prudence est la vertu morale qui dispose la personne humaine à discerner en toutes circonstances son véritable bien et à choisir les moyens droits pour le réaliser[197]. Il est nécessaire de s'arrêter sur cette vertu morale de la prudence, sans laquelle la loi naturelle n'a pas d'effet performatif dans la vie concrète[198]. En effet, lorsqu'on sait ce que signifie la prudence, on se rend compte que la vie morale en général et singulièrement la mise en pratique des préceptes de la loi naturelle ne sont pas possibles sans la prudence, mère et guide des autres vertus morales.

VI.3.1. La vertu de prudence

La vertu de la prudence qui était jadis la *genitrix et auriga virtutum,* [199] est devenue une pièce poussiéreuse dans des musées archéologiques. La cause en est, nous semble-t-il, la crise moderne de la vérité, la rupture de la chaîne « vérité-bien-liberté », le divorce entre l'orthodoxie et l'orthopraxie. En effet, lorsqu'on rompt la chaîne vérité-bien-liberté, le bien perd son véritable sens. Et la prudence, qui consiste précisément à vouloir et à agir en toute circonstance en accord avec la vérité, n'a plus de sens. Selon la mentalité la plus répandue, l'homme prudent serait celui qui ne s'engage pas, qui n'ose pas courir un risque relatif à sa propre sécurité, qui opte pour l'utilité au détriment de l'honnêteté ; qui se maintient entre « deux positions contraires » afin d'être accepté par tous. La prudence devient ainsi une astuce qui nous épargne certaines complications dans la

---

[196] *Ibid.*, n. 56.

[197] Cf. *C.E.C*, n. 1806.

[198] Pour ce développement, cf. T. TRIGO « Disposiciones morales de la persona y valoración de la acción concreta » in *En busca de una ética universal: un nuevo modo de ver la ley natural*, *op.cit.*, pp.124-145.

[199] En 2004, C.PETERSON et M.E.P. SELIGMAN publièrent une étude qui eut une grande notoriété : *Characters strengths and virtues : A handbook and classification* (Oxford University press, New York). C'est le résultat d'une longue étude dans laquelle les auteurs essayèrent d'identifier et de classer les vertus les plus valorisées dans toutes les cultures, à partir des principaux textes philosophiques et religieux de l'humanité. Dans cette classification, la prudence se trouve, avec d'autres vertus qui nous protègent des excès, subordonnée à la tempérance.

vie, une habileté pour obtenir ce que l'on veut sans que les autres s'en aperçoivent. La décision de s'adonner au service des autres, l'engagement des époux pour toute la vie, la décision d'un médecin qui, par objection de conscience, refuse de provoquer un avortement, la détermination à défendre la vérité au risque de perdre des bénéfices matériels, etc., sont considérés comme des conduites irresponsables.

Tout ceci démontre que la conception classique et chrétienne de la prudence a été obscurcie par ce qui est complètement imprudent comme l'astuce de ceux qui, génialement, veulent toujours faire leur volonté à l'exemple d'un pilote qui, voulant éviter tout risque, vole lentement et à une altitude très basse. Il est donc nécessaire de purifier cette conception généralisée de la prudence afin de découvrir en elle une vertu qui, en plus d'être attractive comme toutes les vertus, engendre les autres *(genitrix virtutum)* et les guide pour qu'elles ne s'écartent pas de leur objectif *(auriga virtutum)*. On découvre que la prudence dépouillée de cette carapace, est une condition essentielle de toute conduite moralement bonne et de la matérialisation de la dimension singulière de la loi naturelle. La théorie classico-chrétienne soutient que l'homme prudent est en même temps un homme de bien puisque la prudence fait partie de la définition du bien. Il n'y a pas une justice qui s'oppose à la prudence. Tout ce qui est injuste est avant tout imprudent[200].

VI.3.2. La prudence, dimension singulière de la loi naturelle

La loi naturelle n'est pas un ensemble déjà constitué de règles qui s'imposent a priori à l'homme. Elle est une source d'inspiration objective d'une démarche personnelle dans la prise de décision[201]. Dans une société pluraliste comme la nôtre, la morale ne peut pas fournir au sujet qui agit les normes qui s'appliqueraient dans chaque situation concrète de la vie. Seul le *nèm ntògò* peut formuler les normes immédiates de l'action. Cependant, le sujet qui agit a besoin de dispositions intellectuelles et affectives qui lui permettent de s'ouvrir à la vérité morale ou avec prescriptions du *nèm ntògò* pour que son jugement soit adéquat. Lorsque le *nèm ntògò* nous recommande de faire le bien et d'éviter le mal, le bien à faire doit être conforme à la vérité et à la liberté (vérité-bien-liberté) tant du point vue universel relatif aux normes morales que du point de vue de la situation concrète de chacun. Pour éviter le « situationisme » éthique, la vertu de prudence rend performative l'application de la dimension particulière de la loi naturelle. Le sujet moral a besoin de la prudence pour la flexibilité que

---

[200] Cf. J.PIEPER, « Prudencia », en *Las virtudes fundamentales*, Rialp, Madrid, 1976, p. 36, in T. TRIGO, *En busca de una ética universal: un nuevo modo de ver la ley natural, op.cit.* p. 125.
[201] C.I.T., *op.cit.*, n. 59.

requiert l'adaptation des normes morales universelles dans les situations concrètes. « Mais cette souplesse n'autorise pas à voir dans la prudence une sorte de sens de compromis facile eu égard aux valeurs morales. Bien au contraire, c'est à travers les décisions de la prudence que s'expriment pour un sujet les exigences concrètes de la vérité morale. La prudence est un passage nécessaire pour l'obligation morale authentique »[202]. L'homme prudent, non seulement s'abandonne à la vérité, mais s'ouvre à la vérité morale pour que son jugement sur une action soit adéquat. Par contre, le sujet imprudent cherche dans les circonstances les justifications pour ne pas accomplir la loi morale. Il serait donc imprudent d'appliquer de la même façon et à tous une norme générale sans tenir compte des circonstances.

VI.3.3. La prudence, source de la chaîne vérité-bien-liberté

Pour que la personne choisisse et fasse le bien, elle a besoin de certaines prédispositions susceptibles de l'aider ou de l'orienter vers ce bien. Ce sont des dispositions intérieures ou vertus morales. « On ne peut élaborer une morale fondée sur la loi naturelle sans y joindre une réflexion sur les dispositions intérieures ou vertus qui rendent le moraliste apte à élaborer une norme adéquate ». Grâce à aux vertus morales, la personne peut discerner ce qu'elle doit faire ici et maintenant, pour formuler un jugement éthique adéquat sur ses actions concrètes : c'est-à-dire être prudent. Le *nèm ntògò,* grâce sa fonction cognitive antérieurement présentée, connaît le bien moral et prescrit de le faire. La connaissance de la loi naturelle est certes nécessaire, mais elle n'est pas suffisante. Il est indispensable qu'il existe une connaturalité entre l'homme et le bien véritable. Cette connaturalité s'enracine et se développe par les vertus morales, la prudence et les autres vertus cardinales[203]. La fonction capitale des vertus morales consiste à faire que la volonté et l'affectivité se « connaturalisent » aux divers biens humains. Grâce aux vertus morales, le bien moral devient connaturel et, parce que connaturel, attire la personne. C'est alors que l'homme est capable de formuler lui-même les normes concrètes qui s'imposent et d'imprégner les actions circonstanciées de rayons de justice, de force ou de tempérance[204]. La personne vertueuse trouve dans les meilleures conditions l'action concrète qu'elle doit réaliser.

Il faut au préalable connaître le bien qu'on doit faire parce que l'une des fonctions du *nèm ntògò* est cognitive. Mais on peut connaître parfaitement le bien à faire, puis opérer un mauvais jugement au moment déterminé pour accomplir ce bien. La prudence se réfère à la connaissance des actions que nous devons désirer ou rejeter. L'homme prudent compare le

---

[202] *Ibid.*, n. 58.

[203] Cf. JEAN-PAUL II, V.S., n.64.

[204] Cf. C.I.T., *op.cit.*, n. 57.

passé avec le présent et prévoit le futur. Il délibère sur ce qui peut arriver et sur ce qu'il convient de faire ou d'omettre pour atteindre sa fin. La prudence implique connaissance et discours. C'est pour cela qu'on dit qu'elle est une vertu de la raison pratique. L'objet propre de la prudence concerne les actions que nous devons réaliser ici et maintenant pour parvenir à la fin parce qu'elle intègre les singularités et dirige les actions concrètes. « L'homme prudent doit posséder non seulement la connaissance de l'universel, mais aussi la connaissance du particulier. (...) Avec la prudence, il s'agit de pénétrer une contingence qui demeure toujours mystérieuse pour la raison, de se mouler sur la réalité de la façon la plus exacte, d'assimiler la multiplicité des circonstances, d'enregistrer le plus fidèlement possible une situation originale et ineffable »[205]. Ainsi, le sujet moral possède librement une liberté liée à son propre bien.

Notre objectif était de présenter ce que nous sentons intuitivement et qui constitue une perle pour toutes les civilisations et toutes les cultures. Grâce à cette intuition qu'est la loi naturelle, les hommes reconnaissent l'inclination naturelle de la procréation comme un droit sacré. Les techniques d'aide à la fertilité ne devraient pas s'écarter de ce fondement éthique de la procréation qui doit être le principe de tous les actes législatifs inhérents aux dilemmes des techniques de procréation assistée. Pour éviter certaines difficultés relatives à la présentation discursive de la loi naturelle, nous avons opté pour le récit, non comme alternative, mais comme approche épistémologique qui nous permet d'exprimer clairement notre mode de compréhension de la loi naturelle. Il existe dans le cœur de l'homme, indépendamment des options métaphysiques, des aires géographiques et culturelles, une humanité commune que nous appelons la loi naturelle. Cette humanité a une intelligibilité en soi, une finalité propre, la nature humaine dont aucun paradigme rationnel n'épuise la totalité. De cette humanité découle la procréation ou l'inclination naturelle de promouvoir et de défendre la vie. La loi naturelle est le dénominateur commun sur lequel devrait reposer toute rationalisation politique, économique et sociale. Voyons à présent quelques ambiguïtés relatives à la compréhension de la loi naturelle et leurs conséquences sur les techniques d'aide à la fertilité.

---

[205] *Ibid.*, n. 56.

CHAPITRE II
ORIGINES DES AMBIGUÏTÉS DE COMPREHENSION DE LA LOI NATURELLE ET LEURS IMPACTS SUR LES TECHNIQUES D'AIDE À LA PROCRÉATION

La loi naturelle comme expression autorisée du Décalogue fut pendant longtemps le point de départ de l'argumentation et de la réflexion des moralistes catholiques. Cela est lié à l'avantage que présente la loi naturelle d'être accessible à la raison. Par conséquent, elle offre une base solide et universellement valide pour une étude rationnelle des questions relatives aux techniques d'aide à la fertilité. La doctrine de la loi naturelle possède un fondement rationnel difficilement remplaçable qui explicite les fondements éthiques de l'inviolabilité et de la sacralité de la vie humaine, même dans les conditions les plus vulnérables. Néanmoins, il y a aujourd'hui diverses incompréhensions et oppositions allant jusqu'à la méconnaissance de toute morale fondée sur la loi naturelle. Certains professent carrément son inadéquation avec le monde sécularisé. Selon l'homme moderne, la loi naturelle s'oppose à la liberté ; la nature humaine exige le respect elle apparaît opposée à la liberté et devient un terrain à dominer à tout prix. Toute morale fondée sur la loi naturelle devient anachronique. Sachant que la nature humaine est une réalité complexe et que certaines difficultés relatives à la compréhension de la loi naturelle proviennent souvent de cette complexité, nous recherchons dans ce chapitre les origines de ces incompréhensions et leurs conséquences sur les fondements éthiques des techniques d'aide à la fertilité. Pour des raisons d'ordre méthodologique, nous nous limitons aux ambiguïtés qui ont des conséquences directes sur les considérations éthiques des techniques d'aide à la procréation.

I. LA MORALE D'OBLIGATION ET LES TECHNIQUES D'AIDE À LA FERTILITÉ

La première morale d'obligation fut présentée et défendue par le nominaliste Guillaume d'Ockham. Nous assistons avec la publication de *Venerabilis Inceptor*[206] au surgissement de la première morale d'obligation

[206] Cf. G. d'Ockham in S. PINCKAERS, *Les sources de la morale chrétienne, op.cit.*, p.245.

et à la formation d'une structure nouvelle de la morale animée par une logique rigoureuse qui exercera plus tard son influence directe ou indirecte sur toute la pensée moderne. Recueillir ici le fond de la pensée nominaliste nous semble nécessaire. Cela nous permettra de mieux comprendre le rejet de la loi naturelle lorsqu'elle est présentée comme une obligation morale et certaines considérations éthiques actuelles, inhérentes aux techniques de procréation.

En effet, Guillaume d'Ockham, dans l'obligation morale, présente la liberté humaine et celle de Dieu comme deux absolus diamétralement opposés. La seule différence dans cette opposition est que Dieu, dans son omnipotence, dispose de ses créatures et peut leur imposer sa volonté[207]. Après avoir affranchi la liberté, tant humaine que divine, de toute dépendance vis-à-vis de la nature, Ockham ne peut plus concevoir d'autres relations entre l'homme et Dieu que celles qui proviennent de la volonté et du pouvoir. Les relations qui existent dorénavant entre l'homme et Dieu ne sont plus basées sur la liberté, mais sur le pouvoir et la volonté : la loi en général et particulièrement la loi naturelle devient une expression de la volonté divine qui œuvre avec force d'obligation. Le noyau et l'essence même de la moralité sont constitués par l'obligation. La bonté et la malice signifient que l'agent est obligé de faire de tels actes ou leur contraire[208]. Le concept de moralité n'implique rien d'autre que l'obligation dans laquelle se trouve la personne qui agit de façon déterminée. Faire le bien signifie faire ce qu'on était déjà obligé de faire, et le mal signifierait faire le contraire de ce qu'on n'était pas obligé de faire[209]. La place centrale qu'occupe l'obligation dans la morale soumet même la charité. D'après Ockham, l'amour de Dieu n'a pas une valeur directe et essentiellement morale. Tout dépend de la volonté libre de Dieu. La fameuse supposition selon laquelle Dieu peut ordonner à l'homme de haïr son prochain et rendre méritoire cette haine est significative à cet effet. Ockham ira jusqu'à soutenir que Dieu dans sa liberté absolue peut sans aucune injustice réduire à rien, l'homme qui l'aime par-dessus toutes ses œuvres et même lui parce qu'Il peut faire tout ce qu'Il veut de ses créatures sans rendre de comptes à personne[210].

Ces affirmations extrêmes illustrent avec clarté que, selon Ockham, le centre de la morale n'est pas l'amour, mais l'obligation qui provient de la

---

[207]Pour ce développement S. PINCKAERS, *op.cit.*, pp.245-257.

[208] Cf. S. PINCKAERS, *Les sources de la morale chrétienne*, *op.cit.*, p.251, note 5 : « *Bonitas moralis et malitia connotant, quod agens obligatur ad illud actum vel eius oppositum* » II (Sent. Q. 19 P).

[209] Cf. *Ibid.*, p.251, note 6 : « *Malum nihil aliud est quam facere aliquid ad cuius oppositum faciendum aliquis obligatur* » (II Sent. Q.4 et 5H).

[210] Cf. G. d'OCKHAM, Sent. IV. q.3Q. cité par S. PINCKAERS, *Les sources de la morale chrétienne*, *op.cit.*, p.251.

pure volonté libre de Dieu, ou alors l'amour pour lui se confond ici avec l'obligation ou l'obéissance. Par conséquent, la morale se réduit au pur respect des obligations. Ce qui échappe à l'obligation, comme l'aspiration à la charité et à la perfection, n'appartient pas proprement à la morale. La loi naturelle dans ce contexte se réduit à la contrainte et, dans une société sécularisée comme la nôtre, elle devient anachronique. Tout discours fondé sur la loi naturelle semble archaïque et coercitif sous prétexte qu'il présente la nature humaine comme une force toute-puissante qui impose ses préceptes. Les normes morales dépendent du législateur. L'obligation fixe et précise la loi naturelle qui, s'offrant à la liberté humaine comme une manifestation des obligations de la volonté divine, lui impose la soumission. Revenant à notre petite Eyenga qui n'a aucune notion du droit, Ockham dirait par exemple qu'elle était obligée d'entonner sa chanson du *nem ntògò* pour faire connaître à son père la présence d'un intrus dans la cuisine. Même si elle agit naturellement, sa réaction selon Ockham était conditionnée par l'obligation morale ; l'inclination naturelle, *faire le bien et éviter le mal*, est en elle-même une obligation. La nature humaine s'impose aussi comme une obligation. Agir par nature signifierait agir par obligation de la loi étant donné que la raison ne peut pas découvrir une inclination naturelle. La nature humaine a force de loi ; elle est un *dictamen* de la raison droite exprimé directement par la volonté humaine. C'est ce *dictamen* de la raison droite qui indique quels sont les ordres et les obligations qui émanent de la volonté divine, sans qu'ils soient nécessairement justifiés. Car la justification de la loi ne doit pas être recherchée ailleurs que dans la volonté de Dieu. La loi joue donc un rôle prépondérant dans la moralité. Il y a une coïncidence et même une assimilation de la morale à la loi. La morale ne sera plus divisée selon les vertus, mais conformément aux différentes lois qui sont précisément en accord avec les commandements du décalogue. Les moralistes postérieurs à Ockham ont fait preuve de très peu d'audace. Ils se sont limités à considérer la loi et les commandements comme des expressions pures et simples de la volonté divine. La source précise des obligations, la base ferme de la moralité : c'est l'hétéronomie encore appelée morale d'obligation[211].

Toute conception de la loi naturelle qui emprisonne la nature humaine dans l'obligation morale non seulement devient anachronique, mais crée une opposition entre la liberté et la nature humaine. Cette opposition sépare la dimension immanente et transcendante de la loi naturelle. La loi morale naturelle n'est plus loi de Dieu et loi de l'homme dans la mesure où la raison humaine n'exerce plus son autonomie législatrice en vertu du commandement originel et total de Dieu à l'homme. La loi morale naturelle

---

[211] Cf. T. TRIGO., « La verdad os hará libres », in E. MOLINA T. TRIGO, *Verdad y libertad. Cuestiones de moral fundamental,* Etica y sociedad, 2009, p.59.

n'est plus connue de chaque personne par la raison qui est comme une étincelle de l'Intelligence divine infuse en l'homme pour qu'il connaisse le bien à faire et le mal à éviter. La loi morale s'impose à la volonté comme une obligation extérieure et se présente à l'homme comme un « corps étranger » à sa nature. Par conséquent, le respect inconditionnel de la vie humaine dès la conception jusqu'à la mort se réduit à une pure obligation n'ayant aucun lien avec le bien de la personne. Le commandement « tu ne tueras pas »[212] ou « tu ne feras pas mourir l'innocent et le juste »[213], loin de s'approfondir dans le commandement positif de l'amour du prochain, se réduit pour Ockham à la volonté toute-puissante de Dieu qui n'a aucun lien avec le bien de l'homme. L'autre source d'ambiguïtés de compréhension de la nature humaine et de la loi naturelle subséquente est l'opposition souvent entretenue entre la nature et la liberté humaines.

I.1. Morale d'obligation et compréhension de la loi naturelle

I.1.1. La liberté d'indifférence

La racine de l'opposition entre la nature humaine et la liberté vient du nominalisme qui a introduit dans la pensée philosophique et théologique une conception erronée de la liberté, appelée liberté d'indifférence. Selon Ockham, la liberté n'est pas fondamentalement le pouvoir d'agir avec perfection, en accord avec la raison droite ; la liberté se réduit au pouvoir de la volonté de choisir une chose ou son contraire, indépendamment de toute autre cause différente de sa propre volonté : c'est la liberté d'indifférence. Cette conception de la liberté provient de deux interprétations relatives à la définition du libre arbitre léguée par Pierre Lombard à la théologie occidentale.

En effet, même si nous ne pouvons pas retracer ici systématiquement la ligne de démarcation entre ces deux interprétations du libre arbitre[214], rappelons que Pierre Lombard définit le libre arbitre comme une faculté de la raison et de la volonté par laquelle on choisit le bien avec l'assistance de la grâce et le mal sans cette assistance[215]. Ockham va donc soutenir que le libre arbitre précède la raison et la volonté et meut leurs actes. Pour lui, le libre arbitre est la faculté première, antérieure à l'intelligence et à la volonté. La liberté est un postulat, un fait premier de l'expérience humaine. L'homme

---

[212] Ex 20, 13.

[213] Ex 23, 7.

[214] Pour cette démarcation des deux modes de concevoir le libre arbitre, nous recommandons S. PINCKAERS, *Les sources de la morale chrétienne*, *op.cit.*, pp. 246-248.

[215] Cf. Pierre Lombard cité par S. PINCKAERS S. PINCKAERS, *Les sources de la morale chrétienne*, *op.cit.*, p.247 : « *Liberum arbitrium est facultas rationis et voluntatis* ».

vérifie inéluctablement les décisions dictées par la raison, et sa volonté est libre ou non de suivre ces ordres. La liberté réside dans le pouvoir que possède notre volonté de se déterminer entre les contraires, sans aucun autre fondement que la volonté elle-même. Entre une chose et son contraire, la volonté se détermine librement entre ce que dicte la raison et son contraire, entre le vouloir et le non-vouloir, entre l'agir et le non-agir, entre l'ordonnance d'une loi et son contraire... La liberté, dans ce cas, est une indétermination ou une indifférence radicale de la volonté par rapport à des choses contraires, qui se produisent totalement de manière contingente. La liberté s'identifie comme la source des actes et comme un pouvoir d'autodétermination de la volonté et constitue l'essence de l'homme, comme dira Sartre plus tard : « Ma liberté n'est pas une qualité surajoutée ou une propriété de ma nature ; elle est très exactement l'étoffe de mon être[216] ».

De cette interprétation, la liberté sort transformée, séparée de la vérité et ne se définit plus comme une attraction à faire le bien qui s'exerce dans l'amour. Mais la liberté se présente comme une indifférence radicale par rapport à ce qui provient du vouloir pur sans aucune relation avec la vérité objective, qui est exactement une imposition de la volonté en soi aux autres. Dans ce cas, selon Ockham, l'acte de la petite Eyanga notamment se réduirait à son pur vouloir et n'aurait aucune relation avec la vérité objective, ni avec son bien propre, ni avec celui de ses parents, moins encore celui de la famille entière. Le mensonge et l'adultère ici ne sont plus des actes mauvais en soi, indépendamment des aires géographiques et culturelles ou des options métaphysiques de chaque individu. C'est chacun qui, par sa liberté, choisit son bien et décide de commettre l'adultère ou de mentir. Les notions de bien, de liberté et de vérité sont relatives à la personne qui agit. Eyenga pouvait choisir librement d'attirer l'attention de son père sur l'existence d'une tierce personne dans la cuisine de sa mère ou de faire le contraire. Le fait d'entonner sa chanson du *nèm ntògo* relevait de son pur vouloir et n'avait aucune relation avec le bien. Cette interprétation de la liberté aura, comme nous le verrons plus tard, des conséquences sur la vérité-bien-liberté de la sexualité humaine. Au nom de la liberté, la sexualité sera dissociée de la procréation. La parenté responsable est remplacée par la liberté *de procréer* ou *de ne pas procréer*. On peut revendiquer au nom de la *liberté de procréer* la légalisation de la cryoconservation, de la maternité de substitution, du don des gamètes, du diagnostic prénatal préimplantatoire (DPI), etc [217]. La liberté d'indifférence est l'une des sources de la

[216] J.-P. SARTRE, cité par S. PINCKAERS, *Les sources de la morale chrétienne, op.cit.*, p.334.

[217] Cf. CNE, *op.cit.*, p. 9 : « L'évolution de la société et le changement des structures familiales ». L'impression qui se dégage de ce paragraphe est que, au nom de la

sécularisation et de la conception moderne de la volonté comme une puissance que développera Nietzsche : Je veux et je choisis ! « Vouloir c'est commander en soi à quelque chose qui obéit ou dont on se croit obéi[218] ». La volonté n'est plus caractérisée par l'amour, mais plutôt par la relation du commandement et de l'obéissance. La spontanéité spirituelle est dépassée par l'auto-possession de la liberté au moyen de l'indifférence, ce qui creuse un fossé entre la liberté et la nature humaine. La liberté se réduit désormais au pouvoir que possède l'homme de tenir pour rien ce qu'il n'a pas choisi par nature. Comme sujet, il devrait refuser toute signification relative à ce qu'il n'a pas choisi et décidé par lui-même. L'homme se comprend de plus en plus comme « un animal dénaturé », un être antinaturel qui s'affirme d'autant mieux qu'il s'oppose. Le résultat de tout ceci est la séparation de la réalité en trois entités opposées : la nature, la subjectivité humaine et Dieu[219]. Comme cela, resurgit un dualisme anthropologique radical qui oppose l'esprit au corps[220] qui, dorénavant, sera jugé comme réalité étrangère du sujet, comme un pur avoir, un objet qui peut être manipulé en fonction des techniques, des intérêts et de la liberté du sujet[221].

L'une des conséquences de la liberté d'indifférence dans le développement des sciences biomédicales est l'inversion inédite de la relation de la santé et de la médecine. En effet, même si nous y reviendrons, remarquons déjà que, dans la conception traditionnelle de la médecine héritée d'Hippocrate, la médecine était considérée comme une prothèse du corps humain. La finalité de l'art médical consistait à venir en aide à la nature en accomplissant ce qu'elle n'a pas pu mener à bien[222]. La liberté d'indifférence a fait que la santé naturelle du corps, parfois, ne constitue plus

---

liberté de procréer, on doit légaliser tous les projets de vie subjectifs inhérents à la famille et à la sexualité sans soupeser leur objectivité morale.

[218] F. NIETZSCHE, cité par S. PINCKAERS, *Les sources de la morale chrétienne, op.cit.*, p.334.

[219] Cf. C.I.T., *op.cit.*, n. 71.

[220] Cf. JEAN-PAUL II, *Lettre aux familles*, février 1994 n. 19 : « Le philosophe qui a énoncé le principe du "*cogito, ergo sum*", "je pense donc je suis", a aussi imprimé à la conception moderne de l'homme le caractère dualiste qui la distingue. C'est le propre du rationalisme d'opposer chez l'homme, de manière radicale, l'esprit au corps et le corps à l'esprit. Au contraire, l'homme est une personne dans l'unité de son corps et de son esprit. Le corps ne peut jamais être réduit à une pure matière : c'est un corps "spiritualisé", de même que l'esprit est si profondément uni au corps qu'il peut être qualifié d'esprit "incarné" ».

[221] Nous nous référons à l'idéologie du Gender qui dénie toute signification anthropologique et morale à la différence naturelle des sexes qui s'inscrit dans une perspective dualiste.

[222] Cf. J.-F. MATTEI, « L'expérimentation sur l'être humain » in F.-X. PUTALLAZ, B.N. SCHUMACHER, *L'humain et la personne*, Cerf, 2008, p. 19.

la fin de la médecine. Souvent, la médecine se sert de l'être humain comme un pur objet, soumis à un processus indéfini d'expérimentation qui réduit le corps à un produit de laboratoire.

Par ailleurs, la liberté d'indifférence altère profondément la vie en société. L'accomplissement de la personne étant compris comme un pouvoir de la volonté de choisir une chose ou son contraire, la société se réduit à l'ensemble des individus placés les uns à côté des autres sans aucun lien réciproque. Chacun vit dans l'indifférence totale de l'autre ou alors il veut faire prévaloir ses intérêts personnels. À ce titre, la possibilité même d'exprimer et de poursuivre différentes conceptions générales de ce qu'est une vie bonne repose sur l'idée de la tolérance et de la liberté déconnectée de la vérité et du bien de la personne. « Très concrètement, l'idée qu'il est possible d'avoir et d'exprimer des avis différents en matière d'avortement, de procréation, d'assistance au suicide, etc. est inhérente aux démocraties libérales »[223]. Face aux intérêts communs, on recherche le compromis lorsqu'on voudrait garantir le maximum de liberté possible. Ainsi disparaît toute référence à la loi naturelle, aux valeurs communes et à une vérité absolue : « Alors, tout est matière de convention, tout est négociable, même le premier des droits fondamentaux, le droit à la vie »[224].

I.1.2. La négation des inclinations naturelles

Contrairement à saint Thomas pour qui la liberté est ancrée dans les inclinations spontanées de l'esprit vers la vérité et vers le bien, le point de départ de la liberté d'indifférence est la rupture de tous les liens entre la liberté et les inclinations naturelles. Selon saint Thomas, toute la morale repose sur l'ordination naturelle de l'homme au bonheur, à la perfection du bien comme à sa fin ultime, à laquelle l'homme ne peut pas renoncer. Pour Ockham, les inclinations naturelles sont expulsées hors du champ de la liberté. L'ordination au bonheur par nature reste soumise au choix libre et contingent de la liberté humaine : l'homme peut refuser ou accepter librement le bonheur, déjà en particulier comme cela se présente à lui, et en général dans le désir qui le pousse grâce à l'indifférence radicale de la liberté. Toutes les inclinations naturelles, réunies dans l'inclination du bien ou du bonheur sont soumises au choix et à la détermination de la volonté. Je peux choisir librement de vivre ou de me donner la mort, de mentir ou de dire la vérité, d'assassiner ou de ne pas assassiner, de voler ou de ne pas voler, « de vouloir un enfant sans coucher avec un homme »[225]. Kouna, en

---

[223] CNE, *op.cit.*, p.11.
[224] JEAN-PAUL II, EV, n. 20.
[225] Témoignage d'Isabelle in D. MEHL, *op.cit.*, p. 102 : « Ils demandent beaucoup de choses, beaucoup plus que pour les couples hétérosexuels. C'est quand même assez lourd, le bilan qu'on doit faire pour aller en Belgique. Il faut le vouloir. Alors,

choisissant de commissionner sa fille Eyenga l'aurait fait par pure indifférence ; elle pouvait choisir le contraire et rester indifférente. La réaction de sa fille Eyenga et la chanson qu'elle a entonnée n'auraient eu aucun impact sur elle. Son mari Zibi lui aussi aurait été libre de connaître la vérité ou pas. Il pouvait choisir d'être indifférent et de ne pas écouter le message que sa fille voulait lui transmettre. Les réactions de chacun des trois acteurs que sont Zibi, père de famille, Kouna, mère de famille, Eyenga, leur fille, n'auraient aucun lien avec leurs inclinations naturelles, *faire le bien et éviter le mal.* La liberté d'indifférence exclut donc de l'acte libre les inclinations naturelles en les soumettant à l'élection libre. Ce déplacement des inclinations naturelles contribue à modifier leur nature. En situant les inclinations naturelles sous le contrôle de la liberté, on parvient à les considérer comme des impulsions d'un ordre inférieur au niveau psychologique. L'harmonie entre l'homme et la nature est rompue par une liberté qui s'affirme comme pouvoir indifférent vis-à-vis de la nature et qui se définit par conséquent comme une liberté « a-naturelle ». Les inclinations naturelles se présentent comme une menace insidieuse pour la liberté et la moralité des actes humains. La conception de la nature et de la spontanéité spirituelle est écartée de l'horizon de la pensée. Ainsi se rompt la chaîne bien-liberté-vérité, ce qui met entre parenthèses l'existence des actes intrinsèquement mauvais et réduit la morale à l'éthique procédurale : « La légitimité des normes morales repose alors sur la qualité de la procédure formelle de validation, autrement dit, sur le consensus touchant un ou plusieurs principes ou normes au sein de l'espace public »[226]. La Déclaration universelle des droits de l'homme de 1948, dans ce cas, fut un pur *consensus* qui n'avait aucun lien avec les inclinations naturelles et la vérité-bien-liberté de la personne[227].

---

il y en a qui me disent : “Pourquoi tu ne couches pas avec un homme ?” Et là je réponds que je veux un enfant, mais que je ne veux pas coucher avec un homme. »

[226] CNE, *op.cit.*, p.11.

[227] Cf., CNE, *op.cit.* p.11: « À titre d'exemple, on peut dire que la validité de la Déclaration universelle des droits de l'homme repose sur le consensus dont elle a fait l'objet de la part de l'Assemblée générale des Nations Unies le 10 décembre 1948. C'est la raison pour laquelle, en ce qui concerne l'éthique politique, on passe à des éthiques matérielles, c'est-à-dire des éthiques qui imposent à la collectivité un système de normes particulières (en ce sens, est légitime toute action ou comportement qui respecte un certain système de valeurs égal pour tous mais qui n'est pas l'objet d'un assentiment), à des éthiques formelles, c'est-à-dire des éthiques qui élaborent un cadre procédural pouvant garantir, à un moment donné et pour une durée limitée, la légitimité des normes adoptées, c'est-à-dire des éthiques qui ne disent pas ce qui est bon ou bien, mais décrivent comment procéder pour y parvenir. »

I.1.3. Le relativisme

Le relativisme est une des conséquences de cette opposition radicale entre la nature et la liberté humaine. Même si les racines du relativisme moral viennent de l'antiquité grecque[228], la liberté d'indifférence d'Ockham lui donne une connotation spéciale. Le relativisme nie l'existence d'une vérité objective. La négation de la vérité objective, ou du moins l'incapacité de l'homme de la connaître, va progressivement signifier que chaque sujet, chaque culture, chaque moment historique ou communauté politique a sa propre vérité, et qu'aucune d'entre elles n'a le droit de se considérer plus vraie que les autres. Néanmoins, en admettant que toutes les positions sont équitablement vraies, il faut également admettre, comme disait Aristote, qu'elles sont aussi équitablement fausses[229]. Par conséquent, l'attitude la plus logique face à la vérité est la liberté d'indifférence, caractéristique de la société moderne. Jean-Paul II la décrit en ces termes :

> « La pluralité légitime des positions a cédé le pas à un pluralisme indifférencié, fondé sur l'affirmation que toutes les positions se valent : c'est là un des symptômes les plus répandus de la défiance à l'égard de la vérité que l'on peut observer dans le contexte actuel (...) Par fausse modestie, on se contente de vérités partielles et provisoires, sans plus chercher à poser des questions radicales sur le sens et sur le fondement ultime de la vie humaine, personnelle et sociale [230].»

Le caractère exclusif de la vérité n'est plus reconnu à cause du présupposé qu'elle se manifeste d'une manière égale dans les doctrines diverses et même contradictoires. La liberté d'indifférence ou mentalité indifférentiste est à l'origine du relativisme religieux et moral qui transforme la démocratie en dictature de la majorité. L'indifférentisme, caractéristique du relativisme, se manifeste par certaines attitudes citées ci-dessous.

Sur les questions éthiques, il n'y a pas une vérité objective qui détermine ce qui est bien et ce qui est mal. Ce qui compte, c'est la conscience individuelle de chacun et la situation dans laquelle il se trouve. Le bien et le mal relèvent des goûts personnels, des opinions, des sentiments, des conditionnements sociaux et culturels. Chacun doit penser et agir librement sans se demander si c'est vrai ou faux. Pour être libre, chacun doit créer ses propres valeurs, sa vérité propre ; dans le cas contraire, il deviendrait esclave de la vérité que lui imposent les autres. Ce qui important, c'est la fidélité à soi-même, à la conscience personnelle, à ses propres idées, au projet vital que chacun a décidé de réaliser. Le respect des idées des autres suppose qu'il faut renoncer à défendre l'existence d'une vérité

---

[228] Nous nous référons au sophiste Protagoras qui disait que toute vérité subjective est relative à la raison qui la fait naître.

[229] Cf. Aristote, *La Métaphysique,* IV, 5, 1009a, 7-13.

[230] JEAN-PAUL II, FR, n. 5.

objective pour éviter de tomber dans le fondamentalisme et l'intolérance. Une partie de l'attrait du relativisme provient du soutien que lui apporte le style tolérant et permissif, un style qui, parce qu'il s'abstient d'émettre des jugements, jouit de beaucoup d'admiration aujourd'hui. Par contre, ceux qui croient à la vérité absolue en morale paraissent sévères, intolérants et fanatiques[231].

Sur le plan démocratique, le relativisme, conséquence de la liberté d'indifférence d'Ockham, est parvenu à être considéré comme l'unique mode légitime de penser pour que la société soit libre et démocratique. Pour la plupart des personnes, le relativisme est surtout une option intellectuelle consciencieusement élue, une mentalité qui a été imposée en grande partie à travers les moyens de communication et l'enseignement, qui se configure dans le mode de penser, sans remarquer sa contradiction radicale. Or, en niant la vérité objective, la vie reste sans fondements et les droits et devoirs de l'homme sont déterminés seulement par ceux qui ont le pouvoir (positivisme juridique) ; les opinions ne sont plus soutenues par la vérité, mais par le pouvoir ; le vrai et le faux sont déterminés également par ceux qui ont en charge l'enseignement et les moyens de communication. La liberté d'indifférence, source du relativisme de la vérité, réduit ainsi la démocratie au totalitarisme politique et culturel. Il s'agit d'une tyrannie intellectuelle imposée par ceux qui gèrent le pouvoir politique et culturel et qui censurent strictement toutes les idées contraires à leur politique. À travers les moyens de communication, se transmet implicitement ou explicitement un ensemble d'idées qui ne se fondent plus sur la loi naturelle, sur le bien et la vérité objective, mais sur le « politiquement correct ». Tous ceux qui ne se soumettent pas au « politiquement correct » sont rejetés, disqualifiés et taxés de citoyens indignes de la démocratie. Au fond, la défense du « politiquement correct » repose sur une vision manichéenne de la société : ceux qui pensent d'une manière « politiquement correcte » sont les bons, tandis que les autres sont les mauvais. On a l'impression que le « politiquement correct » est la tolérance et le respect envers les autres idées, alors qu'il est la peau du mouton dont se couvre le loup de la véritable dictature de la majorité qui n'a aucun lien avec la vérité objective, expression de la loi naturelle. Le « politiquement correct » est, dans le fond, une idéologie imposée par le pouvoir avec toutes les caractéristiques d'une dictature dont les divers « noms sacrés » sont le respect, la tolérance, la liberté, le pluralisme et la démocratie.

Même si le relativisme est théoriquement contradictoire, il est parvenu à être considéré comme l'unique manière de voir les choses pour que la société soit libre et démocratique. La négation de la vérité objective se

---

[231] Cf. GRISEZ-SHAW, *Ser persona. Curso de ética*, Rialp, 1993, p. 76.

présente comme condition essentielle du respect de la liberté qui ne s'impose pas, mais qui favorise l'existence déterminée des opinions défendues par les groupes de pouvoir qui se considèrent comme seuls légitimes et respectables. L'exemple du gouverneur romain Ponce Pilate est très connu : « Pilate lui dit : Donc tu es roi ? Jésus répondit : Tu le dis : je suis roi. Je ne suis né, et me suis venu dans le monde que pour rendre témoignage à la vérité. Quiconque est la vérité écoute ma voix. Pilate lui dit : Qu'est-ce que la vérité ? Et sur ce mot, il sortit de nouveau et alla vers les Juifs. Et il leur dit : Je ne trouve en lui aucun motif de condamnation »[232]. Après avoir interrogé Jésus sur tout ce qu'il voulait savoir sur lui, Pilate, en écoutant son *nèm ntògo*, conclut qu'il ne trouve pas de motif de culpabilité. On s'attendrait que le gouverneur qui a le pouvoir prenne une décision juste. Malheureusement, après avoir cherché sans succès une manière de convaincre le peuple de renoncer à sa demande, Pilate se lava les mains et opta pour le « politiquement correct » ; il permit la mort de Jésus sur la Croix. Et surtout il céda au chantage de ceux qui lui disaient : « Si tu le relâches, tu n'es pas ami de César : quiconque se fait roi, s'oppose à César »[233].

Dans une société où la vérité n'a plus d'importance, on ne cherche plus la justice. Une personne n'ayant pas de fortes convictions de l'existence de la loi naturelle, source de vérité objective qui prohibe les actes intrinsèquement mauvais, peut devenir un véritable danger public, surtout lorsqu'elle exerce une autorité publique. Elle pourrait permettre qu'on tue les innocents pour éviter de s'opposer à la majorité quand bien-même celle-ci est dans l'erreur. Certes, la cause ultime de la plupart des délits est le mauvais usage de la liberté. Mais la situation s'aggrave lorsque l'homme déprécie ou rejette son *nèm ntògò*, guide sûr de la vérité, lumière inextinguible, qui ne commet jamais l'erreur et qui lui indique là où sont, en fin de compte, le bien et le mal. Jean-Paul II, s'adressant aux membres de la Commission Internationale de Théologie, soulignait l'importance de la loi naturelle comme fondement de toute rationalisation publique en ces termes :

> « La conviction de l'Eglise a toujours été que Dieu a donné à l'homme la capacité de parvenir par la lumière de sa raison à la connaissance de vérités fondamentales sur sa vie et sur son destin, et de manière concrète, sur les normes d'une façon juste d'agir. Souligner devant nos contemporains cette possibilité est d'une grande importance pour le dialogue avec tous les hommes de bonne volonté et pour la coexistence aux niveaux les plus divers sur une base éthique commune ».[234]

[232] Jn 18,37-38.
[233] Jn 19,12.
[234] JEAN-PAUL II, *Discours aux membres de la C.I.T.*, 7-X-2004.

La loi naturelle est le fondement des droits enracinés dans la nature de la personne et qui découlent de la volonté de Dieu Créateur. Ces droits, antérieurs aux différentes législations étatiques, sont universels, inviolables et inaliénables ; ils transcendent toute attitude indifférentiste ou relativiste. Ils « doivent être reconnus par tous comme tels, en particulier par les autorités civiles, appelées à promouvoir et à garantir le respect »[235]. L'homme est porteur d'un message éthique, de valeurs et de normes qu'il faut redécouvrir et réaffirmer et non inventer par une liberté indifférentiste. Sans ce fondement ontologique des valeurs essentielles, la vie humaine se réduit au positivisme qui soumet le droit aux courants de pensée dominants et le transforme en un instrument du pouvoir.

I.1.4. La peur de la vérité

La liberté d'indifférence a fait disparaître le concept de « nature humaine » dans la culture actuelle. Néanmoins, il demeure un fait que les droits de l'homme ne peuvent pas être compris sans présupposer que l'homme, dans son être même, est porteur de valeurs et de normes qu'il faut découvrir et réaffirmer, et non pas inventer ou imposer de façon arbitraire[236]. Le relativisme, conséquence de la liberté d'indifférence, est une théorie de la vérité qui peut être étudiée dans l'histoire de la pensée. Du point vue théorique, le relativisme ne résiste pas à la critique parce qu'il se contredit. Mais, dans la pratique, il se considère comme l'unique vision acceptable des choses dans un monde sécularisé. Il est une façon très simple de résoudre la difficulté d'accepter la vérité. Le chemin vers l'homoparentalité peut nous aider à expliciter notre propos :

> « En tant que couple homosexuel, nous sommes confrontés à une stérilité sociale. Le fait d'être homosexuelle n'empêche nullement d'avoir des enfants sauf si l'une de nous a des problèmes de santé. Lorsque nous décidons d'avoir des enfants par insémination artificielle avec donneur (IAD), nous prenons le même chemin que les couples hétérosexuels. Lorsque nous annonçons (en tant que couple de femmes) que nous souhaitons avoir des enfants, les gens pensent soit que nous allons coucher avec un homme, soit que nous allons adopter. Être mère stérile, (…) du fait de nos choix de vie, nous oblige à lutter contre certaines personnes bien-pensantes »[237].

Dans ce témoignage, Isabelle est bien consciente des difficultés inhérentes à son orientation sexuelle, difficultés que lui révèle son *nèm ntògo*. C'est pour cette raison qu'elle reconnaît d'ailleurs que lorsqu'on fait un choix de vie contraire à la *nature humaine*, à ce que nous sommes

---

[235] BENOÎT XVI, *Discours aux membres de la C.I.T.*, 1er-XII-2005.
[236] *Ibid.*
[237] Témoignage d'Isabelle rapporté par D. MEHL, *op.cit.*, p.101.

réellement, on doit lutter contre « les personnes bien-pensantes », les personnes qui écoutent leur *nèm ntògo*. L'évidence de la stérilité sociale de l'homoparentalité est contournée par le relativisme. En effet, lorsque Kouna enseigne sa fille Eyenga, elle insiste sur deux caractéristiques du *nèm ntògò* dont la première est son rôle cognitif. Le *nèm ntògò* connaît toujours la vérité et ne se trompe jamais. Les erreurs dans la conduite morale ne proviennent pas du *nèm ntògò*. Sa deuxième fonction est prescriptive. Une fois que la vérité est connue, le *nèm ntògò* prescrit et suggère son respect pratique. Agir conformément aux prescriptions du *nèm ntògò* exige une cohérence de vie. Nous pouvons dire que Kouna demeure une grande maîtresse et joue pleinement son rôle de mère qui a le souci d'inculquer les fondements de la vie morale à sa fille, mais on découvre avec désenchantement que, comme mère de famille, elle a du mal, malgré sa bonne volonté, à vivre conformément aux prescriptions et recommandations de son *nèm ntògò*. Et effectivement, une vie conforme à la vérité ou aux recommandations de la loi naturelle est exigeante, surtout lorsqu'on est dominé par son égoïsme ou son orgueil personnel. Dans ce cas, la vérité, expression de la loi naturelle, devient pénible et effrayante, parce qu'elle exige un changement radical de vie. Même si nous y reviendrons en parlant des difficultés performatives de la loi naturelle, soulignons déjà qu'avec l'aide de Dieu l'homme peut rectifier sa conduite, se repentir, embrasser la vérité et être fidèle et cohérent durant sa vie. Il peut aussi faire un mauvais usage de sa liberté en refusant la vérité.

Par contre, celui qui ne veut pas se convertir à la vérité est obligé de chercher à justifier sa conduite. Le relativisme lui offre un argument simple, apparemment convaincant en niant l'existence d'une vérité objective et en la remplaçant par la sienne. De toutes les façons, malgré toutes les justifications qui peuvent être recherchées, il demeure toujours dans l'homme un sentiment d'insécurité au plus profond de son cœur. Cette inquiétude ne se calme pas tant qu'il n'a pas renoué avec l'unique fondement sur lequel il peut reconstruire sa vie : la vérité. Le sentiment d'insécurité et d'inquiétude du cœur peuvent aussi s'ignorer et se noyer, et pour cela, l'homme recherche de multiples formes d'étourdissement ou d'aliénation qui le convertissent à un être éloigné de lui-même évitant ainsi l'homme intérieur, le *nèm ntògò*, où réside la vérité qu'il doit affronter[238]. S'opposer systématiquement aux prescriptions de son *nèm ntògò*, fermer les yeux à la lumière conduit à l'autodestruction ; s'ouvrir à la vérité est le chemin de la réalisation personnelle et du bonheur. L'homme a été créé à l'image et à la ressemblance du Dieu-Amour ; il ne se réalise comme personne que s'il se

[238] S. AUGUSTIN, *De vera religione*, c. 39, n. 72. « *No quieras salir fuera, entra dentro de ti mismo, porque en el hombre interior reside la verdad* ».

convertit en don pour les autres. Il ne peut pas non plus se réaliser comme personne s'il ne vit pas dans la vérité, car il a été créé à l'image de la Vérité.

II.L'EXISTENTIALISME ET LA MÉTHODE TRANSCENDANTALE EN THÉOLOGIE MORALE : CONSIDERATIONS ETHIQUES SUR LA PROCRÉATION

II.1. La contextualisation de la loi morale

Les désirs de rénovation de la théologie morale furent alimentés par la philosophie existentialiste et certains théologiens protestants[239]. Partant de présupposés différents, certains théologiens protestants, d'une part, et la philosophie existentialiste, d'autre part, se rejoignent et militent pour une même cause : la morale doit être particulièrement attentive au sujet et aux circonstances concrètes dans lesquelles ce sujet agit[240]. En effet, selon la philosophie existentialiste, les circonstances ou situations concrètes qui caractérisent l'existence du sujet conditionnent fondamentalement son agir moral. Le « situationnisme éthique » apparaît ainsi comme une conséquence logique de l'interprétation existentielle de la personne. Il n'existe pas de morale absolue, moins encore de loi morale naturelle universelle. Tout dépend de l'autodétermination du sujet qui agit immergé dans les circonstances. Le vécu et l'acceptation de la stérilité dans ce cas se limitent à l'évaluation des circonstances dans lesquelles le sujet vit. Les critères de valorisation se réduisent à la peur, aux émotions négatives, aux malheurs, bref à la souffrance de tous les couples qui vivent le drame de la stérilité et de l'infertilité[241]. Lorsque les circonstances le permettent, on peut se lancer

---

[239] Pour ce développement, cf. A. FERNÁNDEZ, *Teología moral I,* BURGOS, 1992, pp.160-161, T. TRIGO, *El debate sobre la especificidad de la moral cristiana,* EUNSA, 2003, pp. 76-78.

[240] Cf. A. FERNÁNDEZ, *La reforma de la Teología moral. Medio siglo de historia,* Burgos 1997, p. 22.

[241] Cf. D.MEHL, *op.cit.*, pp.36-39: « Angelica a 37 ans. Elle a une fille de 10 ans qu'elle a conçue sans aide médicale mais qui est arrivée un peu miraculeusement. Elle a espéré une répétition de ce petit sursaut de la nature pour avoir un deuxième enfant, mais cette fois, sans réussite. Angelica a toujours dès son enfance, intensément souhaité avoir des enfants. C'est presque dit-elle le sens de la vie. Son mari plus âgé qu'elle, n'avait pas eu d'enfant avant de la rencontrer. Il adhère tout de suite à son désir qui se formule dès leur mise en ménage, il y a plus de dix ans. (...) Tous les mois, Angelica vit très mal le retour de ses règles. "On a eu une grosse déception que ça ne marche pas du premier coup. C'est vrai que je fais partie de toutes les femmes qui pensent que la pilule, c'est bien parce qu'on peut faire un enfant comme on veut, quand on veut. En ne pensant jamais que, également, on peut ne pas en faire. Et quand on veut en faire, ça devient une autre histoire". (...) Le spermogramme de son mari n'est pas fameux. (...) Ils sont complètement effondrés.

avec empressement aux techniques des PMA pour satisfaire le désir d'avoir un enfant à « tout prix ».

Les théologiens moralistes protestants exercent une influence dans le même sens[242]. La tradition théologique luthérienne oppose la volonté de Dieu à la loi naturelle ; elle lie toute norme à l'histoire du salut et valorise seulement la situation individuelle dans laquelle le croyant se trouve et vit sa vocation. Héritiers de cette tradition théologique de Luther, certains théologiens développent une éthique individualiste, teintée d'existentialisme et complètement éloignée de la loi naturelle. Bien que l'existentialisme n'ait pu être accepté officiellement par les moralistes catholiques, sa méthodologie éveillait une sympathie face au légalisme et à l'uniformité de la morale casuistique. Elle fut attractive pour le personnalisme. Devant les abus de la morale d'obligation, l'importance que l'existentialisme accordait aux circonstances semblait être plus accessible et plus réaliste que l'universalité des normes morales de la loi naturelle[243].

Laissant de côté les autres considérations, nous voulons mettre en exergue le fait que la morale de situation et l'existentialisme ont rendu considérablement ambiguë la compréhension de la loi naturelle. Si les circonstances individuelles, la situation concrète et sociale sont comprises comme un appel personnel de Dieu, elles ont une valeur morale et religieuse. Et le chrétien et le Magistère doivent tenir compte de cette morale circonstancielle pour l'élaboration des normes éthiques.

On perd ainsi une vision globale de l'homme[244] et les problèmes inhérents à la vie humaine en général et singulièrement aux techniques d'aide à la fertilité sont abordés dans des perspectives partielles d'ordre biologique, psychologique, démographique ou sociologique. Les principes premiers de la loi naturelle et les actes intrinsèquement mauvais n'existent plus. Tout dépend des circonstances et de la situation de l'agent. Cette survalorisation de la dimension historique et des circonstances du sujet qui agit a des répercussions sur les modes de compréhension de la loi naturelle. Certains auteurs catholiques vont manifester une attitude plus ou moins contraire à la doctrine du droit naturel. Sans toutefois nier son existence, ces

---

L'urologue consulté ensuite détecte une anomalie qui pourrait être responsable de la mauvaise qualité de la semence et préconise une opération ».

[242] Cf. A. GÜNTHÖR, *La moral de situación. Decisiones morales contra la ley*, Madrid 1971, pp. 51-178.

[243] Cf. A. FERNÁNDEZ, *La reforma de la Teología moral. Medio siglo de historia*, Burgos 1997, p. 26; voir aussi D. COMPOSTA, "La nuova morale e i suoi problema. Critica sistematica alla luce del pensiero tomístico", *Studi Tomistici* 38, Pontificia Accademia di S. Tommaso, Città del Vaticano 1990, 14.

[244] Cf. PAUL VI, *Humanae vitae*, 25.07.1968.

auteurs considèrent que le contenu même du droit naturel met en doute son immutabilité, son universalité et sa relation avec la théologie et le Magistère de l'Église[245]. Ils prétendent ne pas s'opposer à la doctrine thomiste des inclinations naturelles. Mais ces auteurs veulent proposer une réinterprétation de la philosophie classique du droit naturel, afin de le dépouiller de ses résidus naturalistes et de lui imprimer une authentique empreinte humaniste. Cette réinterprétation du droit naturel va produire une nouvelle vision de l'homme, de sa morale, de sa conscience éthique et juridique. Le droit naturel ne doit pas être compris comme un ensemble de normes que la raison pratique déduit à partir des inclinations naturelles. Le droit naturel se transforme plutôt en un système de lois morales et positives élaborées par la raison pratique indépendamment du fonctionnement biologique. Le droit relatif à la vie humaine et aux techniques de procréation assistée devient arbitraire. On oublie que l'exigence de justice qui découle de la loi naturelle est antérieure à la formulation et à la promulgation du droit, et que les normes de la justice ne résultent pas seulement du contrat ou consensus passé entre les hommes. Ces normes proviennent, en principe, de la nature même des êtres humains[246]. La vie comme droit naturel n'existe plus. Les lois humaines perdent ainsi leur ancrage dans la loi naturelle.

En considérant certaines difficultés de compréhension que la loi naturelle a connues dans l'histoire, on découvre lamentablement que, dans les multiples tentatives de rénovation de la théologie morale, la plupart des moralistes substituèrent au concept de « nature » celui de « personne » et au concept de « raison pratique » celui de « précompréhension » dans le sens heideggérien[247]. La publication de J. David[248] dans laquelle il invite les moralistes catholiques à s'occuper plus des droits naturels variables, afin d'être plus proches des exigences actuelles des questions sociales, politiques et familiales, constitue une illustration de cette tendance. Il demande que la justice soit faite à l'ingrédient historique ; il affirme qu'il est nécessaire d'admettre que les circonstances externes dans lesquelles s'applique le droit naturel changent parce que c'est le sujet historique qui est le fondement des droits[249].

---

[245] Cf. G.B GUZZETTI, « Riflessioni sulla "legge naturale" », *La Scuola Cattolica* 97 (1969) 302-303, cité par T. TRIGO, *El debate sobre la especificidad de la moral cristiana*, EUNSA, 2003, p. 78.

[246] Cf. C.I.T., *op.cit.*, n. 89.

[247] Cf. D. COMPOSTA, "Il diritto naturale tra naturismo e personalismo esistenzialista", *Doctor Communis* 40 (1987) 51-52.

[248] Cf. J. DAVID, *Wandelbares Naturrecht?* « Orientierung » 20 (1956).

[249] En dehors de J. David, d'autres auteurs ont posé le même problème dans des termes similaires, notamment J. Julien, A.G.M. Van Melsen, F.X. Kaufmann, etc.

II.2. La méthode transcendantale : ses répercussions dans la compréhension de la loi naturelle

Dès les années soixante, certains auteurs étaient convaincus qu'une société sécularisée ne pouvait pas admettre d'autres exigences morales que celles qui lui sont intelligibles [250]. Ils vont adopter la méthode transcendantale [251] comme moyen indispensable pour que la morale soit communicable [252]. En tenant compte de l'intérêt de notre thème, un des objectifs poursuivis par la méthode transcendantale est de déterminer avec exactitude le rôle de l'instance divine dans le fondement de normes morales et, en distinguant la dimension immanente de la dimension transcendante de la loi naturelle, d'examiner le type de rapport que les deux dimensions entretiennent.

La méthode transcendantale, dans la perspective kantienne, est la réflexion sur les conditions subjectives qui rendent possible l'apparition de l'objet dans la conscience. C'est la conscience transcendantale qui justifie la présence mentale de l'objet, dont l'ultime référence ne se trouve pas déjà dans l'objet externe réel, comme c'est le cas dans le fondement métaphysique, mais dans les structures de l'esprit [253]. Heidegger va transformer cette méthode transcendantale en y introduisant le concept central de « possibilité » : ce que l'homme a de spécifique et qui ne le réduit pas à la simple présence est le fait d'être en relation avec les

---

[250] Pour ce développement, cf. T. TRIGO, *El debate sobre la especificidad de la moral cristiana*, *op.cit.*, pp. 78-81; A. FERNÁNDEZ, *Teología moral I,* Burgos, 1992, pp.160-161.

[251] Cf. S. PINCKAERS, *Les sources de la morale chrétienne, op.cit.*, p.111, note n° 5 : La distinction entre le transcendantal et le catégorial semble avoir été empruntée à K. Rahner qui l'appliquait au christianisme en général dans son livre *Est-il possible aujourd'hui de croire ?* (Mame, 1966, p.110, note 3). Elle évoque à la fois Aristote et Kant. Pour Aristote, les catégories désignent les différentes classes de l'être et des prédicats, la substance et les accidents, tandis que les transcendantaux sont des attributs convenant à tous les êtres, comme l'être, la vérité, la bonté. Pour Kant, le transcendantal s'oppose à l'empirique comme une condition a priori de la connaissance indépendante de l'expérience, tandis que les catégories appartiennent à la sphère de l'expérience possible, comme les formes a priori représentant les formes essentielles de la connaissance : quantité, relation, etc.

[252] Cf. A. RODRÍGUEZ LUÑO, "Sulla fondazione trascendentale della morale cristiana", en AAVV, *Persona, verità e morale*, Atti del Congresso Internazionale di Teologia Morale (Rome, 7-12 avril 1986) : « Il metodo trascendentale sarebbe il punto culminante dell'autocomprensione dell'uomo del nostro tempo, e la sua recezione sarebbe indispensabile per garantire la comunicabilità della morale cristiana all'interno di una società secolarizzata come la nostra, che nell'esigenza morale cerca innanzitutto l'intelligibilità di ciò che si deve fare ».

[253] Cf. A. RODRÍGUEZ LUÑO, "Sulla fondazione trascendentale della morale cristiana", 64.

« possibilités »[254]. L'homme « être-dans-le-monde » est un événement contingent et sans finalité. La métaphysique est l'histoire des contingences et des ouvertures de l'homme à ses possibilités ; en tant qu'« être-dans-le-monde » sans une antériorité qui les explique ou les oriente. Le mode originel qui demeure ici pour que l'homme se réalise est l'auto-compréhension. Mais l'homme se comprend lui-même à partir de sa propre expérience mondaine et rien ne peut lui parvenir en dehors de son auto-compréhension de laquelle dépendent des normes morales opératives. La temporalité comprise comme succession historique de la vérité est le mode d'être propre de la compréhension humaine. Dans ce cas, l'inviolabilité et la vulnérabilité de la vie humaine auraient une interprétation historique. En substituant l'autocompréhension à la raison pratique, on peut facilement soustraire l'apparition de la vie à l'action sage et aimante du Créateur et la laisser à la merci de l'arbitraire de l'homme[255]. Nous pouvons dire que l'une des origines de l'éclosion de l'homoparentalité est la substitution de la raison pratique par l'autocompréhension. Le témoignage d'Anne ici est assez éclairant :

> « Je suis née dans une famille très bourgeoise, très catholique, et je ne connaissais pas du tout l'homosexualité. J'avais ça dans ma tête mais je ne savais pas qu'il y avait des gens comme moi. Et puis, un jour, je me rends compte que je flashe pour une femme. Là, j'ai réalisé que j'avais toujours fait fausse route. » Lorsqu'elle commence à fréquenter d'autres femmes, à s'installer avec une compagne, elle sent naître en elle le désir d'un enfant souhaité et non imposé par le devoir conjugal : « C'était une envie personnelle, un enfant seulement à moi, un enfant que j'élève vraiment. Je ne voulais pas de père. Ma conjointe n'était pas associée à ce désir. Ce n'est pas un projet de couple. »[256]

Loin d'avoir la prétention de porter préjudice à tous ceux qui vivent des situations similaires, relevons en passant que vivre selon les différentes formes de représentations subjectives de la conscience n'obéit pas à l'intelligibilité de la nature humaine. Flasher devant une personne de même sexe est un fait indéniable. Mais il reste à savoir si cela contribue à la réalisation de ce que nous sommes comme personne, si cela obéit aux recommandations du *nèm ntògo*. C'est d'ailleurs pour cette raison que notre chère Anne, tout comme la plupart de ceux qui vivent la même situation, sent naître en elle le désir d'avoir des enfants, de les élever et de les éduquer. La transmission de la vie et l'éducation des enfants ne sont pas des valeurs uniquement chrétiennes. Ce sont des valeurs inscrites dans l'ordre de compréhension ou l'intelligibilité de la nature humaine. En plus si le

---

[254] Cf. L. POLO, *Hegel y el post-hegelianismo,* Universidad de Piura, Piura 1985, p.352 ss.

[255] Cf. JEAN-PAUL II, EV, n. 44.

[256] D. MEHL, *op.cit.*, p.96.

dénominateur métaphysique sous-jacent à tout être humain dépend de l'histoire des contingences et des possibilités, le fruit de la génération humaine dès le premier instant de sa conception ferait l'objet d'une considération historique qui ne dépend pas de critères éthiques. Le respect inconditionnel dû à l'être humain dès sa conception jusqu'à sa mort devient lui aussi fragmentaire.

Par ailleurs, cette anthropologie a des conséquences morales sur la compréhension de la loi naturelle. Les moralistes qui adoptent la méthode transcendantale se voient obligés d'affirmer que la morale ne sera jamais dictée par une compréhension de l'homme qui soit universellement valide, parce qu'une telle compréhension n'existe pas. En effet, si l'homme n'a plus d'essence spécifique, parce qu'il est seulement en relation avec ses possibilités, ou parce qu'il se conçoit toujours comme un projet, la logique des prédicats est malheureusement remplacée par la logique modale qui exclut la loi morale universelle en général et singulièrement la loi naturelle. Les normes morales absolues dans cette perspective n'existent plus, moins encore les actes intrinsèquement mauvais. L'attitude schizophrénique de Mme Kouna devant sa fille Eyenga aurait une interprétation historique. Le manque de cohérence dans la vie de cette mère de famille qui enseigne des valeurs à sa fille, qu'elle-même ne respecte pas, relèverait d'une interprétation historique. Le mensonge, l'incohérence de vie et l'adultère pourront être interprétés moralement selon les situations historiques du sujet qui agit à partir de son autocompréhension historique et conditionnée. La connaissance de la foi non plus n'échappe pas à ce conditionnement historique. L'objectivité des normes morales ici signifie l'adéquation de ces normes à l'homme d'aujourd'hui[257]. Le propre de la vie humaine se réduit au développement des possibilités contenues dans l'autocompréhension que l'expérience mondaine actuelle fournit à l'homme. La volonté de Dieu se réalise et se comprend dans un monde authentiquement humain. C'est l'homme qui élabore pour lui-même un projet de comportement véritablement humain conforme au monde[258].

Après le système heideggérien vient la contribution de son disciple Gadamer qui, en 1960, publia son œuvre magistrale *Vérité et Méthode*[259].

---

[257] Cf. L. POLO, *Hegel y el post-hegelianismo,* Universidad de Piura, Piura 1985, p.352ss.

[258] Pour une étude plus ample du système heideggérien et de son influence dans la théologie, voir C. CARDONA, *Metafísica de la opción intelectual,* Madrid, 1969 ; C. FABRO, *Historia de la Filosofía,* II, Madrid 1965, 625-643 ; E. FRUTOS, "Inmanencia y trascendencia del ser y del conocer en Heidegger", *Revista de Filosofía*, 33 (1950) 201-215.

[259] H.G.GADAMER, *Vérité et Méthode, les grandes lignes d'une herméneutique philosophique*, Seuil, 1960.

Cette publication fut aussi une des sources d'inspiration pour les disciples de la méthode transcendantale. Dans ce livre, Gadamer présente l'herméneutique comme une méthode universelle, dans la perspective historique heideggérienne. La théorie de la connaissance de Gadamer peut être résumée en trois idées maîtresses[260] :

a) La connaissance ne parvient pas à atteindre l'en-soi de la chose, mais seulement les relations aux choses à travers le langage ; **b**) les relations sujet-objet ne sont pas établies sur une nature immuable, mais sont soumises au devenir historique ; **c**) la philosophie par conséquent se réduit à l'analyse de l'expérience historique, en commençant par le langage.

L'application de cette théorie de la connaissance de Gadamer à la morale affirme explicitement ou implicitement et même radicalement la négation des normes absolues, universelles, révélées et opératives. Il y aurait une nouvelle manière d'interpréter les rapports entre la liberté et la loi morale naturelle qui proposerait des critères inédits pour l'évaluation éthique des actes humains. Malgré leur différence, ces tendances vont se rejoindre dans leur objectif qui serait d'affaiblir ou même de nier la dépendance de la liberté par rapport à la vérité et au bien de la personne[261]. Le *ius divinum* n'est pas intouchable, mais partiellement variable selon la compréhension historique de chaque moment. Il n'existe pas un Dieu législateur, moins encore un Magistère autorisé pour proposer aux hommes des enseignements moraux[262]. La vie comme bien inviolable de toute personne n'est plus une valeur absolue. La réalité de l'être humain avant et après sa naissance ne possède plus une pleine signification anthropologique et éthique ; l'embryon notamment n'a plus de dignité propre.

---

[260] Cf. D. COMPOSTA, *La nuova morale e i suoi problemi,* 42-43.

[261] Cf. V.S., n. 34.

[262] Cf. A. RODRÍGUEZ LUÑO, "Sulla fondazione trascendentale della morale cristiana", 68: « La radicalità della categoria filosofica di possibilità si rende palese quando viene a determinare l'ermeneutica biblica. Secondo alcuni di questi moralisti, norme operative universali non ce ne possono essere, perché incompatibile con la storicità del fatto morale e della corrispondente comprensione. Ammettere che i dieci comandamenti costituiscono un ius divinum originario e intoccabile, non variabile parzialmente "secondo la realtà e le comprensioni degli uomini", sarebbe immutabilizzare di modo illecito l'autocomprensione storica del popolo eletto. Lo stesso vale per gli insignamenti del Nuevo Testamento e per la comprensione dei primi cristiani ».

III. LES RÉPERCUSSIONS DE LA SÉCULARISATION SUR LA COMPRÉHENSION DE LA LOI NATURELLE ET LES TECHNIQUES D'AIDE À LA FERTILITÉ

III.1. Sécularisation et rencontre des cultures

Après les horreurs de la Deuxième Guerre mondiale, le phénomène historique de la rencontre et de la fusion des cultures s'intensifie. Les hommes acquièrent progressivement la conscience des problèmes politiques et économiques de la communauté humaine. Plusieurs chrétiens, et parmi eux les théologiens, découvrent que le monde dans lequel nous vivons est pluraliste. Dans ce pluralisme, les valeurs que le christianisme promeut comme la paix, la justice, le respect de la personne humaine, etc., ont un intérêt commun pour tous les hommes, y compris pour les non-croyants ; il existe parmi les non-chrétiens et les non-croyants des hommes de bonne volonté qui ont un sens moral authentique. Le sujet moral, *Homo moralis*, n'est pas nécessairement un chrétien *Homo christianus*. Il est donc nécessaire de dialoguer, de s'entendre et de travailler ensemble pour faire du monde un lieu habitable. Parmi les théologiens et les non-théologiens, naît une nouvelle attitude : face aux problèmes que pose l'existence humaine, au lieu de soutenir a priori la supériorité de la morale chrétienne, il vaudrait mieux la comparer avec les autres morales afin de découvrir ce que le christianisme a de commun avec elles et ce qui le différencie[263]. Dans cette confrontation, un certain nombre de théologiens et de philosophes estiment qu'une morale fondée sur la loi naturelle est le point de rencontre de tous les hommes et peut apporter des solutions aux inquiétudes de l'humanité. Et même si l'Eglise ne revendique plus son exclusivité, le Magistère se considère comme son interprète garant[264]. Pour cette école, la loi naturelle comme loi de Dieu à laquelle l'homme participe rationnellement est le fondement de toute rationalité publique. D'autres, par contre, s'appuyant sur certaines « conceptions » de la nature humaine, concluent que la réalité de la morale chrétienne fondée sur la loi naturelle n'apporte rien de spécifique susceptible, de résoudre les problèmes concrets. Dans un monde sécularisé la loi naturelle est plutôt un obstacle à la liberté humaine[265]. Le respect dû à l'être humain dès sa naissance jusqu'à sa mort ne peut plus être fondé sur la

[263] Cf. Y. CONGAR, *Réflexion et propos sur l'originalité d'une éthique chrétienne,* « Studia Moralis» 15 [1977] 32 ; S. PINCKAERS, *Les sources de la morale chrétienne. Op.cit.*, pp. 105-111 ; G.B. SALA, *L'etica cristiana s'interroga sulla propria identità,* 102 [1974] 27; T. TRIGO, *El debate sobre la especificidad de la moral cristiana, op.cit.*, pp. 89-98.

[264] Cf. PAUL VI, *Humanae vitae,* 25.7.1968. in C.I.T., n.4 ; Cf. M. RHONHEIMER, *Ley natural y razón práctica, una nueva visión tomista de la autonomía moral*, II[a] Edición, EUNSA, 2006.

[265] C'est le cas du physicisme que nous présenterons plus loin.

foi. Surgit alors une opposition entre la dignité de la vie humaine et son caractère sacré oubliant que « les différentes manières dont Dieu veille sur le monde et sur l'homme dans l'histoire non seulement ne s'excluent pas, mais, au contraire, se renforcent l'une l'autre et s'interpénètrent »[266]. L'amour de Dieu ne fait pas de différence entre celui qui vient d'être conçu et se trouve dans le ventre de sa mère et l'enfant, ou le jeune, ou bien encore l'homme âgé. Dieu ne fait pas de différence, mais Il voit en chacun d'eux l'empreinte de sa propre image et de sa ressemblance[267].

Par ailleurs, plusieurs chrétiens veulent s'intégrer au monde sécularisé dans lequel l'homme possède toutefois une grande sensibilité aux valeurs de la personne ; ils voudraient comprendre ces valeurs seulement à partir de leur propre raison. Ils se méfient de toute réponse qui vient de la foi ou de l'autorité de l'Église. Toute interprétation de la loi naturelle qui lie sa compréhension à l'histoire du salut et qui amène à distinguer les différents états de la nature (nature originelle, nature déchue, nature restaurée) dans lesquels la loi naturelle se réalise différemment[268] est suspectée. Car, dans la société sécularisée, chacun se donne son bien et son mal. La domestication de la transcendance fait que toute vérité qui provient d'une instance religieuse et prétend par là exprimer la volonté de Dieu vient contredire ou mettre en doute les acquis de la raison personnelle, surtout lorsque cette vérité interpelle les nouvelles découvertes des sciences. Les deux dimensions de la sexualité humaine (union et procréation) se séparent totalement tout simplement parce qu'elles sont taxées de « vérités religieuses ». L'attraction mutuelle entre l'homme et la femme orientée vers la communion personnelle et la satisfaction sexuelle dans l'union corporelle pleine ne débouche plus sur la génération de nouvelles vies. La vision eschatologique de la morale chrétienne fondée sur la loi naturelle est considérée comme une aliénation, une résignation aux problèmes terrestres et un manque d'engagement dans la mission temporelle[269]. Cette vision eschatologique ne peut pas trouver de solutions aux problèmes sociaux, économiques et politiques. Logiquement, dans ce vaste mouvement de sécularisation et de rencontres culturelles, sont nées plusieurs tentatives de construire une théologie des réalités temporelles

---

[266] VS, n.45.

[267] Cf. BENOÎT XVI, *Discours aux participants du Congrès international organisé par l'Académie pontificale pour la Vie sur le thème « L'embryon humain dans la phase préimplantatoire »*, 27.II.2006.

[268] Cf., C.I.T., *op.cit.*, n. 26.

[269] Sur le processus de la sécularisation et ses implications théologiques voir G.M.M. COTTIER, *La mort de l'espérance,* Paris, 1969 ; A. DEL NOCE, *L'epoca della secolarizzazione,* Milano 1970 ; C. FABRO, *Introduzione all'ateismo moderno*, Roma, 1964 ; J. HÖFNER, *Weltverantwortung aus dem Glauben*, Munich, 1969 ; J.L. LLANES, *Hablar de Dios,* Madrid, 1970 ; G. DE LAGARDE, *La naissance de l'esprit laïque au déclin du Moyen Âge,* 5 vol., Paris, 1956-69.

et une spiritualité du laïcat, ce qui posa d'énormes problèmes de compréhension de la loi naturelle. Certains considèrent même que la théologie centrée sur le droit naturel réduit la morale chrétienne aux conseils évangéliques. Le laïc n'est donc pas pleinement chrétien et, s'il veut vivre les recommandations de la morale chrétienne fondée sur la loi naturelle, il doit copier sa situation concrète sur la spiritualité du moine.

III.2. Influence de la théologie de la sécularisation sur la conception de la loi naturelle

La théologie de la sécularisation est une autre réaction diamétralement opposée à la loi naturelle qui a des antécédents très importants chez les protestants et dans la pensée de Dietrich Bonhoeffer. Même si les théologiens de la sécularisation n'ont pas entièrement repris sa pensée, le diagnostic sur certaines difficultés de compréhension de la loi naturelle dans l'époque actuelle a son origine dans la pensée de Bonhoeffer. Nous nous référons aux lettres qu'il a écrites dans sa prison nazie entre 1943 et 1945 ; ces lettres ont été publiées en 1951 et ont connu une grande diffusion[270].

Selon Bonhoeffer, une des plus grandes caractéristiques de l'homme actuel est d'avoir appris à affronter ses problèmes sans recourir à Dieu. Grâce au développement des sciences et des techniques, l'homme connaît les lois qui régulent les processus historiques et humains, et par conséquent peut les dominer, les orienter et affronter les problèmes qui se posent. Le chrétien aussi doit vivre dans le monde dans lequel il se trouve comme si Dieu n'existait pas.

> « En devenant majeurs, dit Bonhoeffer, nous sommes amenés à reconnaître de façon plus vraie notre situation devant Dieu. Le Dieu qui est avec nous est celui qui nous abandonne (Mc 15,34) ! Le Dieu qui nous fait vivre dans le monde, sans l'hypothèse de travail Dieu, est celui devant qui nous nous tenons constamment. Devant Dieu et avec Dieu, nous vivons sans Dieu »[271].

À partir d'ici commence son programme de recherche d'un christianisme non religieux qui tourne autour du Christ comme homme pour les autres. Le chrétien doit être aussi un homme parmi les autres. L'unique

---

[270] Pour ce développement, nous nous appuyons sur T. TRIGO, *El debate sobre la especificidad de la moral cristiana, op.cit.*, pp. 92-94 ; J.L. LLANES, *Hablar de Dios,* Madrid, 1970, pp. 14ss. ; Ph. DELHAYE, *La mise en cause de la spécificité de la morale chrétienne,* 320-321 ; C. VAN OUWERKERK, *Secularidad y ética cristiana,* « Concilium » 25 (1967) 274-312.

[271] D.BONHÖFFER, *Résistance et soumission : lettres et notes de captivité,* 2e éd., Genève, Labor et Fides, 2006, p. 431, lettre du 16 juillet 1943.

différence avec les autres est que, par la foi, on sait qu'on participe aux souffrances messianiques et à l'impuissance de Dieu dans le monde. Il faut donc vivre pleinement la vie du monde et travailler pour l'humanisation de l'histoire, étant conscient que la vie séculière a aussi le sens d'une participation au Christ. Au fond, la finalité de l'enseignement chrétien vise à aider l'homme à prendre conscience de ce qu'il est déjà intérieurement.

Même si Bonhoeffer n'a pas élaboré une morale concrète à partir de cette vision, sa pensée laisse entrevoir l'esprit d'une éthique chrétienne, qui réapparaît constamment chez certains auteurs[272] : elle identifie le salut à l'édification du monde et elle invite à aborder les problèmes du monde et de la vie seulement par les moyens humains. Ils affirment, d'une façon ou d'une autre, que le phénomène de la sécularisation, comprise comme la séparation entre la foi chrétienne et la vie ordinaire, est un phénomène positif par lequel le christianisme retrouve enfin sa véritable physionomie libérée et purifiée des éléments qui lui ont été surajoutés tout au long de l'histoire. Par la sécularisation, l'homme est parvenu à sa maturité et il est conscient que ses forces et son destin historique ont une consistance propre. L'homme qui vit dans le monde sécularisé n'a pas besoin de se référer à Dieu pour retrouver le sens de sa vie. Ces auteurs distinguent la sécularisation de l'athéisme. La sécularisation est la compréhension de la situation purement mondaine et ne s'oppose pas à la foi comme l'athéisme, même s'il est vrai que, dans l'expérience mondaine, l'homme ne trouve pas Dieu ou l'Absolu ; il y rencontre plutôt des situations concrètes, profanes, prévisionnelles et limitées. Pour que le christianisme corresponde à l'étape actuelle de maturité, il faut, selon nos auteurs, privilégier l'orthopraxie par rapport à l'orthodoxie. Il importe surtout de vivre l'attitude du Christ comme être pour les autres. Les « réalités ultimes » comme le destin, la résurrection, l'existence de Dieu doivent passer au second plan et ne doivent pas nécessairement être connues. Du point de vue ecclésiologique, les communautés religieuses et les structures ecclésiales se justifient seulement dans la mesure où elles servent à impulser une attitude déterminée devant les exigences de la vie temporelle. Sans le vouloir, il y a une « mise entre parenthèses de la situation concrète des personnes humaines dans l'histoire du salut, marquée par le péché et la grâce, dont l'influence sur la connaissance et la pratique de la loi naturelle sont pourtant décisives »[273]. Ceci conduit à une réinterprétation de la moralité des actes qui sépare la liberté humaine et la loi de Dieu. La moralité des actes n'est plus définie par la relation entre le bien authentique de l'homme et sa liberté. L'homme oublie facilement que ce bien déterminé par la Loi éternelle ou la Sagesse de

---

[272] Pour un approfondissement de l'héritage de Bonhoeffer, cf. T. TRIGO, *El debate sobre la especificidad de la moral cristiana*, *op.cit.*, pp. 92-94.
[273] C.I.T., *op.cit.*, n. 33.

Dieu et qui ordonne tout à sa fin est connu par la raison naturelle (loi naturelle) grâce à la révélation[274]. Affirmer notamment que l'embryon est un être humain qui possède un droit correspondant à la vie ne peut plus être valable dans certaines circonstances.

III.3. Le cas Jean-Baptiste Metz

Parmi les répercussions que le processus de sécularisation a exercées sur la compréhension de la loi naturelle, nous nous arrêtons sur un théologien catholique, Jean-Baptiste Metz qui a exercé une grande influence dans le mouvement théologique de la sécularisation. L'une des conséquences de l'influence de sa pensée sur certains auteurs est une anthropologie historique qui nie la vérité objective sur l'homme et donc la loi naturelle[275].

Selon Metz, la sécularisation comprise comme transit d'un monde divinisé à un monde humanisé n'est pas antichrétienne. Au contraire, ce sont le fruit et l'effet historique du christianisme.

> « La sécularisation du monde, telle qu'elle est née dans le processus moderne de sécularisation (...), est née dans son fond, même si ce n'est pas dans ses diverses expressions historiques, non comme quelque chose qui va contre le christianisme, mais plutôt comme ce qui naît précisément au moyen du christianisme. C'est un événement originellement chrétien et il témoigne avec lui de la puissance intramondaine de l'heure du Christ dans la situation actuelle de notre monde »[276].

---

[274] Cf. JEAN-PAUL II, VS, n.72.

[275] Nous nous nous référons au fond de sa pensée contenu dans son œuvre *Zur Theologie der Welt,* Kaiser Verlag, München 1968, qui recueille une série des articles qu'il a publiés entre 1961 et 1967. Nous utilisons la traduction espagnole *Teología del mundo,* Salamanca 1970. Pour une évaluation plus critique de la pensée de J.B. METZ, nous recommandons les études J.L. ILLANES, *Presupuestos para una teología del mundo (Análisis del intento teológico de J.B. Metz),* « Scripta Theologica » 3 (1971) 425-474, et *Cristianismo, historia, mundo,* 101-150 ; T. TRIGO, « Johan Baptist Metz. De la teología del mundo a la teología política» in *El debate sobre la especificidad de la moral cristiana, op.cit.* pp. 94-98: La pensée de Metz dépend beaucoup de l'existentialisme de Heidegger et de la théologie de l'espérance de Moltmann. Celle-ci a son origine dans le monde protestant allemand. Ses antécédents se trouvent dans les études de l'eschatologie biblique, spécialement celle de Cullmann. Ces études ont réussi à faire de l'histoire le centre de la réflexion théologique de la jeune génération des études protestantes. La théologie de l'espérance se présente aussi comme une tentative de confronter l'eschatologie chrétienne à la philosophie marxiste de l'histoire (Cf. B. MONDIN, *I teologi della speranza,* Bologna, 1970).

[276] Cf. J.B. METZ, *Teología del mundo,* 20-21: « La secularización del mundo, tal como surgió en el moderno proceso de secularización (...), ha surgido en su fundo, aunque no en sus distintas expresiones históricas, no como algo que va contra el

Il va fonder cette thèse dans la Création et la Rédemption. Dieu est le Créateur absolument transcendant, élevé infiniment au-dessus du monde créé. Par la foi, le croyant entre en relation avec Dieu en dépassant la « compréhension mondaine du monde » ou sa connaissance rationnelle. Mais dans le monde, le croyant ne se détruit pas ; il acquiert plutôt une connaissance non divine du monde et reconnaît sa sécularité. La foi n'absolutise pas les différents domaines de l'existence intramondaine ; elle ne supprime pas la distinction entre le divin et le séculier, entre le sacré et le profane. Au contraire, grâce à la foi, le monde se présente à l'homme comme un monde distinct de Dieu, un monde qui peut être sous la domination de sa subjectivité, de sa créativité et de sa liberté[277]. L'incarnation du Verbe ne change pas « la mondanité de la compréhension du monde ». Le Verbe assume la nature humaine, ne la rabaisse pas à la condition d'instrument passif, mais il la fait exister dans toute sa plénitude. Le Christ a vécu toute la condition humaine excepté le péché. Ce qui est dit sur l'assomption de la nature humaine peut s'appliquer substantiellement aux relations entre l'homme et Dieu. Lorsque Dieu accueille l'homme par le salut, Il l'accueille en tant que distinct de Lui, respectant le caractère purement mondain de sa compréhension du monde[278].

En conclusion, selon Metz, la foi chrétienne révèle Dieu et en même temps la sécularisation du monde. Pour mieux comprendre la profondeur de cette affirmation, il faut savoir que le « monde », pour Metz, a une signification anthropologique. Il ne s'agit pas du monde comme l'histoire dans sa facticité, mais de la compréhension que l'homme a du monde. La sécularisation du monde signifie que l'homme d'aujourd'hui comprend le monde à partir de lui-même et non à partir de Dieu. Affirmer que Dieu assume la sécularité et la compréhension du monde signifie analogiquement soutenir que Dieu respecte cet anthropocentrisme de la compréhension et que, depuis cette situation et dans cette situation, Il appelle et accueille les hommes[279]. Néanmoins, comme la sécularisation n'est pas antichrétienne et ne s'oppose pas à la foi, quelle doit être l'attitude du chrétien devant cette nouvelle situation ? La question se pose avec d'autant plus d'acuité que la sécularisation est contemporaine de l'athéisme. Ce dernier n'est pas la conséquence inhérente de la sécularisation, mais une fausse appréhension. Comment le chrétien doit-il affronter la sécularisation ? Doit-il la rejeter ou l'accepter ?

---

cristianismo. Es un acontecimiento originalmente *cristiano*, y testifica con ello el poderío intramundano de la *hora de Cristo* en la situación actual de nuestro mundo».

277 Cf. *Ibid.*, p.42,48-87.

278 Cf. *Ibid.*, 29-39, 88-89.

279 Cf. J.B. METZ cité par J.L. ILLANES, *Cristianismo, historia, mundo,* 109-110.

Selon Metz, rejeter la sécularisation signifierait faire marche arrière et ne pas reconnaître l'influence de l'esprit chrétien sur la culture. Le croyant au contraire doit reconnaître ouvertement la mondanité (anthropocentrisme) de sa vision du monde ; il doit accepter le fait que la compréhension de sa situation dans le monde se forme à partir de sa propre subjectivité et que cette compréhension n'est pas déterminée par la foi. Par conséquent, le chrétien doit renoncer à rechercher l'unité entre la foi et la compréhension du monde et accepter que c'est sa liberté propre qui projette le monde et programme le futur[280]. La conséquence de cette vision est que le chrétien doit vivre selon deux principes irréductibles d'une unité orientée suivant, en définitive, les deux vérités suivantes.

D'une part - et Metz lui-même nous avertit -, ceci peut causer une situation d'insécurité et donner l'impression que la foi est en danger. Néanmoins, en agissant ainsi, l'acte de foi se fait plus profond, plus authentique et plus original. La condition est que le chrétien sache se maintenir dans cette expérience limite, sans céder ni à l'exaltation prométhéenne, ni à l'angoisse. Le chrétien doit savoir proclamer la pure mondanité de sa vision du monde et en même temps la transcender pour confesser Dieu[281].

D'autre part, la théologie doit se convertir en théologie politique avec une impulsion véritable sur l'action sociale. La théologie doit se structurer selon Metz comme une théologie politique comprise comme une réflexion sur les projets humains, s'exerçant à discerner le provisoire et à alimenter la capacité créative de l'homme. La théologie politique doit promouvoir l'action sociale du chrétien et dénoncer le provisoire de la situation présente, libérant ainsi l'homme de toute tentative de conformisme. L'élaboration de cette théologie politique est l'objectif de l'Église qui, consciente d'ignorer quel sera le futur de l'humanité, doit renoncer à proposer une représentation déterminée de la société future et, en même temps, dénoncer le provisoire des projets humains et la fausseté de ces idéologies qui prétendent embrasser la totalité de l'histoire et disposer du futur[282].

[280] Cf. J.B. METZ, *Teología del mundo, op.cit.*, pp. 54-56.

[281] Cf. Ibid., p. 53ss; 93-103. Dans la deuxième partie de son livre, Metz accentue fortement la maniabilité et la disponibilité du monde par l'homme. La sécularité doit s'unir avec la conscience et la volonté du futur : Le processus de la croissante sécularisation du monde est dirigé par la compréhension du monde comme monde historique qui est en devenir sous la primeur du futur (Cf. *Ibid.*, p.194). L'homme est ainsi conçu comme une mise en forme du monde qui surgit comme effet de son activité technique (Cf., Ibid., pp. 194-15).

[282] Cf. *Ibid.*, p.144-150.

De ce point de vue, il est clair que l'Eglise doit renoncer à proclamer de façon normative un ordre social déterminé puisqu'Elle ne sait rien à ce sujet. En plus, la théorie de l'anthropocentrisme parvient à la même conclusion : l'homme atteint sa parfaite humanisation à partir de lui, la foi ne sera plus que sa propre création, une superstructure qui, comme le dit Illanes [283], couvre une anthropologie substantiellement naturaliste. Les dimensions transcendante et immanente de la loi naturelle se séparent laissant une porte ouverte à une interprétation exagérément rationaliste et purement mondaine de la loi naturelle. La procréation qui est une loi naturelle aurait une interprétation purement mondaine. Le désir d'avoir un enfant, qui est tout à fait naturel, ne devrait plus tenir compte ni des conditions dans lesquelles cet enfant va naître, ni de la dignité qu'il possède, ceci tout simplement parce que l'élément primordial et décisif est laissé au jugement moral qui n'est pas orienté vers le bien et la fin ultime, qui est Dieu[284]. Pour satisfaire le désir d'avoir un enfant, on peut surseoir l'arbre généalogique de cet enfant, son identité biologique, tous les traumatismes qu'il vivra dans le futur[285].

Somme toute, la théologie de la sécularisation suppose un changement radical de l'orientation de la théologie, ce qui a comme danger de l'assimiler au monde et à son esprit sous prétexte de partager ses valeurs

---

[283] Cf., J.L. ILLANES, *Presupuestos para una teología del mundo*, *op.cit.*, pp.462-463.

[284] Cf. JEAN-PAUL II, VS., n.79.

[285] Témoignage d'Estelle née d'une insémination artificielle avec donneur, cf. D. MEHL, *op.cit.*, pp.214-243: « Je ne ressemble à aucun de mes deux parents. Ni à mon père, pour cause. Ni non plus à ma mère, qui est petite avec des cheveux châtains alors que je suis blonde aux yeux verts. Tous les jours quand je me regarde dans la glace, j'ai l'impression d'être un mystère. Ça arrive aussi dans les conceptions naturelles mais, dans ce cas, on sait à quoi se raccrocher. Moi, je ne sais pas. (…) Déjà l'arbre généalogique qu'on fait en primaire m'a posé tout un tas de problèmes. Je me suis fait gronder par la maîtresse parce que je ne pouvais pas remplir la case de mon père. Quand on demande mes antécédents de maladie dans la famille, je ne peux répondre que sur une partie. Le reste je ne sais pas. Estelle a 21 ans et depuis l'âge de 3 ans, elle a su qu'elle est née grâce à une insémination artificielle avec donneur. (…) Et moi, j'avais vraiment honte, ça avait un côté "bâtard". J'en avais parlé aux alentours de mes 7-8 ans à ma meilleure amie de l'époque, qui m'avait dit : "C'est dégoûtant, ils ont mis du sperme d'un autre homme dans le ventre de ta mère. Elle avait été écœurée". (…) J'aimerais vraiment pouvoir rencontrer mon donneur. Je n'ai pas du tout envie de m'incruster dans sa vie. Juste mettre une image, déjà voir à quoi il ressemble. (…) J'ai besoin de savoir ce qui coule dans mes veines, de connaître mes origines. (…) Ce qui me préoccupe aussi, c'est que je peux en toute légalité épouser mon frère sans le savoir ou, en toute ignorance, croiser mon père dans la rue. Et ça me fait toujours bizarre quand quelqu'un me dit : "Mais tu ressembles trop à un tel" ».

et ses espérances. Cela conduit au refus des renoncements évangéliques : « le refus de l'homme de renoncer à soi, de placer le centre de sa vie dans un autre que soi, et pour tout dire d'un mot qui a l'avantage aujourd'hui quelque peu scandaleux, le refus du surnaturel »[286]. Cette « naturalisation » du christianisme est son adaptation au monde afin qu'il adopte ses valeurs, ses mœurs afin d'être crédible et de supprimer les différences. La naturalisation dans le sens du monde est la réduction de toute chose à l'ordre naturel ou à la nature extérieure que la science et la technique dominent jusqu'à la menacer de destruction. L'homme devient naturel par la suprématie de la raison et de la liberté malgré les multiples échecs du rationalisme, du scientisme. La théologie se divise et les chrétiens sont obligés de jouer le jeu du pluralisme. Certains, pour proposer le statut de l'embryon, ne se baseront plus sur la foi, mais d'abord sur une certaine conception de la dignité humaine qui n'a aucun rapport avec la vérité de la personne. Tout progrès technique dans la perspective de la sécularisation est un progrès moral. « La maîtrise éventuelle des hommes sur la transmission de la vie ne devrait pas être perçue comme le risque prométhéen de supplanter l'action de Dieu, mais plutôt comme l'accomplissement même de l'acte créateur de ce Dieu »[287]. Une fois que les hommes savent faire une chose, le bien moral devient relatif afin que l'homme puisse gérer humainement le nouveau pouvoir dont il dispose. Les progrès techniques en général et les techniques d'aide à la fertilité disqualifient toute morale fondée sur la loi naturelle au détriment de l'éthique procédurale et du consensus.

IV. LE PHYSICISME ET SES CONSÉQUENCES ÉTHIQUES

Une autre critique qu'on a souvent faite à la doctrine traditionnelle de la loi naturelle provient du physicisme. C'est une justification de la morale qui consiste à déduire les normes morales des lois qui ont un caractère biologique en soi et qui appartiennent à la sphère « pré morale ». Le physicisme ou naturalisme justifie la morale naturelle et le droit naturel directement par la métaphysique en général, et spécialement celle de l'essence. L'être est l'essence ; la nature corporelle-spirituelle de l'homme apparaît comme norme du comportement moral et du droit[288]. La raison est

---

[286] S. PINCKAERS, *Les sources de la morale chrétienne. op.cit.*, p.317.

[287] J-L BRUGUES, *La fécondation artificielle au crible de l'éthique chrétienne,* Communio Fayard, 1989, p.25.

[288] Cf. J. FUCHS, *Lex naturae. Zur Theologie des Naturrechts,* Patmos, Düsseldorf 1955, 13 : « So erscheint das Sein, das Wesen, die leibgeistige Natur des Menschen selbst als die Norn des sittlichen Verhaltens und des Rechtes », cité par L. JUZA, « El debate anterior a la encíclica Humanae vitae en el ambito alemán » in E. MOLINA y T. TRIGO (ed.), *Matrimonio, Familia, vida,* Homenaje al Prof. Dr Augusto Sarmiento, EUNSA, 2011, pp. 427-428.

capable de lire objectivement ce qui appartient au droit naturel ou d'extraire de la réalité de l'homme et des autres choses la loi naturelle[289]. On déduit de l'être naturaliste des valeurs ontiques pré morales.

Cette interprétation essentialiste et physiciste non seulement est l'une des causes des critiques actuelles sur la loi naturelle, mais elle entraîne inéluctablement une anthropologie qui réduit les débuts de la vie humaine à un amas de matériel biologique[290]. Lorsqu'on traite un embryon humain comme un simple « matériau de laboratoire », on opère une grande altération et une discrimination vis-à-vis de la notion même de dignité humaine, dignité qui, de façon égale, appartient à chaque être humain indépendamment du projet parental, de la condition sociale ou de la formation culturelle, du stade de la croissance physique[291]. La conception physiciste se retrouve dans les courants néoscolastiques des moralistes des premières décennies du vingtième siècle. Elle dépasse les présupposés fondamentaux et développe une nouvelle théorie des normes morales à partir de prémices faibles : l'incapacité de concevoir l'importance constitutive de la raison pratique dans la connaissance des normes morales. Dans le contexte déterminé de la théologie morale, la loi naturelle, dans ce cas, devient un objet de connaissance de la raison qu'on rencontre dans les choses pratiques, ou la norme objective dans l'ordre de la nature. La raison prend connaissance d'elle subjectivement pour la lire[292]. Le rôle décisif de la raison comme partie constitutive de la loi naturelle n'étant pas reconnu, la loi naturelle se lit dans les structures existantes de la réalité[293]. L'ordre naturel se réduit et se confond avec l'ordre physique. Dans le domaine de la procréation médicalement assistée, la nature humaine se réduit à la nature

---

[289] Cf. J. FUCHS, *Lex naturae. Zur Theologie des Naturrechts,* Patmos, Düsseldorf 1955, 13 : « … die Vernunft liest aus der Natur der Dinge und des Menschen das Naturrecht heraus », cité par L. JUZA, « El debate anterior a la encíclica Humanae vitae en el ambito alemán » in E. MOLINA y T. TRIGO (ed), *Matrimonio, Familia, vida,* Homenaje al Prof. Dr Augusto Sarmiento, EUNSA, 2011, p. 428.

[290] Cf. G. HERRANZ, *El embrión ficticio, Historia de un mito biológico*, Palabra, 2013. Nous reviendrons amplement sur cette terminologie.

[291] Cf. CDF. *Dignitas personae, op.cit.*, n. 22.

[292] Cf. L. JUZA, « El debate anterior a la encíclica Humanae vitae en el ambito alemán » *op.cit.*, p.428.

[293] Cf. R. EGENTER : « Die Verfügung des Menschen über seinen Leib im Lichte des Totalitätsprinzips », MThZ16(1965) 167-178, 160 : « Die Neuscholastik pflegt das sittliche Naturgesetz als etwas zu verstehen, was sich aus den Strukturen der uns vorgegebenen Wirklichkeit ablesen lässt», cité par L. JUZA, « El debate anterior a la encíclica Humanae vitae en el ambito alemán », *op.cit.*, p. 428.

physique. Contrairement à la conception de la raison pratique créatrice, le physicisme conçoit la raison pratique comme observatrice de la loi[294].

Cette conception est actuellement critiquée par beaucoup de théologiens. Néanmoins, la séparation ou le dualisme entre nature et raison, entre être et moralité, entre transcendance et immanence maintient implicitement la conception naturaliste des objets et des actions comme des faits donnés d'un caractère ontique ou pré moral. De cette opposition ou dualisme, la raison sort certes émancipée, mais aussi défaillante eu égard à l'objectivité morale. Le physicisme, tant dans sa forme traditionnelle que dans ses variables plus récentes, ne reconnaît pas la fonction constitutive de la raison pratique comme instance normative de l'agir humain. Même si nous y reviendrons, signalons déjà l'urgence et la nécessité de redécouvrir le rôle de la raison dans la valorisation des actes humains, découverte sans laquelle toute compréhension adéquate de la loi naturelle demeure obscure.

Sans toutefois nier les mérites des théories néoscolastiques de la loi naturelle subséquente, notons que beaucoup d'entre elles ont oublié la singularité spécifique de la raison pratique comme partie constitutive de la nature humaine. Le plus souvent, ces théories faisaient preuve d'une combinaison équivoque de la connaissance théorico-métaphysique et de la volonté [295], ce qui, inéluctablement, réduisait l'identification de la loi naturelle aux lois des sciences de la nature. La raison constituait l'organe lecteur de « l'ordre naturel », fondement du devoir moral et base de la connaissance de ce qui doit être fait. Des formules comme « Remplissez votre nature d'essence ! » ou « Devenez ce que vous êtes ! » sont courantes dans ce type de théorie de la loi naturelle[296]. Un parcours synthétique des conséquences du physicisme nous aidera à mieux comprendre certaines ambiguïtés liées à cette vision physiciste de la nature humaine et de la loi naturelle.

---

[294] Cf. Saint THOMAS cité par M. RHONHEIMER, *Ley natural y razón práctica*, *op.cit.*, p. 32.

[295] Cf. *Ibid.*, p. 34.

[296] Cf. *Ibid.*, p. 32, note 8.

IV.1. L'utilitarisme[297] moral : conséquence du physicisme[298]

Selon John Stuart Mill, l'« utilité » (*utility*) désigne toute action qui rend l'homme heureux[299]. Les actions sont moralement bonnes ou mauvaises en fonction de leur capacité ou incapacité de procurer du bonheur. La morale utilitariste voudrait se concevoir en marge ou en opposition d'une morale purement intuitionniste ou sentimentaliste, une morale qui affirme l'appréhension de ce qui doit être fait en se basant sur les sentiments ou sur le sens moral : « *moral sense* ». Selon les utilitaristes, pour que les actions soient moralement bonnes, il faut effectuer une série de délibérations fondées sur la relation cause-effet, étudier notamment la relation qui existe entre l'utilité d'une action et sa fin ultime ou le bonheur. Les difficultés relatives à cette affirmation ne se trouvent pas en soi dans le concept d'utilité[300], ni dans ses conséquences, mais dans les critères de validité du bonheur. Autrement dit, en tant qu'éthique hédoniste, les « utilitaristes » n'ont pas élaboré systématiquement une théorie du bonheur. L'utilitarisme n'a aucun critère pour apprécier le bonheur de l'homme. Historiquement, cette carence a son origine dans le « benthamisme » et se répercute surtout dans la connexion entre « être utile » et « vérité pratique ». J. St. Mill semble

---

[297] Nous nous limiterons aux « éthiques téléologiques » surtout germanophones qui, en grande partie, s'identifient dans le contexte anglo-saxon au « conséquentialisme » et au « proportionalisme ». Cf. J.FINNIS, *Fundamental of Ethics,* Oxford-New York, 1983, pp. 80 ss ; J. SEIFERT, « Absolute Moral Obligations towards Finite Goods as Foundation of intrinsically Right and Wrong Actions. A Critique of Consequentialist » in *Teleological Ethics ; «* Destruction of Ethics through Moral Theology ?» in *Anthropos* 1 (1985) 57-94 in M. RHONHEIMER, *Ley natural y razón práctica, una visión tomista de la autonomía moral*, IIª Edición, EUNSA, 2006, pp. 337-346.

[298] Cette partie est un approfondissement d'une de nos recherches, *Loi naturelle et euthanasie, apport* d'Evangelium vitae *à la réflexion morale contemporaine*, Paris, L'Harmattan, avril 2014, pp.92-98.

[299] Cf. J.St. MILL, *Utilitarianism,* chap.II, «The creed which accepts as the foundation of morals, Utility, or the Greatest Happiness Principle, holds, that actions are right in proportion as they tend to promote happiness, wrong, as they tend to produce the reverse of happiness ». Comme il est connu, J. BENTHAM (*An Introduction to the Principles of Morals and Legislation* Chap. I,3) reformulera ce príncipe de la manière suivante: « By utility is meant the property in any object, whereby it tends to produce the benefit, advantage, pleasure, good or happiness (all this in the present case comes to the same thing) to prevent the happening of mischief, pain, evil or unhappiness to the party whose interest is considered ».

[300] Cf. *S.Th*, I-II, q. 7, a. 2, ad 3 : L' « utile » n'est rien d'autre ici que ce qu'Aristote appelait *to sympheron* et que saint Thomas appelait « *actio debita* », « *conveniens* » ou « *proportionata fini* ». « *Bonum ordinatum ad finem dicitur utile, quod importat relationem quamdam* (…). *Et ideo , cum bonitas actuum sit inquantum sunt utiles ad finem, nihil prohibit eos bonos vel malos dici secundum proportionem ad aliqua quae exterius adiacent* ».

être le meilleur témoin de cette carence, non parce qu'il ne fut pas conscient de ce manque dans l'utilitarisme comme courant de pensée mais, précisément, parce que ses tentatives de défense des principes de l'utilité se centrent sur l'établissement d'une relation entre « être utile » et « vérité ». Ce qu'il essaye de faire, afin d'éviter d'être infidèle à Bentham, c'est de fonder le concept d'« être utile » comme un principe moral objectif. Il aurait dû se donner la peine de présenter synthétiquement cette problématique de l'utilité et de la vérité pratique. Ce n'est que dans ce contexte que nous pourrions mieux comprendre les carences des éthiques téléologiques et leurs conséquences sur leur approche éthique des techniques d'aide à la fertilité.

IV.2. L'hédonisme social de Jeremy Bentham

Le point de départ de Jeremy Bentham est un fait « naturel », un constat empirique : l'homme est sous la domination de deux souverains : la douleur (*pain*) et le plaisir (*pleasure*). L'homme est sous la domination d'une tendance naturelle qui consiste à se donner du plaisir ou du bonheur et à fuir la douleur. Ces deux principes empiriquement indéniables déterminent ce que nous devons faire[301]. L'attitude rationnelle consiste à reconnaître que cette loi a besoin d'une limite ou d'une subordination naturelle, en se servant des moyens que la raison et ce fait « naturel » fournissent[302]. Ainsi est « moralement bon » ce qui favorise le plaisir et « est immoral » ce qui contrarie ou diminue le plaisir. Le bien (utilité) est le principe empirique du plaisir qui catalyse le bonheur. L'authentique critère de moralité est la relation d'utilité entre l'action et le bonheur. Naturellement, les plaisirs selon Bentham ne se réduisent pas aux plaisirs « sensibles », mais s'étendent à ceux qui peuvent procurer des biens spirituels. L'utilitarisme recherche donc les critères de justice d'une action réalisée en vue d'obtenir un plaisir. Ce critère est le principe de l'utilité : est moralement bon ce qui est utile, susceptible de procurer le bien-être ou le plaisir. La meilleure action est celle qui procure le bien-être, non à un seul individu, mais à un grand nombre d'individus dans la société. Les quatre principes du benthamisme sont le

[301] Cf. J. Bentham, *The Principles of Morals and Legislation,* chap. I,1 cité par M. RHONHEIMER, *Ley natural y razón práctica, una nueva visión tomista de la autonomía moral,* II^{a} Edición, EUNSA, 2006, p.340: « Nature has placed mankind under the governance of two sovereign masters, *pain* and *pleasure.* It is for them alone to point out what we ought to do, as well as to determine what we shall do. On one hand the standard of right and wrong, on the other the chain of causes and effects, are fastened to their throne. They govern us in all we do, in all we say, in all we think: every effort we can make to throw off our subjection, will serve but to demonstrate and confirm it ».

[302] Cf. J. Bentham, *The Principles of Morals and Legislation,* chap. I,1 cité par M. RHONHEIMER, *op.cit.*, p.340: « The principle of utility recognises this subjection, and assumes it for the foundation of that system, the object of which is to rear the fabric of felicity by the hands of reason and law ».

principe de plaisir, le principe d'utilité, le principe conséquentialiste et le principe social[303].

Toutefois, la question fondamentale qui mériterait d'être posée au benthamisme est de savoir comment ces critères nous permettent d'établir la différence entre le devoir-faire et l'utilité (plaisir). Peut-on avoir avec ces critères un concept d'utilité objective, indépendamment de toute subjectivité ? Le bonheur est-il uniquement lié à ce qui procure du plaisir à l'homme ou dépend-il d'autres critères absolus ? L'assouvissement des désirs est-il l'unique critère qui permette à l'homme d'être heureux ? Revenant sur notre petite Eyenga, on se demanderait si son agissement était motivé par la vérité objective ou par le plaisir ? Si oui, quel genre de plaisir éprouva-t-elle face à l'ambivalence comportementale de sa mère ? Quel désir voulait-elle assouvir en entonnant la chanson du *nèm ntògò* ?

Tout bien considéré, rejoignant Rhonheimer[304], il nous semble que le benthamisme n'a pas songé à ces questions. Néanmoins, il s'est préoccupé de mettre sur pied des critères moraux pour la législation sociale. Dans sa forme originale, le benthamisme, avec l'utilitarisme en général, est essentiellement une éthique sociale, une morale de la réforme sociale et de la praxis législative qui se formule comme l'hédonisme social. Pour Bentham, l'unique rôle de la raison est la fonction instrumentale. La rationalité pure n'est rien d'autre qu'une démarche/précaution ayant comme unique rôle le jugement des actions en relation avec leurs conséquences au *telos* (bonheur) auquel ils se réfèrent. Le problème, c'est que la fin *(telos)* en soi peut influencer la fonction régulatrice dans l'exécution d'une action. Et comme la fin *(telos)* se réduit ici au plaisir, sa fonction régulatrice risque d'échouer lamentablement. En effet, tout plaisir ainsi que la tendance à l'assouvir sont des sentiments subjectifs. Comme toute morale, l'utilitarisme devrait aussi rechercher un principe indépendant des sentiments, un principe qui mettrait en concordance les sentiments subjectifs avec ceux qui sont véritablement bons ou utiles, sans quoi il sera limité à une éthique des lois opportunistes qui protègent les hommes qui aspirent au bonheur.

Par ailleurs, sachant que le plaisir a une dimension subjectivo-relationnelle qui, objectivement, existe seulement dans une facticité naturelle empirique et non du point de vue axiologique et que l'utilité est aussi une dimension relationnelle dans la mesure où tout ce qui est utile est orienté vers la fin, il devient difficile à la raison d'exercer sa fonction régulatrice. L'utilitarisme est donc, dans son origine, principalement naturaliste.

---

[303] Cf. O. HÖFFE, *Sittlich-politische Diskurse,* Frankfurt-am-M., 1981, p.55, ibid. p.340.
[304] M. RHONHEIMER, *Ley natural y razón práctica, op.cit.*, p.342ss.

Néanmoins, l'éthique benthamiste prétend être une morale objective. Elle élabore des critères objectifs pour œuvrer moralement. Ceci peut être fait uniquement et exclusivement sur la base d'un principe social, dont le critère de mesure est le bien-être ou la sensation subjective du plaisir du plus grand nombre possible de personnes dans la société. L'objectivité de la morale benthamite n'est pas liée à une vérité objective, expression de la loi naturelle. C'est une objectivité de la majorité proportionaliste, sociologique et historique. Cette objectivité nie implicitement ou explicitement l'existence des actes intrinsèquement mauvais et n'a aucun rapport avec la vérité objective. Par conséquent, l'objectivité benthamiste est exposée à la manipulation des idéologies dominantes dans la mesure où sa vérité dépend de la majorité arithmétique. Il paraît évident que ce fondement de l'objectivité du bien illustre la question fondamentale de la morale. Mais la question du bonheur, tant du point de vue conceptuel que méthodologique, reste superflue. Il y a un vide entre l'utilité de l'action et sa véracité. On ne sait pas véritablement sur quoi s'appuie la « bonté » d'un être utile. Dire que le bien est utile dans le sens éthique est indiscutable. Mais, pour que ce qui est utile soit aussi bon, il faudrait qu'il y ait une relation inhérente entre l'utilité et le bien. Seulement dans ce cas, le concept d'«utilité » concorde avec l'impulsion droite de la véritable finalité sur le plan pratique. Le recours au principe social de la majorité rend possible cette illustration. En effet, même si nous y reviendrons, remarquons déjà que la détermination de la moralité d'une action exige que soient prises en compte principalement l'intention morale de l'agent, puis les circonstances dans lesquelles il agit et enfin toutes les conséquences sociales prévisibles de l'acte posé. Le rôle de la morale ne se réduit pas à produire des critères pour le législateur ou pour des individus particuliers, il consiste à indiquer la bonté morale des actions indépendamment de leurs conséquences. La recherche dans le domaine des techniques d'aide à la fertilité peut se réduire à produire des « êtres humains » sans références éthiques. Les chercheurs qui s'y engagent, conscients du potentiel inhérent au progrès technologique, peuvent céder à la logique des désirs subjectifs et de la pression financière particulièrement forte dans ce domaine[305].

IV.3. La relation entre l'« utile » et la « vérité » chez Mill

J.S. Mill fonde une éthique effective sur des bases utilitaristes. En effet, l'une des grandes faiblesses du benthamisme est son principe social qui privilégie l'agir individuel au détriment de la majorité. Il est impossible de bien agir moralement en considérant toujours les intérêts généraux de la société. Pour s'expliquer face à cette critique, Mill inverse la fondation benthamiste de la morale. Selon lui, le principe social est seulement un motif et non la règle ou la mesure. L'éthique doit nous enseigner nos devoirs et la

---

[305] CDF, *Dignitas personae*, 8.IX.2008, n.16.

manière adéquate de les reconnaître[306]. Le principe social ou l'objectivité du grand nombre n'a rien à voir avec la moralité de l'action, mais il renseigne sur certaines valeurs du sujet qui agit[307]. Ainsi, Mill va rechercher les qualités morales en soi des actes humains qui ne dépendent pas, d'une part, des conséquences ou de l'objectivité sociale et, d'autre part, des motifs et des intentions de l'agent.

Il élabore à cet effet un critère de vérité pour le concept de l'utilité. Il esquisse le champ des utilités qui peuvent être définies comme bonnes dans l'accomplissement d'une action indépendamment des autres conséquences possibles. Pour que cela soit possible, il écarte le principe du plaisir que Bentham soutenait purement dans sa facticité empirico-naturelle, afin de pouvoir parler des sentiments et des inclinations naturelles de l'homme[308]. Il énumère toute une série d'inclinations naturelles parmi lesquelles certaines sont dites subordonnées et assimilables aux instincts et d'autres, par contre, sont plus élevées, notamment celles qui sont relatives à l'intelligence humaine. Ainsi, il parvient à fonder la formation de ces inclinations jusqu'au concept de vertu avec sa psychologie associative. Le concept de plaisir débouche sur le concept de vertu qui est la quintessence du bonheur. Autrement dit, le bonheur n'est pas une idée abstraite, mais un « tout concret », un principe formel, fondement de tout désir. Ce qui est voulu ne l'est pas seulement comme moyen en vue du bonheur, mais aussi comme partie constitutive de ce bonheur[309]. Ceci est un fait d'expérience qui se base

---

[306] Cf. J.St. MILL, *Utilitarianism,* cité par M. RHONHEIMER, *Ley natural y razón práctica, una nueva visión tomista de la autonomía moral*, IIª Edición, EUNSA, 2006, p.343: « They say (c'est-à-dire les critiques de l'utilitarisme) it is exacting too much to require that people shall always act from the inducement of promoting this general interests of society. But this is to mistake the very meaning of a standard of ethics to tell us what are our duties, or by what test we may know them».

[307] Cf. J.St. MILL, *Utilitarianism,* cité par M. RHONHEIMER, *Ley natural y razón práctica, una nueva visión tomista de la autonomía moral*, IIª Edición, EUNSA, 2006, p.343: « utilitarian moralists have gone beyond almost all others in affirming that the motive has nothing to do with the morality of the action, though much with the worth of the agent ».

[308] Cf. J.St. MILL, *Utilitarianism,* cité par M. RHONHEIMER, *Ley natural y razón práctica, op.cit.*, p.343: « It is natural to man to speak, to reason, to build cities, to cultivate the ground (…) »

[309] Cf. J.St. MILL, *Utilitarianism,* cité par M. RHONHEIMER, *Ley natural y razón práctica, op.cit.*, p.344: « If the opinion which I have now stated is psychologically true –if human nature is so constituted as to desire nothing which is not either a part of happiness-, we can have no other proof, and we requiere no other that these are the only things desirable. If so, happiness is the sole end of human action, and the promotion of it the best by which to judge of all human conduct; from whence it necessarily follows that it must be the criterion of morality, since a part is included in the whole ».

sur l'évidence et peut être appris au moyen de la réflexion, de l'observation de soi et des autres.

En somme, le bonheur qui fut pour Aristote le point de départ de la recherche morale se convertit chez Mill en moyen. Cette tendance au bonheur se traduit empiriquement par la tendance au plaisir. Mais, Mill ne va pas au-delà de cette détermination. Pour échapper à l'apparence purement subjective, il essaye de chercher cependant les critères objectifs pour la « naturalité » et, avec eux, une adéquation de ces impulsions ou tendances. Pour le faire, il recourt à l'anthropologie empirique et psychologico-associative. Il est évident que, si Mill avait bien compris dans le fond la métaphysique et l'anthropologie philosophique sur laquelle il s'est basé, peut-être qu'il aurait pu dépasser l'utilitarisme benthamiste et rejoindre Aristote. Contrairement à Bentham qui estimait qu'il n'était pas nécessaire de consulter Platon et Aristote[310], Mill, par contre, a lu Aristote et sa morale utilitariste s'inspire en grande partie de lui. Mais le fait de maintenir certains principes benthamistes rend sa morale utilitariste ambiguë et inconsistante.

Une de ses particularités est qu'il n'est pas parvenu à différencier le « bien » procuré par un plaisir du « bien » procuré par le désir. La conséquence ici est que le « bien » procuré par un plaisir et le « bien » procuré par le désir non seulement ne se différencient pas, mais qu'ils n'ont pas non plus de rapport avec la vérité de la personne. En effet, le « bien » comme objet formel ou fin de toute tendance dans la tradition hédoniste s'identifie à « ce qui produit le plaisir »[311]. Qu'il soit empirique ou psychologique, le « bien » comme objet de la raison *bonum rationis* ne peut pas se réduire à ce qui « produit le plaisir » ; il est toujours inhérent à la vérité de la personne. Certes, l'agréable fait partie du bien, mais le délectable est un phénomène subséquent qui ne constitue pas nécessairement l'objet intentionnel du bien comme vérité de la personne humaine. La loi naturelle se réduit à la facticité empirique du plaisir ou à sa dimension immanente. Devant le taux d'échecs très élevé de certaines techniques d'aide à la fertilité notamment la fécondation in vitro, l'utilitariste privilégiera le plaisir personnel ou le désir d'avoir un enfant sans tenir compte de la dignité de cet enfant qui va naître.

Une autre carence de Mill et de l'utilitarisme en général est la réduction de la raison à sa fonction instrumentale. Le « bien pratique » et l'action morale reçoivent un caractère exclusivement instrumental. La fonction de la raison instrumentale se réduit à un pur calcul de normalisation

---

[310] Cf. J. BENTHAM cité par M. RHONHEIMER, *Ley natural y razón práctica, op.cit.*, p.344: « It is not necessary to consult Plato, not Aristotle ».
[311] Cf. J.St. MILL, *Utilitarianism,* cite par M. RHONHEIMER, *Ley natural y razón práctica, op.cit.*, p.344.

des biens et à leur pondération en fonction de l'utilité. Mill, malgré ses efforts pour renouveler l'utilitarisme, ne parvint pas à fonder l'action morale comme partie constitutive du bonheur. L'utilitarisme aurait dû définir le « bien moral » en se basant sur une analyse anthropologique qui distingue véritablement le bien de la personne du bien apparent qui est agréable. Ainsi, il serait parvenu à une conception du bonheur et de la vertu fondée anthropologiquement sur le bien et la vérité de la personne humaine et de la loi naturelle. La facticité empirique du plaisir ne serait plus son principe moral, mais le bien et la vérité de la personne qui ne se confondent pas avec le bien apparent[312]. Peut-être que l'utilitarisme ne serait plus « l'utilitarisme » ; il l'est en effet, non en vertu du principe de l'utilité, mais parce qu'il identifie et réduit le bonheur au seul plaisir.

En somme, en réduisant la nature humaine à la facticité empirique ou à la fonction instrumentale de la raison, on sépare la raison de la nature humaine, la dimension immanente et transcendante de la loi naturelle. La raison est perçue seulement comme instrument de développement des sciences qui permet à l'homme d'être « maître et possesseur de la nature ». On tombe ainsi dans le positivisme qui réduit la réalité au sensible. S'il n'existe pas de réalité métaphysique, il serait insignifiant de chercher la vérité hors des faits sensibles, moins encore dans le domaine de la morale et de la foi. Les concepts de vérité et de bonté perdraient leur sens et seraient remplacés par l'utilité[313]. La vérité morale s'assimilerait à son utilité. Les normes morales absolues n'existeraient plus et la dignité de la personne humaine ainsi que le droit à la vie ne seraient valables qu'en fonction de leur utilité ou de leur rendement dans la société. La dignité ne serait plus un en-soi et la valeur de l'homme ne tiendrait plus à son être ; elle se réduirait à son avoir. Dans cette perspective, on assisterait à une guerre des puissants contre les faibles[314] ; les techniques de procréation médicalement assistée seraient justifiées par des motifs de nature utilitaire. Certaines décisions issues au terme d'un diagnostic prénatal préimplantatoire seraient d'origine utilitariste et n'auraient aucun lien ni avec la vérité des parents, ni avec celle de l'embryon. Les techniques d'aide à la fertilité qui sont au service de la vie ouvriraient paradoxalement la porte à de nouveaux attentats contre la vie. Les embryons surnuméraires n'auraient plus de valeur éthique et « seraient supprimés ou utilisés pour des recherches qui, sous prétexte de progrès

[312] Nous voulons dire ici que la formulation n'allait plus être « *pleasure is what every man desires* », mais que « *bonum est quod omnia appetunt* ».
[313] Ibid., p. 60.
[314] Cf. JEAN-PAUL II, E.V. n. 12.

scientifique ou médical, réduisent en réalité la vie humaine à un simple matériel biologique dont on peut librement disposer »[315].

Nous n'avons pas présenté toutes les ambiguïtés relatives à la compréhension de la loi naturelle. Ce que nous voulions dans ce chapitre, c'était, en reprenant Weaver [316], montrer que « les idées ont des conséquences » : les dilemmes éthiques relatifs aux techniques d'aide à la fertilité proviennent du fait qu'on extrait la procréation de sa signification véritable. La procréation est un des préceptes premiers de la loi naturelle. Tout jugement éthique inhérent à ces techniques devrait être fondé sur la loi naturelle. La méconnaissance de la loi naturelle est à l'origine de toutes les impasses éthiques et juridiques liées aux techniques d'aide à la procréation. Un jugement moral équilibré sur ces techniques devrait être fondé sur la loi naturelle, origine de la bioéthique et de l'éthique biomédicale, afin que ces techniques de procréation assistée ne se transforment pas en techniques de reproduction assistée.

---

[315] JEAN-PAUL II, E.V., n. 14.

[316] Cf. R.M. WEAVER, *Las Ideas tienen consecuencias,* El buen mundo, 2011.

CHAPITRE III
LOI NATURELLE, ORIGINE DE L'ETHIQUE BIOMEDICALE ET DE LA BIOÉTHIQUE

Dans la pratique clinique, il y a parfois des paradoxes devant lesquels le professionnel de la santé, le médecin ou l'infirmier manque de préparation. En médecine en général et dans la pratique médicale, quelle que soit la spécialisation, on trouve plus facilement des réponses à certaines questions qu'à d'autres. Autrement dit, si « la médecine est à la fois une science et un art »[317], comme science, le médecin compétent doit reconnaître les symptômes d'une maladie et trouver les moyens nécessaires de rétablir la santé. Mais la médecine, basée sur l'évidence scientifique, a ses limites. Certains déterminants de la santé du patient échappent à l'évidence scientifique[318] et mettent le professionnel de la santé face à des dilemmes. En outre, la relation médecin/patient est sous la pression de la culture, de la religion ou de la liberté du patient. Cette partie de notre recherche voudrait particulièrement consolider et renforcer la réflexion sur la pratique de l'éthique médicale en donnant une base fondamentale qui permet d'aborder certains dilemmes inhérents aux soins de santé. L'écoute du *nèm ntògò,* qui ne se trompe jamais, devrait aider le personnel de la santé à répondre aux questions morales auxquelles il est régulièrement confronté. Ce sont d'ailleurs cette écoute et cette obéissance au *nèm ntògò* que recommandait Hippocrate, fondateur de l'éthique médicale.

I. LOI NATURELLE, ORIGINE DE L'ÉTHIQUE BIOMÉDICALE

I.1. Le Serment d'Hippocrate

Avant l'arrivée du christianisme, il y avait dans la tradition gréco-romaine des idées élevées sur la valeur de la vie et la dignité humaine. Le serment d'Hippocrate [319] (460-370 avant J.-C.), comme argumentation philosophique et théologique, offrait déjà une synthèse de cette éthique.

[317] AMM, *op.cit.*, p.13.

[318] Nous nous limitons aux trois déterminants classiques de la santé (facteurs génétiques, style de vie, système de santé).

[319] Cf. L.CICCONE, « Bioética. Historia y problemática actual; Persona », *op.cit.*, col. 1., p. 161.

C'est ce qui justifie d'ailleurs sa paternité médicale [320]. Le *Corpus Hippocratus* est un traité sur la pratique médicale[321]. En dehors de son préambule et de sa conclusion qui ont une connotation plus ou moins religieuse avec des prières ou invocations aux dieux, le texte en lui-même est divisé en deux parties[322].

La première partie constitue l'engagement corporatiste ou formel par lequel l'étudiant reconnaît ses devoirs vis-à-vis de ses maîtres et l'obligation de transmettre fidèlement les connaissances acquises durant toute sa formation en médecine. La deuxième partie, quant à elle, est une morale proprement dite. Cette morale, d'une part, prescrit de travailler à l'avantage des patients leur évitant tout mal et toute injustice. D'autre part, elle interdit formellement d'administrer aux patients des poisons : « Tu ne donneras rien à celui qui demande une solution mortelle ou un conseil qui l'induit à une telle fin [323] » ; le serment d'Hippocrate ne permet pas de pratiquer l'avortement, d'avoir des relations sexuelles avec des patients et de divulguer des détails relatifs à la vie privée des patients. Ainsi constitué, le serment d'Hippocrate était une sorte de code déontologique médical ou l'idéal à atteindre par un médecin ou un groupement de médecins. Le christianisme, en faisant irruption dans l'Antiquité comme message de rédemption, prêche l'égalité et la dignité radicales de tous les hommes devant Dieu. Appelés dorénavant fils de Dieu, tous les hommes sans distinction aucune ont le même destin et participent à la vie divine transmise par le Christ. Par sa mort et sa résurrection, Jésus-Christ élève la nature humaine et fait acquérir à celle-ci des valeurs qui transcendent l'espace et le temps, telles que la vie et la dignité humaine y afférente. En effet, dans la précarité de l'existence humaine, Jésus porte à son accomplissement le sens de la vie[324], ce qui va permettre au serment d'Hippocrate d'acquérir une grande autorité. Ainsi, l'enseignement de la médecine va se structurer académiquement[325] ; la pratique médicale sera réglementée par la loi[326] et la profession médicale sera organisée en corporation.

Dans la synthèse de la charte des médecins que proposait le serment d'Hippocrate, la relation médecin-patient se vivait sur un mode asymétrique

---

[320] Cf. G. Mª T. GARRIDO, *op.cit.*, p.19.

[321] Selon les historiens, l'origine, l'auteur et l'influence de ce texte sont très controversés par les historiens. Le livre est un ensemble de textes pleins de contradictions composés vraisemblablement par des auteurs différents et à des époques variées.

[322] Nous nous inspirons de la synthèse faite par G. DURAND, *op.cit.*, pp.21-23.

[323] Serment d'Hippocrate cité par G. M.ª T. GARRIDO, *op.cit.*, p. 117. Le texte original que nous citons est espagnol, mais traduit par nous.

[324] E.V. n. 32.

[325] Cf. Salerne, 750 ; Bologne, 1123 ; Oxford, 1167 ; Paris, 1215

[326] Cf. Code des Wisigoths au VIᵉ siècle ; Assises de la cour des Bourgeois au XIIᵉ siècle; Loi du Royaume des deux Siciles en 1240.

où la figure du médecin était celle du *pater familias*[327] ayant comme obligation première de servir le bien de son patient. C'est le médecin qui décidait du véritable bien pour son patient et ce dernier en retour l'acceptait comme tel sans objection. Les recommandations du médecin, qui avaient pour finalité d'améliorer la santé du patient, n'étaient pas considérées comme atteinte à la liberté. Toute incompréhension entre le médecin et le patient signifiait que l'un d'entre eux se trompait parce que les véritables droits revenaient à la vérité et non aux individus. Le médecin était censé connaître le véritable bien et le communiquait avec tendresse et amour au malade qui le reconnaissait ainsi[328]. Le fondement moral du serment d'Hippocrate était la loi naturelle : le bien s'ajustait à cette loi tandis que le mal en était rejeté. Le médecin s'inspirait de cette loi naturelle pour se prononcer moralement sur les questions de santé ou de maladie[329]. Nous en avons un exemple dans le Code Déontologique de la médecine espagnole à la fin du vingtième siècle[330].

I.2. Le consentement éclairé

Le mouvement en faveur de la conscience éthique et des droits de l'homme est marqué symboliquement par la Révolution française de 1789. Mais c'est dans la deuxième moitié du vingtième (XXe) siècle que la préoccupation éthique des progrès scientifiques en général, notamment de la biologie et de la médecine, se posa avec acuité. Le rapport entre le développement de la médecine, de la biologie et le respect des droits de la personne vont émerger véritablement. Sans faire œuvre d'histoire, il convient de rappeler certains faits qui ont catalysé la naissance du consentement éclairé dans la déontologie médicale[331]. Ceci nous permettra

---

[327] Cf. J. C. ÁLVAREZ, *op.cit.*, col.1, p. 161.

[328] Ibid., col.1, p. 161.

[329] Cf. J. C. ÁLVAREZ, *op.cit.*, col.2, p. 161.

[330] Cf. - Artículo 28.1: « El médico nunca provocará intencionadamente la muerte de un paciente ni por propia decisión, ni cuando el enfermo o sus allegados lo soliciten, ni por ninguna otra exigencia. La eutanasia, u « homicidio por compasión » es contraria a la ética médica ».
- Cf. Artículo 28.2: « En el caso de enfermedad incurable y terminal, el médico debe limitarse a aliviar los dolores físicos y morales del paciente, manteniendo en todo lo posible la calidad de una vida que se agota, evitando emprender o continuar acciones terapéuticas sin esperanza, inútiles y obstinadas, y asistirá al enfermo hasta el final con el respeto que merece la dignidad del hombre » in G. Mª T. GARRIDO., *op.cit.*, p.117.

[331] Pour la présentation de ces faits historiques, cf. J.-F. MATTEI, « Emergence de la conscience éthique (1947-1988 : de Nuremberg au Conseil d'Etat)», in J.-F. MATTEI J-R. HARLÉ, P. LE COZ, P.MALZAC, *Questions d'éthique biomédicale*, Flammarion, 2008, pp.3-15.

de voir comment la loi naturelle fut encore l'origine de cette nouvelle prise de conscience éthique.

Avant, certains vaccins comme celui de la variole étaient obligatoires malgré le fait que leur administration pouvait provoquer certaines complications. L'obligation de recevoir un traitement contre la syphilis notamment, jusque-là n'était pas considérée comme une atteinte aux libertés individuelles. Mais la cruauté et la barbarie nazies, bafouant la dignité humaine, ont réduit « l'être humain à une réalité superflue »[332]. La croissance exponentielle des progrès scientifiques, avec ses répercussions déshumanisantes, souleva une conscience éthique dans le champ des sciences biomédicales. Le droit et la médecine entreprirent deux démarches qui n'obéissaient pas à la même logique dans la mesure où chaque discipline revendiquait la maîtrise de son champ, mais elles convergeaient finalement, ce qui donna naissance aux grands principes juridiques, moraux et aux modalités d'organisation de la société, tels que le code de Nuremberg, la Déclaration universelle des Droits de l'homme (10 décembre 1948). Le code de Nuremberg[333] notamment, qui constitue l'un des textes pionniers de la bioéthique, exige que :

> « Le consentement volontaire du sujet humain est absolument essentiel. Cela veut dire la personne intéressée doit jouir d'une capacité légale totale pour consentir : qu'elle doit être laissée libre de décider, sans intervention de quelque élément de force, de fraude, de contrainte, de supercherie, de duperie ou d'autres formes de contraintes ou de coercition que ce soit. Il faut aussi qu'elle soit suffisamment renseignée, et connaisse toute la portée de l'expérience pratiquée sur elle, afin d'être capable de mesurer l'effet de sa décision. Avant que le sujet expérimental accepte, il faut donc le renseigner exactement sur la nature, la durée et le but de l'expérience, ainsi que sur les méthodes et moyens employés, les dangers et les risques encourus, ainsi que sur les conséquences pour sa santé ou sa personne, qui peuvent résulter de sa participation à cette expérience.»[334]

Dans ce texte, apparaissent clairement la notion du consentement éclairé, libre et la responsabilité du médecin ou de l'expérimentateur. La bienfaisance, principe éthique sous-jacent au consentement éclairé, n'est rien d'autre que la première prescription que nous recommande le *nèm ntògò* : il faut faire le bien et éviter le mal. Lorsque ce texte fut adopté suite au jugement rendu les 19 et 20 août 1947 au terme du procès de Nuremberg, c'était pour condamner les crimes contre l'humanité. En effet, une première

[332] C'est une expression qu'utilise Hannah ARENDT pour décrire les horreurs du totalitarisme. H. ARENDT, *Les origines du totalitarisme Eichmann à Jérusalem,* Quarto/Gallimard, 2002.

[333] C'est un texte de dix articles qui déterminent les règles de protection de la personne humaine en matière d'expérimentation biomédicale. Nous proposons le texte complet avec les dix articles en document annexe. Voir Annexe III.

[334] CODE DE NUREMBERG, Article 1.

série de lois avait été promulguée en Allemagne vers 1934 et visait la prévention de la transmission des « tares » héréditaires. Les examens médicaux prénuptiaux étaient devenus obligatoires ; la stérilisation était prescrite dans le cas où on découvrait que l'un des époux était porteur de certaines maladies héréditaires, notamment la faiblesse mentale congénitale, la schizophrénie, la psychose maniaco-dépressive, l'épilepsie, la cécité, la surdité, la malformation physique et l'alcoolisme grave. Les mêmes lois s'appliquaient aux personnes « dangereuses » comme les criminels ou les personnes qui illustrent par leur comportement un refus de s'intégrer dans la communauté. Pendant les années de guerre, cette notion fut étendue aux êtres dits inférieurs (Tsiganes et homosexuels). La biologie raciale atteignit l'âge d'or pendant les années de guerre où les experts décidèrent du sort des êtres inférieurs[335]. De 1942 à 1945, les Déclarations de St-James et de Moscou, la Charte des Nations Unies et la Conférence de Londres proclamèrent la valeur des droits fondamentaux et de la dignité humaine. Dès lors, la reconnaissance unanime des droits fondamentaux inhérents à la personne humaine et à sa dignité entrèrent dans les projets politiques et les programmes économiques. Cet intérêt universel porté à la dignité humaine supposait que les hommes aient reconnu et reconnaissent, d'une part, qu'il y a des valeurs inhérentes liées à la personne humaine et, d'autre part, qu'il existe des actes intrinsèquement mauvais[336], contraires à la nature humaine : il faut faire le bien et éviter le mal, principe premier de la loi naturelle. En examinant les dix articles du Code de Nuremberg[337], texte de base de la bioéthique et première formulation du consentement éclairé, on se rend compte que son origine et son fondement ne sont rien d'autre que la loi naturelle. Si le consentement éclairé est une tentative opérationnelle au sein de la biomédecine qui reconnaît l'autonomie des patients, ce fut, au départ, selon le Code de Nuremberg, pour protéger l'humanité que nous partageons tous indépendamment de nos convictions métaphysiques, des aires géographiques, des différences linguistiques et raciales. Le développement de la science et les crimes commis en son nom provoquèrent une prise de conscience générale qui interpella l'opinion internationale pour qu'elle ne reste pas indifférente à cette déshumanisation. Le contenu de la loi naturelle qui fut à l'origine du code de Nuremberg et du consentement éclairé dans l'éthique biomédicale signifie que *l'homme, dans sa vérité intégrale, possède ce qui doit toujours être mis au service du bien de la personne et de sa perfection.* Voyons à présent comment fut développé ultérieurement le consentement éclairé.

---

[335] Il est connu que c'est à Auschwitz que le docteur MENGELE (Ange de la mort) est devenu paradoxalement célèbre par les expérimentations menées sur les cobayes humains.

[336] Cf. JEAN-PAUL II, V.S., n.80.

[337] Voir les dix articles du Code de Nuremberg Annexe IV.

I.3. Développement ultérieur du consentement éclairé

Par développement ultérieur, nous faisons remarquer que l'objectif qui fut l'origine du consentement éclairé a été progressivement transformé et même dévié. D'ailleurs, on ne s'étonne plus que beaucoup de programmes de cours de masters en bioéthique ou d'autres formations similaires ne parlent plus du consentement éclairé. Certains réduisent le consentement éclairé à un pur acte administratif et bureaucratique qui consiste à obtenir juste la signature des patients[338]. Ces déviations sont liées, il nous semble, à l'absence des préoccupations morales internes chez les responsables de ces programmes et chez certains professionnels de la santé dans l'évaluation des actes concrets. Nous reviendrons sur la nécessité des dispositions morales en général, et notamment sur l'importance de la vertu de prudence, expression de la dimension singulière de la loi naturelle en éthique médicale. Notons « qu'avec la prudence, il s'agit de pénétrer une contingence qui demeure toujours mystérieuse pour la raison, de se mouler dans la réalité de la façon la plus exacte possible, d'assimiler la multiplicité des circonstances, d'enregistrer le plus fidèlement possible une situation originale et ineffable »[339]. Certains modèles de consentement éclairé que l'on présente aujourd'hui ne font pas allusion à la vertu de prudence et édulcorent les relations entre le médecin et le patient. La synthèse faite par LORDA[340] sur les quatre modèles qui suivent de consentement éclairé en vigueur actuellement, nous semble capitale.

Le *modèle paternaliste* prolonge la tradition la plus antique de la médecine. Il présuppose que le médecin possède une connaissance objective, à la fois technique et éthique, sur le plus grand bien du malade et qu'il fasse tout pour que celui-ci recouvre la santé. Les informations que le médecin communique au patient sont celles qui sont susceptibles d'assurer une bonne collaboration entre eux. Dans la prise de décision, le patient est censé être incapable de discerner ce qui est bien pour lui. « Le médecin doit être très conscient de lui-même sans exhiber trop sa personne ou donner aux profanes plus d'explications que celles qui sont strictement nécessaires »[341]. En se rendant chez le médecin, le patient est déjà convaincu qu'il doit obéir docilement à ses prescriptions. Le principe éthique de bienfaisance paternaliste oblige le médecin ou le personnel de santé à agir avec prudence pour le bien du patient. Le médecin est ici comme un bon père de famille et, comme tel, il ne peut faire aucun mal à son patient. Le socle éthique ici est la

---

[338] Cf. P.S. LORDA, « Consentimiento informado » in *Pastoral de la salud y bioética*, *op.cit*. p.316.

[339] C.I.T., *A la recherche d'une éthique universelle*, *op.cit*., n. 56.

[340] Nous suivons la présentation de P.S. LORDA, *op.cit*., pp.316-319.

[341] P.S. LORDA, *Sobre la docencia*, *traité hippocratique*, *op.cit*., p. 316 : « el médico debe estar muy pendiente de sí mismo sin exhibir demasiado su persona ni dar a los profanos más explicaciones que las estrictamente necesarias ».

loi naturelle sur laquelle la médecine a fonctionné pendant vingt-cinq siècles. Certains médecins estiment que c'est le seul modèle moralement défendable. Quand ils acceptent les autres modèles, c'est sur des pressions externes du droit ou de la déontologie moderne.

Le *modèle informatif* est totalement antithétique au modèle paternaliste. La reconnaissance de la capacité de décision, qui revenait au médecin dans le modèle paternaliste, se déplace totalement vers le patient qui est considéré comme parfaitement capable de prendre toutes les décisions. C'est le patient qui exerce ici son droit de liberté. Il reçoit du médecin toutes les informations précises, pour pouvoir choisir entre les différentes alternatives qui se présentent en fonction de son échelle de valeurs propre. Le principe de l'autonomie comme source de la moralité est au cœur de ce modèle. Le médecin est considéré comme un expert en information au service du patient :

> « Le patient a le droit de prendre librement des décisions le concernant. Le médecin l'informera des conséquences de ses décisions. Tout adulte compétent a le droit de donner ou de refuser son consentement à une méthode diagnostique ou thérapeutique. Il a droit à l'information nécessaire pour prendre ses décisions. Il doit pouvoir comprendre l'objet d'un examen ou d'un traitement, les effets de leurs résultats et les conséquences d'un refus de consentement »[342].

Ce modèle du consentement qui selon nous ne repose pas sur la loi naturelle comporte les obstacles de fond et de forme énumérés ci-dessous.

Fondamentalement, il se crée un vide relationnel entre le médecin et le patient. En effet, cette autonomie du patient, qui est la source de la moralité, peut ne pas être conforme à la vérité objective sur l'état de santé. Sachant que l'état de la maladie déstabilise psychologiquement, spirituellement, physiquement le patient, son pouvoir de décision n'est pas à l'abri de ces aléas. Sur le plan de la forme, la communication de l'information au patient n'est pas si évidente actuellement à l'heure de la globalisation. Si les médecins doivent expliquer, dans un langage simple, le diagnostic et le pronostic d'une maladie et la complexité des traitements, ils doivent par ailleurs confirmer et corriger les renseignements obtenus par leurs collègues ou par la littérature scientifique et s'assurer enfin que le patient comprend ses choix et les traitements possibles avec leurs avantages et inconvénients, ce qui est certainement l'idéal lorsque le médecin et son patient ont la même langue de communication, la même culture et plus ou moins le même niveau de compréhension. Mais si les deux ne parlent pas la même langue, comme c'est souvent le cas, le médecin fera certainement appel à un interprète qui a de fortes chances de ne pas être qualifié. De plus,

[342] Déclaration de l'AMM sur les droits du patient in AMM, *op.cit.*, p.42-43.

comme les interprétations de la nature et de la cause de la maladie varient selon les cultures, les malentendus sont quasi inévitables. Ce sont ces obstacles qui, selon nous, justifient habituellement le rejet du modèle informatif du consentement éclairé par la plupart des professionnels de la santé.

Entre le *modèle paternaliste* d'une part et le *modèle informatif* d'autre part, il y a deux autres modèles : le *modèle délibératif* qui se rapproche du *modèle paternaliste* et le *modèle interprétatif* qui se rapproche du *modèle informatif*. Les deux articulent différemment les principes de l'autonomie et de la bienfaisance à la seule différence que la bienfaisance n'est plus paternaliste.

L'objectif du *modèle interprétatif* dans la relation médecin-patient est d'aider le patient à clarifier ses propres valeurs et désirs, afin de choisir l'intervention sanitaire susceptible de lui procurer l'état de santé. Le professionnel de santé ne se limite pas à fournir des informations détaillées sur l'intervention diagnostiquée ou la thérapeutique proposée. Mais il établit un dialogue de clarification des valeurs, des priorités, des attentes et désirs, pour la suite ; il analyse toutes les actions délicates relatives à l'intervention. Le professionnel ne doit pas juger la compétence ou la cohérence des valeurs du patient, mais plutôt l'aider à clarifier comment ces valeurs peuvent être favorables à son état de santé, ce qui suppose que le médecin n'est ni un « père », moins encore un « expert en information de la santé » ou un « juge », mais un «conseiller » ou un « assesseur ». Le consentement éclairé est le processus ouvert au dialogue dans la prise des décisions efficientes et conformes aux valeurs du patient.

Le *modèle délibératif* va un peu plus loin que le modèle interprétatif. Il considère que le rôle du professionnel ne se limite pas seulement à fournir des informations, à clarifier les valeurs et à conseiller. Le médecin doit signaler au patient ce qui est prioritaire selon son jugement et essayer de le convaincre de faire siennes ces valeurs dans la prise des décisions relatives à sa santé. Le médecin et le professionnel de la santé ne peuvent pas imposer leur point de vue, moins encore juger les valeurs du patient qui n'ont aucun rapport avec la maladie. Mais les professionnels de la santé peuvent et doivent exhorter le patient à délibérer avec eux sur les valeurs relatives à sa santé. À ce moment précis de la maladie, les valeurs inhérentes à sa santé sont prioritaires. L'aspiration du professionnel de la santé se convertit ici en « maître ou ami » du patient. Le consentement éclairé devient le résultat d'un processus d'autorisation autonome que le patient délivre au professionnel de santé. Mais l'insistance est mise sur la persuasion que le professionnel de santé peut et doit mettre en œuvre afin que les alternatives choisies soient celles qui optimisent les valeurs qui, selon lui, sont prioritaires ; de ce fait, la liberté du patient peut à un certain moment être conditionnée, mais jamais restreinte.

Bref, même si chaque modèle peut se justifier à un moment donné dans la prise de décision, d'autant plus que les dilemmes éthiques sont parfois complexes, la base sur laquelle repose le principe de bienfaisance qui place le bien du patient en premier lieu n'est rien d'autre que le précepte du *nèm ntògo* : « il faut faire le bien et éviter le mal », ce qui signifie que le bien qui s'impose à toute personne est, en effet, le bien moral, qui est un comportement qui transcende les catégories de l'utile et qui va dans le sens de la réalisation authentique de l'homme[343]. Une fois posée cette affirmation de base, *il faut faire le bien et éviter le mal*, qui fonde l'ordre moral en général et l'éthique biomédicale, voyons comment le personnel de santé doit l'intégrer dans la déontologie médicale. Si la loi naturelle est le fondement de l'éthique biomédicale, ce n'est pas une considération abstraite, moins encore une conceptualisation qui est proprement philosophique ou théologique. La vertu de prudence comme expression de la dimension singulière concrète de la loi naturelle est une vertu de base de l'éthique biomédicale. Voyons cela concrètement.

II. NÉCESSITÉ DE LA VERTU DE PRUDENCE DANS L'ÉTHIQUE BIOMÉDICALE

II.1. Considérations générales

Il est légitime d'exiger des médecins et de tous les professionnels de la santé une grande compétence technoscientifique. Ce personnel est supposé fournir de grands efforts pour se tenir au courant de la recherche, des publications et de l'enseignement universitaire, afin de pouvoir transmettre à la société des données précises qui se rapprochent progressivement d'une explication micro- et macromoléculaire, dernière instance d'explication de la science actuelle. Si l'objectif des professionnels de la santé est de connaître tout ce qui peut alléger la souffrance, leur formation doit prendre en compte tous les aspects de l'être humain, en commençant par la dimension technico-opérative, jusqu'à la dimension psychologique et spirituelle. Mais le modèle de formation que les professionnels de la santé reçoivent habituellement aujourd'hui se polarise autour de la technique et de la science et produit une catégorie de techniciens qui a tendance à interpréter les phénomènes de l'homme malade exclusivement en termes biologiques et biochimiques, économiques et administratifs. Lorsqu'une donnée biologique ne coïncide pas avec la logique capitaliste du bénéfice ou ne se prête pas à une lecture interprétative des connaissances physiopathologiques conformes, cette donnée ne bénéficie d'aucune considération. La conséquence de tout ceci est que la formation sanitaire ne prend plus en compte une énorme quantité des faits fondamentaux qui pourraient être importants dans les soins du malade.

---

[343] Cf. C.I.T., *op.cit.*, n. 40.

Il nous semble que ce secteur académique néglige un élément déterminant pour la connaissance et l'action thérapeutiques, c'est l'importance du malade. Ce qui manque au fond, c'est une éthique, une morale qui ramène l'homme vers sa « pesanteur » : l'écoute du *nèm ntògò* qui détermine les orientations de l'activité humaine. « De fait, par son action, l'homme ne transforme pas seulement les choses et la société, il se parfait lui-même. Il apprend bien des choses, il développe ses facultés, il sort de lui-même et se dépasse. Cet essor bien conduit est d'un tout autre prix que l'accumulation possible de richesses extérieures. L'homme vaut par ce qu'il est et non par ce qu'il a. »[344]. La formation scientifique des professionnels de la santé serait plus complète dans la mesure où elle parviendrait à faire intégrer cette dynamique de l'écoute de la « pesanteur », le *nèm ntògò*, afin que ces professionnels affrontent la complexité des problèmes qu'ils rencontrent avec une vision profonde de la maladie et du malade. Les médecins qui ont suivi des cours d'éthique sont même préparés à affronter les décisions éthiques dans la pratique médicale quotidienne[345].

Mais dans le contexte du pluralisme de la postmodernité, la question relative au modèle d'éthique resurgit : Quelle éthique, quelle morale faut-il enseigner aux médecins ? La vertu de prudence, expression concrète de cette « pesanteur » morale, génère et oriente les autres vertus morales[346]. Le problème de fond ici est de voir comment cette vertu peut aider le professionnel de la santé dans sa conduite éthique. Avant d'étudier certains cas, il convient de rappeler quelques conditions requises de la vertu de prudence.

II.2. Conditions d'une action prudente

L'une des recommandations que Mme Kouna donnait à sa fille Eyenga était que le *nèm ntògò* ne se trompe jamais. Il connaît le bien à faire et le mal à éviter. Sa première fonction est cognitive. Si la prudence est l'expression de la dimension concrète de la loi naturelle, il convient de nous arrêter sur les opérations et compétences de la vertu de prudence. Parmi ces

---

344 PAUL VI, *Allocution au Corps diplomatique*, 7.I.1965, cité par GS, nº 35.

345 Cf. E.PELLEGRINO, « L'insegnamento dell'etica negli Stati Uniti », in *L'Arco di Giano. Revista di Medical humanities*, 6, 1994. Cité par P. MAGLIOZZI, « La formación de los agentes sanitarios » in *Pastoral de la salud y Bioética*, *op.cit.*, p.750.

346 Pour une étude plus approfondie relative au rapport de la prudence avec les autres vertus morales, nous recommandons les lectures suivantes : A. RODRÍGUEZ LUÑO, *La scelta etica. Il rapporto fra libertà e virtù*, Ares, Milán, 1988 ; M. RHONHEIMER, *La perspectiva de la moral. Fundamentos de la ética filosófica*, Rialp, Madrid 2000, pp. 199-230; T. TRIGO, « Disposiciones morales de la persona y valoración de la acción concreta » in T. TRIGO (Ed.), *op.cit.*, pp. 127-133.

caractéristiques, saint Thomas [347] signale la mémoire, l'intelligence, la docilité, l'application ou la sagacité, la raison, la prévision, la circonspection, la précaution. Il ne s'agit plus d'expliquer en quoi consiste la fonction cognitive du « petit cœur », mais de voir comment ses caractéristiques peuvent aider le professionnel de la santé dans son jugement pratique.

II.2.1. La mémoire

Le choix d'une action exige une mémoire qui est l'expérience du passé, le fait de savoir ce qui se passe dans la plupart des cas ou d'apprendre des leçons que la vie nous donne. Si la fonction de la prudence est de faire en sorte que la connaissance soit à la mesure de l'agir, il est inévitable que cette connaissance soit fidèle à la réalité. La distorsion entre le souvenir et le réel, soit par la négation soit par l'acceptation de la volonté, constitue la perversion la plus typique de la prudence. Cette distorsion du souvenir contredit immédiatement le sens primordial de la prudence : celui d'être le récipient où se garde la vérité des choses réelles[348]. L'homme déforme facilement les souvenirs, pour ne garder que ceux qui l'intéressent. Il nie et ne considère pas les souvenirs qui ne lui conviennent pas afin de créer des situations ou des intentions qui n'existent que dans son imagination. Pour éviter tout ceci, la volonté doit exercer sa domination sur la mémoire et l'imagination afin d'éviter la déformation de la réalité. Cette domination n'est pas atteinte par les techniques psychologiques, mais par la vertu de prudence. L'homme prudent fait taire ses intérêts égoïstes pour être docile à l'expérience objective du passé. Le vicieux, par contre, considère la docilité à l'expérience comme un obstacle et non comme une aide qui lui permet d'agir en accord avec la vérité.

II.2.2. L'intelligence

L'intelligence comme partie intégrante de la prudence est d'abord une tendance naturelle des premiers principes[349]. C'est le sens réel des choses ou encore le sens de ce qui est possible. Ensuite, dans l'usage pratique, l'intelligence ne doit pas être obscurcie par les passions désordonnées qui sont contraires aux vertus morales. En principe, il semble que le fait d'ouvrir les yeux paraisse facile pour voir tout, mais l'expérience montre que beaucoup de personnes sont parfois myopes de l'esprit comme des yeux et ne se rendent compte de cela que lors d'un accident. En effet, beaucoup d'hommes ne voient pas les choses comme elles sont, mais comme

---

[347] Cf. *S.Th.*, II-II, q.48; voir aussi T. Trigo, « Disposiciones morales de la persona y valoración de la acción concreta », *op.cit.*, pp.133-137.

[348] Cf. J. PIEPER, *Prudencia en las virtudes fundamentales* cité par T. TRIGO *En busca de una ética universal. op.cit.* p. 134.

[349]Cf. *S.Th.*, II-II, q.49,a. 2c.

ils voudraient qu'elles soient. Ils obéissent parfois aux idées préconçues[350]. Pour voir les choses comme elles sont, il est préférable avant tout de vouloir que les choses soient comme elles sont et non comme nous aimerions qu'elles soient. Ceci demande le respect de la réalité ou la reconnaissance de la réalité telle quelle est, comme elle est, et non pas comme nous voulons qu'elle soit. Pour cela, il est nécessaire d'éviter que nos jugements soient influencés par les opinions en vogue, nos désirs, nos goûts, nos préférences ou nos sympathies. Une des grandes déformations de l'intelligence consiste à prendre ses désirs pour des réalités. Seul l'homme prudent est capable de voir la réalité telle quelle est et de la respecter, parce que sa volonté est unie au bien. Il est libre par rapport à ses intérêts et à ses désirs. L'esclave de l'orgueil, du plaisir ou de n'importe quelle autre passion ne respecte pas la réalité, parce qu'il ne veut pas imposer silence à ses désirs. Il est son propre référentiel[351].

II.2.3. La docilité

La docilité est nécessaire pour accueillir les conseils des autres[352]. Ceci suppose qu'on soit disposé à écouter avec un désir sincère de prendre au sérieux ce qu'on nous dit. Il faut demander conseil aux personnes expérimentées, même si cela semble actuellement s'opposer à l'autonomie exigée par la dignité de la personne. La plupart des hommes considèrent que l'idéal est de décider ou d'agir indépendamment sans aucun type d'influence. Ici le critère de l'action n'est plus la *vérité-bien-liberté*, mais la réaffirmation de la propre volonté du « je orgueilleux ». Celui qui veut agir conformément à la vérité-bien-liberté, recherche le conseil comme une aide inévitable.

II.2.4. La sagacité

La sagacité est l'acquisition d'une opinion droite pour soi[353]. Il arrive parfois qu'on demande des conseils sans parvenir à se déterminer sur la décision à prendre. Dans de telles situations, la sagacité est nécessaire puisqu'elle nous permet d'éviter toute précipitation dans l'appréciation, tant que nous ne disposons pas des moyens nécessaires qui nous permettent de décider. Grâce à ce temps de réflexion, l'homme se dispose à affronter objectivement la réalité avec un regard ouvert et à se décider le moment

---

[350] Cf. P. DELHAYE, *La conciencia moral del cristiano,* Herder, Barcelona, 1969, p. 264.
[351] Cf. D. VON HILDEBRAND, « La virtud hoy » in *Santidad y virtud en el mundo*, Rialp, Madrid, 1972, pp.119-125.
[352] Cf. *S.Th.*, II-II, q. 49, a. 3c.
[353] Cf. *S.Th.*, II-II, q. 49, a.4c.

venu pour le bien. Sans cette vertu d'objectivité, la prudence parfaite devient difficile[354].

II.2.5. La raison

La raison est nécessaire à la vertu de prudence pour que l'homme raisonne bien, combinant les diverses connaissances pour pouvoir appliquer correctement les principes universels de la loi naturelle aux cas concrets singuliers. Le bon raisonnement n'est pas seulement une suite logique. C'est avant tout une cohérence morale puisque les vices obscurcissent la raison et lui imposent leur propre logique. Les vertus, au contraire, permettent que la raison applique correctement les vérités universelles aux cas concrets et, en plus, elles font que son discours soit connaturel au bien de la personne.

II.2.6. La prévision

La prévision est, selon saint Thomas, la partie la plus importante de la prudence[355]. Cela signifie voir de loin, prévenir, anticiper le futur, apprécier avec une certaine détermination concrète ce qui est nécessaire pour parvenir à une fin proposée. C'est la préoccupation la plus importante à mettre en pratique dans la vertu de la prudence.

II.2.7. La circonspection

Si la prévision nous permet de savoir qu'une action est susceptible d'aboutir à sa fin, le rôle de la circonspection est de savoir si l'action convient aux circonstances. *Circumspicere*, regarder autour, indique l'attitude de la personne qui, avant d'agir s'assure que les circonstances dans lesquelles elle veut agir, sont opportunes ou non. Dans cette considération, il vaut mieux s'attacher aux éléments déterminants. Il peut arriver qu'une action bonne, réalisée avec la meilleure intention possible, n'aboutisse pas à la fin attendue parce que les circonstances n'ont pas été antérieurement étudiées.

II.2.8. La précaution

La précaution consiste à éviter le mal qui nous empêche de réaliser le bien. Puisque la prévision recherche le bien et évite le mal, la précaution évite les obstacles intrinsèques au bien, c'est-à-dire les circonstances qui empêchent de réaliser une action bonne[356].

---

[354] Cf. J.PIEPER, « Prudencia », in *Las virtudes fundamentales*, *op.cit.*, pp.49-50.
[355] Cf. *S.Th.*, II-II, q. 49, a.6.
[356] Cf. *S.Th.*, II-II, q. 49, .8c.

II.3. Cas d'application

II.3.1 Pensées critiques sur la formation actuelle des professionnels de la santé

On pense généralement que la plupart des erreurs que commettent les professionnels de la santé proviendraient des lacunes dans leur formation académique. Mais de nombreuses recherches à ce propos montrent qu'il n'existe pas une proportionnalité directe entre les résultats académiques et le professionnalisme dans l'assistance des malades. Mais, en fait, on constate, que les erreurs des professionnels de santé proviennent le plus fréquemment de la négligence dans le service, de la superficialité dans le comportement, des observations incomplètes et imprécises, sans oublier l'épuisement quotidien auquel ce personnel est soumis[357]. L'opinion générale selon laquelle plus les connaissances théoriques accumulées pendant la formation académique sont grandes, meilleur sera le rendement de prestations professionnelles ne se vérifie pas toujours. Dans le domaine de la santé, la relation entre connaissances théoriques et rendement sur le terrain n'est pas une relation de cause à effet. Certains auteurs comme Cador[358] le démentent formellement et affirment que doter l'étudiant en médecine d'une quantité énorme de savoir théorique ne garantit pas un meilleur rendement dans le service futur. Ces auteurs défendent l'importance d'enseigner aux étudiants la manière de faire face aux situations concrètes, pour qu'ils apprennent à se questionner et à agir adéquatement dans les situations auxquelles ils seront confrontés. C'est l'expérience pratique qui enseigne à réagir à la réalité de façon créative. Il importe donc de développer la capacité opérative des futurs agents de la santé et pas seulement d'élargir leurs bases théoriques. Si on continue à identifier le succès à l'intelligence, les titres académiques aux compétences, la mémoire au savoir, l'étude se concentrera sur la maîtrise de notions pointues, afin de réussir à une série d'examens. Le futur professionnel de la santé qui a reçu cette formation sera plus préoccupé par l'examen académique que par la confrontation directe au malade. Il augmentera ses connaissances théoriques sur la maladie, mais négligera les vertus médicales qui assurent sa bonne relation avec le malade.

La deuxième réflexion que nous voulons faire est relative à la fragmentation des connaissances qui est l'une des caractéristiques de la postmodernité. La conséquence directe de cette fragmentation de la connaissance est l'émergence d'une kyrielle de spécialisations et la vision fragmentaire de l'homme. L'homme est considéré et étudié par fragment. En

[357] Cf. M. BALDINI, « Gli errori della medicina e gli sbagli dei medici » in *L'Arco di Giano. Revista di Medical humanities*, 6, 1994.

[358] Cf. L. CADOR, *Scuola o apprendistato?,* Armando, Milan, 1982.

médecine, Gava[359] l'avait formulée de la manière suivante : Dans le cadre de la médecine se publient dans le monde plus de vingt mille (20. 000) revues, parmi lesquelles plus de trois mille six cents (3600) paraissent incluses dans l'*Index Medicus*. Chaque jour, paraissent plus de treize mille (13.000) nouveaux articles scientifiques ayant un contenu médical[360]. L'assimilation d'une telle quantité de données est impossible, ce qui conduit inéluctablement à la sélection et à la spécialisation des médecins. Mais à la longue cette spécialisation entraîne une vision fragmentaire de l'organisme. Et ainsi se produit chez le professionnel de la santé un oubli graduel du patient, de sa globalité et de ses problèmes individuels. La conséquence de ce type de formation biochimique et sectorielle du professionnel de santé est une thérapie qui, peu à peu, se réduit à un niveau symptomatique et palliatif et dans laquelle la guérison ne peut être qu'incomplète. Le patient quitte l'hôpital apparemment en bon état, mais, après quelque temps, il revient pratiquement pour les mêmes symptômes ou pour d'autres qui ont une relation avec la maladie antérieure[361].

Bref, nous pouvons résumer en trois points essentiels cités ci-dessous les caractéristiques de la formation actuelle en médecine :

Le premier est la division sectorielle axée sur l'ultra-spécialisation qui réduit le corps humain à une «machine » et dont la conséquence est la perte de la pratique clinique.

Le deuxième est l'insistance sur les investigations menées dans les laboratoires pour promouvoir une médecine réparatrice, responsable de la croissance exponentielle de la médication et des interventions sanitaires.

Le troisième, enfin est la méthodologie objective et bureaucratique dans l'accueil des patients et dans les pratiques cliniques qui ne tiennent pas compte de leur dimension de personnes[362].

Ces traits caractéristiques d'une part, montrent clairement, le rapport qui existe entre les nouvelles pathologies et les nouvelles circonstances sociales d'autre part, ils illustrent comment la promotion de la vie, qui est censée être la finalité de la médecine, devient problématique dans ce contexte. Cette vie n'est plus perçue comme un don de Dieu, parce que l'homme oublie que, s'il aime instinctivement la vie comme un bien, c'est parce que cet amour trouve une autre motivation, une autre force, une ampleur et une profondeur nouvelles dans les dimensions divines de ce bien.

---

[359] Cf. R.GAVA, *L'uomo, la malattia e il suo trattamento verso un nuovo approccio terapeutico* I Salus Infirmorum, Padua 1996.

[360] Ces données sont actuellement supérieures et n'ont pas été actualisées. Nous les gardons telles quelles parce que l'idée de fond est la même.

[361]Cf. P. MAGLIOZZI, « La formación de los agentes sanitarios » in *Pastoral de la salud y Bioética*, *op.cit.*, p.748.

[362] Cf. F.LINARI, « Antropología médica » in *Pastoral de la Salud y Bioética*, *op.cit.*, p. 72.

L'amour que l'homme a pour la vie ne se réduit pas seulement à la recherche d'un espace d'expression de soi et de relation avec les autres, il se développe dans la conscience joyeuse de pouvoir faire de son existence le « lieu » de la manifestation de Dieu, de la rencontre de communion avec Lui[363]. On perd progressivement la vision globale de l'homme[364] et certaines méthodes de procréation médicalement assistée, qui n'ont plus aucun rapport avec la vérité sur l'homme, deviennent courantes.

Après ces réflexions relatives à la formation des professionnels de la santé, l'étude des cas nous permettra de voir comment mettre en œuvre la vertu de prudence qui est l'expression de la dimension singulière de la loi naturelle.

II.3.2. La relation médecin-patient

> « Le docteur P., chirurgien compétent et expérimenté, s'apprête à terminer son service de nuit dans un hôpital communal de taille moyenne. Une jeune fille, accompagnée de sa mère, arrive à l'hôpital. La mère repart immédiatement après avoir dit à l'infirmière qu'elle doit rentrer pour s'occuper des autres enfants. La patiente présente une hémorragie vaginale et souffre beaucoup. Le docteur P. l'examine et pense qu'il s'agit d'une fausse couche ou d'un avortement provoqué. Il fait vite une dilatation et un curetage et demande à l'infirmière de demander à la patiente si elle peut financièrement se permettre de rester à l'hôpital jusqu'à ce qu'il soit sans danger pour elle d'en sortir. Le docteur Q. arrive pour remplacer le docteur P. qui rentre chez lui sans avoir parlé à la patiente »[365].

Dans l'analyse faite par l'AMM (Association médicale mondiale) de ce cas, on note trois écarts de comportement du Docteur P, suite au manque de communication : « il n'a pas essayé d'entrer en contact avec la patiente ou avec la mère pour discuter de la cause de son état, des options de traitements ou de la possibilité de rester à l'hôpital jusqu'à la guérison », le consentement éclairé n'a pas été obtenu du patient et, enfin, à cause de la fatigue peut-être, il a manqué de compassion pour le patient[366]. Suite à cette analyse pertinente, nous poursuivons en ajoutant que le Docteur P. manquait de deux caractéristiques de la vertu de prudence : la mémoire et la circonspection.

Le Docteur P. a réalisé son traitement chirurgical avec un grand professionnalisme. Néanmoins, dans l'histoire de la pratique médicale, il

[363] Cf. JEAN-PAUL II, EV, n. 38.
[364] Cf. PAUL VI, *Humanae vitae,* n. 7.
[365] AMM, Étude des cas, récit numéro 1, p. 36.
[366] AMM, *op.cit.*, p. 61.

n'est pas rare d'apprendre que certaines complications ultérieures surviennent même si le protocole de la pratique a été suivi et respecté. C'est d'ailleurs pour cette raison qu'on délimite un intervalle de confiance statistiquement parlant. L'expérience du passé ou la mémoire de ces cas qui souvent échappent à l'intervalle de confiance aurait dû convaincre le Docteur P. de dialoguer avec sa patiente avant de rentrer chez lui, afin de s'assurer que tout allait bien. Dans ces cas, la distorsion du souvenir, qui échappe parfois à l'évidence scientifique, constitue la forme la plus typique de la perversion de la vertu de prudence dans la pratique médicale. Malgré son professionnalisme, on se rend compte que le médecin ne s'est pas souvenu des cas rares, mais qui existent pourtant. Il a considéré plutôt les souvenirs qui lui convenaient : lorsque le protocole a été suivi, le résultat est évident. Voilà une des dérives de la médecine scientifique, lorsqu'elle se préoccupe exclusivement de la constitution physico-chimique de l'homme, oubliant le bien du patient. Dans cette attitude se dévoile une contradiction eu égard à la Déclaration de Genève de l'Association Médicale Mondiale : « Je considérerai la santé de mon patient comme premier souci »[367]. En plus, le Docteur P. a oublié que la jeune fille n'était pas seulement un cas clinique, moins encore un individu anonyme sur lequel il fallait juste appliquer ses connaissances ; cette jeune fille était avant tout une personne qui vivait l'expérience complexe de la souffrance et qui avait droit à une attention spéciale. C'est d'ailleurs pour cette raison que Jean-Paul II conviait les médecins à ne pas se limiter à être médecins d'organes et d'appareils, mais de prendre en charge toute la personne[368].

En outre, si le docteur P. avait été circonspect, il se serait rendu compte que les circonstances ne lui permettaient pas de se séparer de sa patiente comme il l'a fait : en regardant autour de lui selon le verbe latin « *Circumspicere* » -dont dérive la circonspection-, le Docteur P. aurait certainement pu se rendre compte que son attitude n'était pas adaptée à la situation. Même s'il était fatigué après une longue nuit de travail et qu'il avait le droit de rentrer chez lui, un peu de circonspection lui aurait conseillé une autre attitude. Ce manque de circonspection de la part du Docteur P.

---

[367] DECLARATION DE GENEVE DE L'ASSOCIATION MEDICALE MONDIALE : Cette Déclaration a été adoptée par la deuxième Assemblée Générale de l'AMM à Genève en septembre 1948.Mais elle a subi plusieurs amendements. Le premier fut celui de la 22e Assemblée Médicale Mondiale, Sydney, Australie, août 1968 ; le deuxième amendement eut bien lors de la 35e Assemblée Médicale Mondiale, Venise, Italie, octobre 1983, le troisième lors de la 46e Assemblée Générale, Stockholm, Suède, septembre 1994 ; elle fut ensuite révisée par la 170e Session du Conseil, Divonne-les-Bains, France, mai 2005. Le texte que nous citons est celui de la révision de la 173e Session du Conseil, Divonne-les-Bains, France, mai 2006.

[368] Cf. JEAN-PAUL II, *Discours au Congrès Mondial des Médecins Catholiques*, 3.III.1982.

laisse transparaître un manque d'abnégation. Lorsque le professionnel de la santé est vraiment animé par la vertu de prudence, expression de la dimension concrète de la loi naturelle, il découvre plus facilement les exigences de la dimension missionnaire de sa vocation. Le mot vocation suppose une réponse à un appel transcendant qui prend la forme du visage souffrant et inviolable du patient qui nécessite des soins[369]. Soigner un malade avec amour n'est rien d'autre qu'accomplir une mission divine, qui ne peut être motivée et soutenue que par une abnégation totale, un engagement désintéressé et une fidélité absolue. Car la profession du médecin, disait Jean-Paul II, correspond à une vocation qui l'engage à la noble mission de servir l'homme dans le vaste, complexe et mystérieux champ de la souffrance[370]. Le professionnel de la santé est le bon Samaritain qui devient le prochain de l'homme blessé par les brigands et abandonné au bord de la route[371].

II.3.3. La relation médecin-patient-société

> « Le Docteur S. se sent de plus en plus démunie face à des patients qui viennent la voir avant ou après avoir consulté un autre soignant pour la même pathologie. Elle estime que c'est un gaspillage des ressources de santé, qui plus est, inefficace pour la santé des patients. Elle décide de dire à ces patients qu'elle n'acceptera plus de les traiter s'ils continuent à consulter d'autres soignants pour la même affection. Elle envisage de contacter son association médicale nationale pour qu'elle fasse pression sur le gouvernement afin d'empêcher que les ressources de santé ne soient ainsi détournées »[372].

La préoccupation du Docteur S est réelle et légitime. En effet même si les consultations de ses patients auprès des autres fournisseurs de soins de santé ont lieu en dehors de son système et n'ont aucun coût financier pour la société, il y a un gaspillage de ressources humaines. Le Docteur S. aurait pu consacrer ce temps à recevoir de nouveaux patients. L'AMM convie cependant le Docteur S. et tous les médecins qui vivent les mêmes situations à la prudence[373]. Concrètement ces cas doivent être gérés intelligemment et rationnellement par la vertu de la prudence de la manière suivante.

---

[369]Cf. CONSEIL PONTIFICAL DE LA PASTORALE POUR LES AGENTS DE LA SANTE, *Lettre aux agents de la santé*, 25.III.1995. n.3.

[370] Cf. JEAN-PAUL II, *Discours aux Représentants des Médecins Catholiques Italiens*, 4.IV.1989.

[371] Cf. JEAN-PAUL II, Lettre Apostolique *Salvifici doloris,* 11.II.1984, nn. 28-30.

[372] AMM, *op.cit*. p.64.

[373] Cf. AMM, *op.cit*. p.79.

Si l'intelligence, tendance naturelle des premiers principes, est la partie intégrante de la prudence comme nous l'avons vu antérieurement, c'est qu'elle perçoit et articule tous les contours d'une situation. Chaque personne, chaque patient a une histoire propre qui influe positivement et négativement sur ses agissements. Loin d'être psychologue, le Docteur S., par la vertu de la prudence, aurait dû discerner pour chercher à comprendre les raisons qui poussent ses patients à ce genre de comportement. Même si elle contacte l'association médicale de sa région conformément aux recommandations de l'AMM[374], le problème ne sera pas résolu si les raisons pour lesquelles ces patients qui vont ailleurs chercher d'autres prestations sanitaires pour les mêmes pathologies ne sont pas connues. La maladie est une réalité de l'homme dans laquelle s'entrecroisent les dimensions physique, psychique, sociale, spirituelle, religieuse, etc. Chacune de ces dimensions de la maladie a un traitement spécifique. En se servant de son intelligence et en écoutant son cœur, le Docteur S. aurait pu comprendre que c'est l'expérience spéciale de la maladie[375] qui est à l'origine de cette situation.

En effet, « la médecine, en tant que science et en même temps comme art de soigner, découvre sur le vaste terrain des souffrances de l'homme leur aspect le plus connu, celui qui est identifié avec le plus de précision et est relativement le mieux combattu par les méthodes de « réaction » (c'est-à-dire de la thérapeutique) »[376]. La situation confortable dans laquelle l'homme se trouve et expérimente des jours heureux se trouve dramatiquement rompue par l'irruption de la maladie. Une situation pathologique obscurcit l'horizon du sens sur lequel se déroulent les activités vitales lorsqu'on est en bonne santé. Avoir de la santé c'est vivre le silence des organes, comme disait Leriche[377]. Pendant la maladie, les viscères se font sentir et leurs troubles perturbent l'écoute de la voix et les appels de la liberté humaine. La maladie ne se réduit pas uniquement à une simple altération d'un organe ; la maladie ne peut pas totalement être objectivée. Les considérations scientifiques qui la définissent comme une pathologie (*disease*) ne peuvent pas taire l'expérience existentielle (*illness*), dans laquelle la maladie apparaît comme un mal en soi. Ce qui nous fait vivre la maladie comme un mal entre en conflit avec le dynamisme de la liberté. La maladie a un impact très fort dans la conscience du patient. Non seulement elle annihile ses capacités de décision, mais aussi elle provoque chez lui une désorientation de sens et une certaine instabilité. C'est comme si le cœur de la personne malade était possédé par un mal étrange. Bref, tout ceci signifie

---

[374] Cf. AMM, *op.cit.*, p.79.

[375] Cf. P. CATTORINI, « Alianza terapéutica», in *Pastoral de la salud y Bioética*, *op.cit.*, p.46 ss.

[376] JEAN-PAUL II, Lettre Pastorale, *Salvifici doloris*, 11.II.1984, n.5.

[377] Cf. R. LERICHE, cité par P. CATTORINI, *op.cit.*, p. 46.

que, si la maladie se limitait à un dysfonctionnement de cellules, elle ne serait qu'un phénomène qui s'ajuste ou obéit aux normes du laboratoire ; elle se réduirait à un événement qui est en marge de l'existence humaine. La liberté-bien-vérité se sentirait sous la protection d'une certaine immunité qui éloigne l'homme de toutes les menaces. Dans cette perspective intellectualiste, la demande d'aide serait seulement occasionnelle, accidentelle et n'aurait plus d'autre objet que celui de faire bien fonctionner ce qui est déjà remis en marche. Un malade qui a déjà consulté son médecin pour une pathologie n'aurait plus de raisons de consulter un autre médecin pour la même pathologie. Mais, comme le désir de guérison et la supplication d'aide spontanée et naturelle qui sont à l'origine d'une consultation transcendent la pure assistance technique, le médecin doit être prudent dans la gestion de ce genre de cas et comprendre que le patient cherche parfois un refuge ou un conseil relatif à sa situation inconfortable. La recherche de guérison est, en effet un désir de protection et la nécessité d'avoir quelqu'un qui peut offrir, par un moyen thérapeutique, la récupération de l'état de santé perdu. Mais elle est aussi une recherche passionnée de ce qui continue à être précieux et ne peut pas se perdre quelle que soit l'ampleur de la souffrance : la recherche de l'identité personnelle que la maladie a endommagée[378]. C'est pourquoi les formes de réaction à la maladie varient en fonction des patients et des différents moments de la vie. Ce ne sont pas tous les patients qui adoptent ce genre d'attitude. La façon d'accueillir un patient en consultation et de lui administrer des soins constitue une réponse existentielle complète qui englobe la connaissance, l'affectivité, la vision du monde et le ton émotionnel. Dans chaque geste du médecin, dans chaque parole qu'il prononce, le malade interprète l'énigme de sa douleur et donne une coloration positive ou négative à son expérience. Le professionnel de la santé, afin de mieux répondre aux attentes du patient, doit faire sienne la vertu de prudence. Le malade parfois peut nommer l'absolu, le supplier ou le renier, il peut lancer des appels au secours, etc. ; toutes ces réactions possibles, qui sont existentielles, exigent de la part du professionnel de la santé une grande prudence : il doit savoir à ce moment précis quelle attitude il doit adopter pour répondre aux demandes d'aide du patient. Sans la vertu de la prudence, on ne peut gérer correctement ces situations.

Somme toute, rendre plus humaine une structure sanitaire n'est pas synonyme de doter celle-ci des appareils sophistiqués de dernière gamme, même si cela peut être nécessaire. Humaniser un hôpital signifie le rendre capable d'offrir aux patients le bien auquel ils ont droit : celui d'être traités et soignés comme des êtres humains. Voilà ce que nous recommande le *nèm ntògò* en attirant notre attention sur certaines déviations concrètes du XXIe

---

[378] Cf. P. CATTORINI, « Alianza terapéutica», in *Pastoral de la salud y Bioética*, *op.cit.*, p.47 ss.

siècle qui parfois réduit la qualité du service et de l'assistance sanitaire à la haute technologie. La loi naturelle, fondement de la déontologie médicale, permet aux professionnels de santé de redécouvrir en l'homme qui souffre et qui compte sur eux pour retrouver la santé les valeurs de la personne dans sa totalité et non seulement dans les pathologies. La formation morale, pendant et après le cursus académique des professionnels de la santé, tout en affinant leur conscience morale, leur permet également d'actualiser et de faire grandir le culte des valeurs humaines. D'ailleurs, selon l'histoire de la médecine, l'aspect technoscientifique est toujours inséparable de l'aspect éthique. Un médecin qui a seulement une compétence clinique et qui manque de conscience éthique est vide intérieurement, parce qu'il manque d'humanité. Par contre, lorsque l'éthique du médecin est fondée sur la loi naturelle, il considérera et vivra sa profession comme une vocation, conscient du fait que la profession, la vocation et la mission sont inséparables dans sa vie professionnelle. Sa vocation et sa mission ne seront rien d'autre que la défense, la promotion et le service de la vie. Ceci ne s'obtient que par la foi et l'obéissance à la loi morale naturelle.

III. LOI NATURELLE ET ÉMERGENCE DE LA BIOÉTHIQUE

Lorsque la bioéthique se constituait comme discipline universitaire dans les années soixante-dix, l'une des questions fondamentales qui provoqua sa naissance fut celle de savoir si « tout ce qui est techniquement possible est aussi moralement admissible ».[379] Sachant que ce qui est techniquement possible est réalisable si on dispose de tous les moyens nécessaires, ce que nous recherchons dans cette partie, c'est de voir comment la loi naturelle fut à l'origine de cette préoccupation. C'est la loi naturelle qui est à l'origine de l'émergence de la conscience bioéthique dans la mesure où elle détermine les limites du « techniquement possible ». Aussi, partant du contexte d'émergence jusqu'aux développements ultérieurs de la bioéthique, nous verrons comment, dès le départ, la loi naturelle fut le fondement, le principe de base de la formation d'une conscience bioéthique. Ensuite, en parcourant synthétiquement les différents courants de la bioéthique, nous verrons comment certaines incompréhensions relatives à la nature humaine et à la loi naturelle subséquente ont donné naissance au sophisme naturaliste qui est le fondement de certains courants de la bioéthique.

III.1. Le contexte d'émergence de la conscience bioéthique

Le contexte d'émergence de la conscience bioéthique nous permet de voir certains faits qui ont précédé ou préparé son éclosion. Certains

---

[379] CDF, *Donum vitae,* n. 4.

ouvrages récents en bioéthique privilégient surtout les problèmes les plus actuels ou les questions particulières, notamment l'identité et le statut de l'embryon humain, les interventions technologiques sur le processus de la génération humaine, les technologies reproductives, l'expérimentation sur l'embryon humain, l'ingénierie médicale, etc. Ceci nous paraît louable et utile, compte tenu de l'immensité du champ de recherche de la bioéthique. Néanmoins, nous pensons que, lorsqu'on ignore l'histoire, on se prive de la sagesse des générations passées et on est condamné à méconnaître l'origine profonde des attitudes culturelles relatives à la santé, à la maladie et à la mort. En effet, comme nous fait remarquer Paul Ricœur, la réflexion éthique, voire philosophique, s'articule autour de la charnière tradition-innovation : fidélité au passé et audace de la création. D'une part, la tradition n'est pas un dépôt immuable, mais une ressource inépuisable dont la richesse se révèle dans la capacité de réception et de réinterprétation des hommes aujourd'hui. D'autre part, nul ne crée *ex nihilo*, la liberté humaine reste une liberté réglée par la reprise de ce qui nous a été transmis[380]. Nous n'avons pas la prétention de retracer l'histoire de la bioéthique. Ce n'est pas notre objectif. En outre, il nous semble impossible de déterminer un événement fondateur unique comme « cause » de la naissance de la bioéthique. Par contexte d'émergence de la conscience bioéthique, nous entendons quelques antécédents ou facteurs déclencheurs susceptibles de nous aider à comprendre la naissance et l'histoire de la bioéthique dans un horizon culturel assez large, non seulement dans l'intention de faire l'histoire, mais aussi et surtout de rechercher le rôle implicite et explicite de la loi naturelle dans chacun de ces événements fondateurs de la naissance de la bioéthique.

III.1.1. La naissance et l'évolution de la bioéthique

Lorsque la bioéthique devenait une discipline scientifique dans les années soixante-dix, l'objectif primordial de Potter[381] était de concilier « le monde des faits scientifiques » et « le monde des valeurs »[382]. Ayant constaté

---

[380] Cf. P. RICOEUR, « Message au colloque international Simone Weil-Paul Ricœur », Rio de Janeiro, 13-15.9.1993, cité par G. DURAND, *Introduction générale à la bioéthique*, Fides. Cerf, 1999, p. 21.

[381] Potter est celui à qui on attribue la paternité de la bioéthique. Mais depuis quelques années, la paternité du mot « bioéthique » ne s'attribue plus à Potter parce qu'on a découvert que le pasteur luthérien allemand et professeur de théologie Fritz Jahr (1895-1953) fut le premier à utiliser le terme « bioéthique » dans un article en 1927. Il proposait une nouvelle discipline fondée sur « l'impératif bioéthique » comme une révision de l'impératif catégorique de Kant élargi aux animaux et aux plantes.

[382] Pour les rapports entre la bioéthique et l'évolution, nous nous inspirons de la synthèse faite par la philosophe espagnole Ana Marta GONZÁLEZ : Cf, A.M. GONZÁLEZ, « Bioética y evolución » in *En busca de la naturaleza perdida, Estudios de bioética fundamental*, EUNSA, 2000, pp.25-56.

que le développement technologique a des répercussions énormes sur les conditions de vie en général, Potter pensait qu'il fallait promouvoir une réflexion éthique au sein de la pratique médicale et scientifique. La nouveauté de sa proposition se radicalisait dans le fait qu'il réclamait cette réflexion comme une exigence de l'activité scientifique et non comme une chose imposée du dehors de la pratique médicale et scientifique. Médecin oncologue de profession, Potter voulait d'une part, susciter l'intérêt des scientifiques pour l'éthique, et, d'autre part, imprimer une nouvelle impulsion à la réflexion éthique qui, jusque-là, était dominée par les pensées des Lumières, plus préoccupées d'élaborer des systèmes rationnels et abstraits de règles que de réfléchir sur la pratique de la vie quotidienne. Dès les débuts, les principaux promoteurs de la bioéthique se rendirent compte de l'ampleur d'un tel engagement. C'est ce qui justifie notamment la position de Daniel Callahan qui, en soixante-douze, signalait déjà que concevoir une éthique pour les sciences de la vie signifie concevoir une culture[383]. Et on remarque que la référence à la nature comme « limites de la manipulation » de l'homme joue un rôle fondamental pour la construction d'une telle culture. Proposer une éthique pour les sciences de la vie suppose d'attribuer une place de choix à la nature, raison pour laquelle les promoteurs de la bioéthique s'écartèrent clairement des deux grands systèmes moraux qui s'étaient constitués à l'époque et qui étaient fondés sur une raison détachée de la nature, interprétée comme raison transcendantale chez Kant ou comme raison instrumentale chez Mill.

D'autre part, il y avait une tentation de rejeter la conception de la nature que proposait l'éthique et de limiter la nature à la conception des sciences positives. Ceci précisément fut le chemin emprunté par Spencer qui, s'inspirant de l'évolution des différentes formes de vie et prenant comme point de référence constant les données proportionnées des sciences naturelles, développa un système éthique qui paraissait agglutiner dans une unique vision du monde des faits scientifiques et un monde de valeurs. C'est justement cette conciliation apparente des deux mondes qui, selon nous, a motivé le resurgissement des éthiques dites « évolutives » dans le contexte de la bioéthique. Nous ne revenons pas sur toutes les conséquences du naturalisme ou du physicisme évoquées antérieurement. Nous présentons brièvement les éthiques évolutives ainsi que leurs supposés philosophiques implicites afin de voir nettement leur influence sur l'intuition de Potter.

[383] Cf. D.CALLAHAN, « Living with the new biology », in *The Center Magazine* 5, 4, 1972, pp. 4-12 cité par A.M. GONZÁLEZ, *op.cit.* p.26.

III.1.2.Les éthiques évolutives

Dans l'*Origine des espèces*[384] de Darwin, on retrouvait déjà certaines indications d'une éthique évolutive[385]. Pour notre étude, nous nous limitons à l'œuvre d'Herbert Spencer publiée en 1850 et intitulée *La Statistique sociale*[386]. Une des caractéristiques des éthiques évolutives est qu'elles se considèrent comme des « éthiques scientifiques », destinées à supplanter les « éthiques mystiques » qui, contrairement aux éthiques évolutives, réduisent la morale à la transcendance[387]. Ainsi, les éthiques évolutives prétendent donner une explication biologique de la morale en général et singulièrement de ce qu'elles considèrent comme un phénomène moral par excellence : *l'altruisme.* Selon ce principe, les éthiques évolutives assument que tout dans la nature, y compris la morale, s'explique selon le principe de la survie ou la sélection naturelle. Les éthiques évolutives essayent de montrer que les comportements altruistes, contrairement à ce qu'ils pourraient paraître, n'obéissent à aucun principe métaphysique ou au surnaturel. Les comportements altruistes ont une causalité naturelle et s'ordonnent comme tous les autres dans la nature et la survie des plus forts ou sélection naturelle. Comme critère moral, les éthiques évolutives invitent à regarder la nature et son évolution présumée avec la finalité d'adapter les comportements et les conduites aux exigences du processus évolutif.

Il est évident que, dans ce processus évolutif, se sont constituées certaines valeurs suprêmes de la vie dans certaines éthiques particulières. Néanmoins, l'évolution n'a pas de réponse concernant la finalité de la vie, le « ce pourquoi fondamental » des valeurs éthiques. À la question de savoir ce qui rend désirable la vie, Spencer a donné une réponse purement hédoniste en disant que c'est le plaisir, mais un plaisir qui, selon lui, est intrinsèque et constitutif de la vie même et qui croît avec le meilleur de la vie dans l'évolution. Selon Spencer, l'évolution est en effet un processus qui progresse nécessairement en s'améliorant. Nous ne connaissons pas les fondements d'une telle affirmation. Si c'est sur l'expérience qu'il se base pour le dire, nous rappelons que l'« expérience » peut avoir plusieurs interprétations. Spencer lui-même ne trouve pas d'inconvénient à signaler

---

[384] Cf. C. DARWIN, *On The origin of species by means of natural selection*, London, 1859.

[385] Cf. T. MOHRS, « Evolutionäre Ethik zwischen Naturalismus und Idealismus – Ein Fruchtbare Streit? », in *Evolutionäre Ethik zwischen Naturalismus und Idealismus. Beiträge zu einer modernen Theorie der Moral,* hrsg. W. Lütterfelds, Wissenschaftliche Buchgesellschaft, Darmstadt, 1993, pp.1-2.

[386] Le livre fut publié pour la première fois en 1850, mais nous utilisons l'édition la plus récente : Cf. H. SPENCER, *Social Statics: Or the Conditions Essential to Human Happiness Specified, and the First of Them Developed*, LLC, 2014.

[387] Cf. A. TILLE, « Charles Darwin und die Ethik », in *Evolution und Ethik,* Reclam, Stuttgart, 1993, p. 58.

que tout dépend de la lecture que chacun peut avoir des données scientifiques. Selon lui, cette lecture peut être optimiste, pessimiste ou modérément optimiste[388]. Le tournant psychologique de son discours ne doit pas nous faire oublier sa quintessence. Tout son discours évolutionniste est un grand récit dans lequel il présente d'avance la vie comme une valeur suprême. Mais nous ne savons pas non plus jusque-là, pourquoi, selon Spencer, la vie est une valeur suprême.

C'est ce qui arrive généralement lorsqu'on oublie la relation intrinsèque qui existe entre les valeurs vérité-bien-liberté ou qu'on les conçoit séparément. On finit par perdre de vue la dimension transcendante de la vie qui fait qu'elle soit un bien, une valeur universelle, une loi naturelle. On tombe ainsi dans le sophisme naturaliste qui extrait le corps de la nature humaine pour le soumettre à toutes sortes de manipulations et d'expérimentations scientifiques. La bioéthique elle-même, vu l'immensité de son objet, finit par se séparer de l'intuition qui animait Potter tout simplement parce que la loi naturelle n'est plus le fondement sur lequel elle devrait se reposer. Nous reviendrons amplement sur les conséquences du sophisme naturaliste en bioéthique. Pour le moment, nous poursuivons notre critique des éthiques évolutives.

Les éthiques évolutives sont encore sujettes à une critique plus fondamentale. Pour comprendre celle-ci, il est nécessaire de savoir que la théorie de l'évolution a été bien plus qu'une hypothèse biologique relative à l'origine des espèces. Depuis sa formulation selon Darwin, la théorie de l'évolution a montré une tendance puissante à se convertir en une théorie globale qui influence plusieurs branches du savoir. L'évolution est donc bien plus qu'une théorie scientifique, elle est une philosophie particulière.

---

[388] Cfr H. SPENCER, *The principles of Ethics*, I, Liberty Classics, 1978, p.62 : « The question to be definitely raised and answered before entering on any ethical discussion, is the question of late much agitated –Is life worth living? Shall we take pessimist view? Or shall we take the optimist view? Or shall we, after weighing pessimistic and optimistic arguments, conclude that the balance is in favor of a qualified optimism? (…) The ultimate question therefore, is –Has evolution been a mistake ; and especially that evolution which improves the adjustment of acts to ends in ascending stages of organization? If it is held that there had better not have been any animate existence at all, and that the sooner it comes to an end the better; then one set of conclusions with respect to conduct emerges. If, contrariwise, it is held that there is a balance in favor of animate existence, and if, still further, it is held that in the future this balance may be increased; then the opposite set of conclusions emerges. Even should it be alleged that the worth of life is not to be judged by its intrinsic character, but rather by its extrinsic sequences –by certain results to be anticipated when life has passed- the ultimate issue reapers in a new shape. For though the accompanying creed may negative a deliberate shortening of life that is miserable, it cannot justify a gratuitous lengthening of such life ».

Bayertz[389] remarquait qu'on pouvait parler d'une réinterprétation de la philosophie à partir des clés évolutives et parler d'une théorie évolutionniste de la connaissance[390], d'une métaphysique évolutionniste[391], d'une théorie évolutionniste de la science[392], d'une esthétique évolutionniste[393], d'une éthique évolutionniste. Puisque ce sont les éthiques évolutives qui nous préoccupent, il nous semble nécessaire de nous arrêter sur leurs fondements philosophiques afin de mieux exprimer notre critique.

En effet, dans le processus de la sécularisation où la religion semblait être incapable de donner une protection suffisante à la morale, la théorie de l'évolution devenait attractive par sa capacité de donner une explication unitaire du réel selon un modèle semblable aux sciences naturelles[394]. L'opportunité créant la surenchère dans la mesure où les sciences naturelles et les sciences de l'esprit se développaient chacune sur son chemin, la théorie de l'évolution apparaissait comme une voie salutaire, capable de concrétiser enfin l'intuition que Potter avait eue de fonder une science qui puisse unir le monde des faits scientifiques au monde des valeurs. En centrant son attention sur les phénomènes de la vie, la théorie de l'évolution inclut la vie humaine dans toutes ses particularités et présente ce qui est spécifiquement humain comme un épiphénomène du processus évolutif. Avec ceci, la théorie de l'évolution parvient jusqu'à l'inversion téléologique pour reprendre l'expression de Robert Spaemann[395] qui consiste à réduire le sens à la fonction. Ainsi s'ouvre un dualisme entre nature et esprit, immanence et transcendance, corps-personne, dualisme qu'on ne peut dépasser qu'en supprimant l'esprit, l'âme et la transcendance au détriment de la nature, de l'immanence et du corps. L'intelligibilité de la nature humaine comprise comme processus causal reste l'unique principe explicatif de la réalité. Dans ce monisme épistémologique[396], la qualité spécifiquement humaine, la loi naturelle et l'amour de la « vérité-bien-liberté » se diluent dans une explication purement fonctionnelle des valeurs sans aucun caractère absolu. La domestication de la transcendance réduit la « vérité-

---

[389] Cf. K. BAYERTZ, *Evolution und Ethik,* Reclam, Stuttgart, 1993, p.8, cité par A.M. GONZÁLEZ, *op.cit.*, p.33.

[390] Cf. C'est le cas de G.SIMMEL ou K. LORENZ.

[391] Cf. C'est le cas de C. PEIRCE ou QUINE.

[392] Cf. C'est le cas de K. POPPER.

[393] Cf. C'est le cas de F. NIETZSCHE.

[394] Cf. A. TILLE, « Charles Darwin und die Ethik», in *Evolution und Ethik, op.cit.*, p.52.

[395] Cf. R. SPAEMANN et R. LÖW, *Die Frage Wozu? Geschichte und Wiederentdeckung des teleologischen Denkens,* Piper, München, 1981, pp.105 et ss, : « Die Inversion dieser Teleologie besteht darin, dass die Struktur der Selbsttranszendenz auf die Endlichkeit zurückgebogen wird, wodurch die Selbsterhaltung gleichzeitig als einzig mögliches telos übrigbleibt »

[396] Cf, R. SPAEMANN et R. LÖW, *op.cit.*, p.223.

bien-liberté » morale à une pure fonction de survie. Nous ne pouvons pas tirer toutes les conséquences relatives à ce monisme épistémologique ou à cette inversion téléologique de la théorie de l'évolution. Nous nous limitons à celles qui sont liées au contexte d'émergence de la conscience bioéthique.

III.1.3. Le naturalisme

L'une des premières conséquences de ce monisme épistémologique inhérent au contexte d'émergence de la bioéthique est le naturalisme qui identifie la nature, y compris la nature humaine, à ce que les sciences expérimentales disent d'elle. Ceci arriva avec les modernes qui, fascinés par les prouesses des sciences naturelles, limitèrent la nature à ce que les sciences naturelles pouvaient dire d'elle. Sans revenir sur les ambiguïtés de la nature humaine, remarquons néanmoins que le sophisme naturaliste a eu un impact considérable sur la naissance de la bioéthique. La nature a un caractère téléologique[397]. L'authentique réalité de n'importe quel être naturel, son essence, se dévoile à la fin de son développement naturel. C'est alors que cet être apparaît dans la splendeur de son activité et se montre clairement par rapport aux autres. Cette fin naturelle (*telos*) de chaque être constitue son bien propre, ce qui donne raison intrinsèquement à tous et à chacun de ses pas antérieurs dans son développement. La fin de chaque être apparaît comme le principe qui explique le dynamisme de chaque être naturel. Or, l'une des caractéristiques de la *via modernorum* depuis Ockham s'est toujours caractérisée par l'abandon des « concepts superflus » tels que la finalité[398]. Pour le reste, affirmer l'existence des fins dans la nature suppose une métaphysique dont on peut faire abstraction depuis le nominalisme suivi de l'apparition des sciences positives. Avec l'apparition des sciences naturelles surgit une nouvelle manière d'expliquer les phénomènes naturels en les validant exclusivement par les causes efficientes. La vision téléologique devient un obstacle au projet moderne de dominer la nature. L'abandon de la téléologie de la nature suppose une transformation radicale de la compréhension que l'homme a de lui-même. L'homme ne se considère plus comme un être naturel, parce que la nature est restée réduite à la pure efficience, à la pure mécanique, à la pure extériorité : c'est le naturalisme. Dans ces conditions, l'homme ne se comprend plus comme un être naturel, mais comme un sujet ayant une liberté absolue, cette liberté qui, n'ayant aucun lien avec la vérité et le bien de la personne, devient une illusion forcée par ses représentations mécaniques de l'univers. Se formulent alors plusieurs théories relatives à l'identité anthropologique de la corporéité. La première cellule humaine ou zygote n'est plus considérée

[397] Pour une étude approfondie du caractère téléologique de la nature, nous recommandons l'étude de la philosophe espagnole Ana Marta GONZÁLEZ, *En busca de la naturaleza perdida, op.cit.*, pp.40-49.

[398] Cf, R. SPAEMANN et R. LÖW, *op.cit.*, pp. 99 et ss.

comme un nouvel être humain qui commence son existence, mais tout simplement comme un matériel biologique utile pour le laboratoire.

III.1.4.Les faits et les valeurs

La dé-téléologisation de la nature est à l'origine du naturalisme que nous venons de présenter. La diffusion du naturalisme a catalysé la division du réel en deux règnes opposés entre eux : le règne des faits et le règne des valeurs[399]. Même si la morale n'est pas une science expérimentale dans le même sens que les sciences positives, elle occupe une place de choix dans l'expérience, mais une expérience qui ne se réduit pas aux seuls aspects empiriques vérifiables de la réalité. Les faits ne se réduisent pas aux faits réels, ni la réalité à la réalité des sciences expérimentales. Il existe un autre règne de la nature humaine, un règne des devoirs ou des valeurs qui désigne l'ensemble des aspects non empiriques impliqués dans l'expérience éthique. C'est sur ce règne des valeurs que s'est constituée l'essence de la moralité. Même si les explications varient entre les auteurs, la thèse que nous soutenons est que la loi naturelle est le fondement du « règne moral » ou des valeurs. Si la réalité se réduit à l'expérience scientifique, le règne de valeurs se conçoit comme un monde de « faits internes » ayant une légalité propre, ce qui ouvre un fossé entre les sciences expérimentales et l'éthique, entre le monde des faits scientifiques et le monde des valeurs morales. C'est dans ce contexte qu'est née la bioéthique : les découvertes scientifiques et les possibilités d'intervention technique très avancées imposent un choix entre deux types de rationalités, celui de la raison close à l'immanence technologique et celui de la raison ouverte à la transcendance. L'homme se trouve devant un « ou bien » décisif[400]. Sachant que la rationalité close à l'immanence s'avère irrationnelle, parce qu'elle n'admet pas de valeurs, la loi naturelle, loi de Dieu à laquelle l'homme participe par sa raison, établit un pont qui relie le monde des faits scientifiques et le monde des valeurs, un pont qui permet à l'homme de redécouvrir la cosmovision téléologique de la réalité d'autant plus que le livre de la nature humaine est unique. L'opposition entre la foi et la raison s'avère une fois de plus factice. En effet, si la raison est attirée uniquement par l'agir technique et scientifique, cette raison sans la foi est vouée à se perdre dans l'illusion de la toute-puissance. Et une foi sans raison court le risque d'être étrangère aux réalités de la vie concrète des personnes. « La raison et la foi ne peuvent donc pas être séparées sans que l'homme perde la possibilité de se connaître lui-même, de connaître le monde et Dieu de façon adéquate »[401]. Ce n'est ni par hasard, ni par complaisance que la rationalité close à l'immanence bute

---

[399] Cf. R. SPAEMANN, « La actualidad del derecho natural», in *Crítica de las utopías políticas,* EUNSA, 1987 cité par A.M. GONZÁLEZ, *op.cit.* p.50.

[400] Cf. BENOÎT XVI, *L'amour dans la vérité,* n. 74.

[401] JEAN-PAUL II, F.R., n.16.

contre la difficulté de comprendre comment du néant a pu jaillir l'être et comment du hasard est née l'intelligence[402].

III.1.5. La question écologique et la bioéthique

Le problème écologique[403] s'est posé avec acuité durant les dernières décennies. L'extension de la conscience écologique au niveau mondial s'est manifestée pour la première fois vers les années soixante-dix par la célébration de la Journée Mondiale de la Terre en 1970. Dès lors, la sensibilité pour la promotion de l'environnement et l'inquiétude pour l'épuisement des ressources naturelles commencèrent à croître considérablement. L'intégrité et le rythme de la nature devraient être respectés dans tous les programmes de développement. Avec plus de clarté, on s'est rendu finalement compte que la protection de l'environnement est une exigence de la dignité humaine[404]. La conscience écologique est un pas indispensable pour freiner la détérioration progressive de l'environnement et le Magistère de l'Eglise encourage, stimule cette conscientisation de manière à ce qu'il y ait des programmes concrets adéquats pour la mise en œuvre de la conscience écologique[405]. Néanmoins, l'impression qui se dégage est que, malgré cette prise de conscience accrue, il manque une connaissance adéquate de tous les facteurs qui sont en jeu dans la crise écologique et la protection de l'environnement. C'est surtout la dimension morale de la question écologique qui est oubliée. Et si elle est prise en compte, elle s'appuie sur l'évolution et les éthiques évolutives laissant de côté la loi naturelle qui est à l'origine de la question écologique, raison pour laquelle les solutions que la prise de conscience écologique propose sont parfois déficientes et même utopiques. Au-delà de l'altruisme qui sous-tend la conscience écologique, il est nécessaire de connaître ses origines, sa véritable nature, ses racines culturelles et ses ramifications actuelles.

III.2. Les origines culturelles de la crise écologique

III.2.1. Le « projet moderne » de la relation homme-nature

La conception moderne de la relation homme-nature a ses racines dans le Moyen-Âge. Mais le « projet moderne » non seulement s'est

---

402 Cf. BENOÎT XVI, *Discours aux participants du IVe Congrès ecclésial national italien*, Vérone, 19.X.2006.

403 Le terme « écologie » (du grec οικια : maison) fut introduit en biologie par E.H. Haeckel (1834-1919), pour désigner la science des relations de l'organisme avec le milieu ambiant. Son usage actuel s'applique aux relations que l'homme entretient avec la nature.

404 Cf. JEAN-PAUL II, *Sollicitudo rei socialis* (dorénavant SRS), 30.XII.1987, n. 26 ; *Redemptor hominis* 4.III.1979, n.15.

405 Cf. JEAN-PAUL II, message du 8.XII.1989, n.1 ; Audience générale du 17.I.2001, n.4.

développé avec l'humanisme de la Renaissance et l'avènement des sciences modernes, mais aussi s'est consolidé par la philosophie des Lumières et le positivisme. En effet, ce « projet » naît avec un but déclaré d'imprimer une orientation pratique à la connaissance selon la onzième thèse de Marx sur Feuerbach : « Jusqu'à présent, les philosophes n'ont fait qu'interpréter le monde : il s'agit maintenant de le transformer[406] ». La pensée cesse d'être une activité uniquement spéculative, désormais elle se veut pratique. Dans le jugement de la pensée moderne en général, la science devrait dorénavant continuer à chercher à libérer l'homme de toutes les limites que la nature et la société imposent à la vie humaine. Dès ses débuts, la pensée moderne adopta une orientation pratique avec deux objectifs concrets : la domination de la nature et le contrôle rationnel de la société[407]. Dans un tel contexte, l'aspiration de la médecine, notamment pour certains auteurs comme Descartes, était le dépassement de la mort. L'optimisme naïf de Descartes s'est nourri des succès obtenus par l'application de la méthode mathématique à la connaissance de la nature. Il pensait avoir ouvert un chemin pour le progrès indéfini de la raison. Cela perdurera tout au long de l'époque des Lumières et va atteindre le point le plus expressif avec le positivisme de Comte, comme mise en pratique du contrôle rationnel de la société. Sans prétendre décrire complètement le « projet moderne », nous allons signaler certaines de ses caractéristiques[408]

Le monde cesse d'être, du moins dans la pratique, une création de Dieu confiée à l'homme avec une finalité, une valeur et une signification objectives indépendamment de l'être humain. La nature n'est rien d'autre que la matière régulée exclusivement par les lois physiques universelles. Par conséquent, on ne peut pas concevoir une condition préalable à l'action humaine, ce qui sépare les dimensions immanente et transcendante de la loi naturelle. La nature humaine se réduit à la nature physique, thèse du physicisme. Par conséquent, la nature et la personne apparaissent comme deux réalités diamétralement opposées. La personne est sujet, raison, esprit et liberté qui ne font pas partie de la nature. Celle-ci, y compris le corps humain, doit être considérée comme un pur objet, une matière, que l'homme doit vaincre et dominer.

---

[406] Cf. K. MARX cité par A.M. GONZÁLEZ, *En busca de la naturaleza perdida, Estudios de bioética fundamental*, EUNSA, 2000, p. 12.

[407] A.M. GONZÁLEZ, *op.cit.*, p. 13.

[408] Sur la conception moderne de l'homme et du monde, voir J.BALLESTEROS, *Ecología personalista,* Tecnos, Madrid 1995, pp.13-20, R.GUARDINI, *Ética,* BAC, Madrid 1999, pp.425-439, A. RUIZ-RETEGUI, « Fundamentos éticos de la relación del hombre con la naturaleza » en AA.VV., *Deontología biológica,* Facultad de Ciencias, Universidad de Navarra, Pamplona 1987, pp.243-246, T. TRIGO, « El bien de la naturaleza» in A. SARMIENTO, T. TRIGO, E. MOLINA, *Moral de la persona,* EUNSA, 2006, pp.400-401.

L'homme est maître absolu de la nature et la mesure de toute chose. Il détermine ses valeurs qui se réduisent surtout à l'utilité économique. La différence entre les êtres naturels et les autres êtres se limite à l'utilité matérielle. Le monde sur lequel l'homme exerce le droit de propriété est livré au *ius abutendi*[409]. Il est considéré comme source d'énergies illimitées, entièrement disponible afin que l'homme puisse l'utiliser à sa volonté selon ses fins économiques. La science et la technique sont les deux instruments nécessaires qui permettent à l'homme de dominer le monde. Par la science, l'homme analyse et décompose la nature ; par la technique, il la transforme et la soumet sans réserve à sa propre volonté, la convertissant en un produit de sa propre création. Les fruits de sa raison et la domination que l'homme gagne par la technique lui donnent une vision extrêmement optimiste de l'avenir. Ainsi s'ouvre pour l'homme la voie du mythe d'un progrès illimité.

Cependant, il est indéniable que le vingtième siècle a été le siècle du désenchantement, de la déception par rapport au projet et aux idées modernes. D'un côté, l'espérance d'un contrôle rationnel de la société s'est volatilisée au contact des guerres et des révolutions. De l'autre côté, la crise écologique naissante a imposé des limites aux projets de domination sans limite de la nature. La croissance exponentielle des nouvelles technologies industrielles a offert à l'être humain des avantages certains ; mais elle a aussi mis en danger non seulement la qualité de sa vie, mais même sa propre vie. C'est ce que Jean-Paul II explicite en ces termes :

> « L'ère moderne a été témoin de la croissance de la capacité d'interventions transformatrices de l'homme. La conquête et l'exploitation des ressources naturelles sont devenues prédominantes et envahissantes, et menacent maintenant la capacité d'accueil même de l'environnement : l'environnement comme «ressource» met en danger l'environnement comme «maison». En raison des puissants moyens de transformation offerts par la civilisation technologique, il semble parfois que l'équilibre homme-environnement ait atteint un point critique[410] ».

[409] L'expression « *Ius abutendi* », dans le droit romain, signifie droit d'user et d'abuser. Il confère au propriétaire un véritable droit divin.

[410] JEAN-PAUL II, Aloc.24.III.1997, n.2. Le texte que nous citons est espagnol, mais traduit par nous : « La época moderna ha experimentado la creciente capacidad de intervención transformadora del hombre. El aspecto de conquista y explotación de los recursos ha llegado a predominar y a extenderse, y amenaza hoy la misma capacidad de acogida del ambiente: *el ambiente como «recurso» pone en peligro el ambiente como «casa»*. A causa de los poderosos medios de transformación que brinda la civilización tecnológica, a veces parece que el equilibrio hombre-ambiente ha alcanzado un punto crítico. »

La crise écologique est donc considérée comme un événement déterminant dans la prise de conscience générale pour la naissance d'une éthique globale de la vie commune. En effet, en s'appuyant sur la crise écologique, l'un des objectifs de Potter était de respecter la nature et de sensibiliser l'opinion publique afin de combiner la biologie et l'humanité et de construire enfin une science de la survie. En outre, il s'appuie sur Aldo Léopold[411], ingénieur forestier, considéré comme le fondateur de cette branche de l'ingénierie, qui anticipe le concept de la bioéthique comme une éthique de la vie commune. Dans cette perspective, Potter développe sa conception de l'homme comme un sujet passif et actif d'une évolution biologique, physiologique et culturelle. Il recherche dans la biologie la capacité adaptative culturelle et éthique, la possibilité d'une vie commune de l'humanité. Il présente un paradigme biopsychosociale dans lequel tous les facteurs génétiques et environnementaux conditionnent aussi la perception et l'évolution des valeurs comme un circuit cybernétique. Le désir de la vie commune et de l'amélioration de la qualité de la vie humaine doivent amener tout le monde à s'engager pour la bioéthique. Il demande l'adhésion à un credo bioéthique personnel concret pour dépasser les erreurs évolutives et reconnaître la nécessité d'une éthique globale[412]. La crise écologique est donc un des facteurs déclencheurs de la conscience bioéthique, raison pour laquelle la bioéthique est étroitement liée dès son apparition aux éthiques écologiques.

Il ressort en filigrane que Potter s'est rendu compte que nous ne vivons pas dans un monde irrationnel sans aucun sens. Il y a une logique morale, une loi naturelle, une grammaire transcendante qui illumine l'existence humaine et rend possible le dialogue entre les hommes, entre les peuples, et avec les autres êtres de la nature. Cette grammaire transcendante ou loi naturelle est inscrite dans le cœur de tout homme par le Créateur[413]. Dans cette perspective, les normes morales fondées sur la loi naturelle ne doivent pas être considérées comme des directives qui s'imposent à l'homme du dehors de sa nature et qui asphyxient sa liberté. Au contraire, ces normes morales conduisent l'homme fidèlement à sa perfection, au projet divin universel inscrit dans la nature humaine. La reconnaissance et le respect de cette loi naturelle sont le principe du dialogue entre les croyants de diverses religions et même avec les hommes de bonne volonté qui ne croient pas.

---

[411] Cf. L. ALDO, *The land Ethic: Sand Country Almanac, with other essays on conservation from Round River*. Oxford University Press, 1949.

[412] Cf. V.R. POTTER, *Global Bioethics Building on the Leopold Legacy.* East Lansing: Michigan State University Press, 1949 cité par F. A. I FABRE, *Bioética: orígenes, presente y futuro,* MAPFRE, 2001, p. 27.

[413] Cf. BENOÎT XVI, Message pour la XLe Journée Mondiale de la Paix, 1.I.2007.

III.2.2 L'abîme entre sciences naturelles et sciences de l'esprit

Le rejet de la vérité dans le « projet moderne » a comme origine l'écart existant entre les sciences de la nature et les sciences de l'esprit, et surtout l'abîme entre les sciences positives, d'une part, la philosophie et la théologie d'autre part. Edmund Husserl faisait déjà ce diagnostic sur la situation intellectuelle des sciences positives. Selon lui, l'avènement contesté/conflictuel des sciences positives au cours du XIXe siècle s'explique par la réduction du « vrai » au « vérifiable », laissant le reste à la portée subjective[414]. Ce qu'elles considèrent à leur portée comme valide, c'est la vérité sur le fonctionnement des choses, des lois physiques et biologiques, bref, la vérité expérimentale, laissant les vérités morales et métaphysiques aux spéculations subjectives de chacun. Les questions existentielles, les questions relatives aux valeurs,... ne peuvent pas avoir de vérité. Si elles en ont, ces vérités demeurent subjectives. La recherche de la vérité dernière sur l'homme et sur le monde, qui lui permet de vivre en accord avec lui-même, est une tâche inutile. L'homme renonce à la sagesse et, par conséquent aux valeurs qui la transcendent, pour se consacrer à la transformation de la nature afin qu'il obtienne d'elle le maximum de rendement à court terme et à son bénéfice. La raison contemplative se transforme en raison technique ; l'homme en tant que *Homo sapiens* se convertit et se réduit en *homo faber*[415]. La vérité selon cette mentalité se limite à tout ce qui produit du progrès, tandis que le non-vrai entraîne le retard. Dans ce processus, la personne se valorise en fonction de son utilité et peut être considérée dans plusieurs cas comme une matière disponible et utilisable pour le développement économique. La divinisation de l'homme s'oppose à la divinisation de la nature, ayant comme conséquence la dissolution de la personne. L'homme ne se saisit plus comme créature divine, moins encore comme personne ; il se voit comme « corps-matière » qui appartient à l'univers technique. Rejoignant Hans Jonas, l'homme lui-même commence à faire partie des objets de la technique. « L'*homo faber* applique son acte à lui-même et s'apprête à inventer une nouvelle fabrication de l'inventeur fabricateur de tout le reste[416] ». Sans vouloir nous étendre sur cette opposition entre les sciences de la nature et les sciences de l'esprit, nous allons nous arrêter sur deux visions anthropologiques qui en dérivent et qui servent de fondements aux différents courants de la bioéthique.

La première est le matérialisme, le réductionnisme biologiste ou le fonctionnalisme qui réduit l'être humain à une pure matière génétique ou

---

[414] Cf. E. HUSSERL, cité par A.M. GONZÁLES, *op.cit.*, p.17.

[415] Cf. T.TRIGO, « El bien de la naturaleza» in A. SARMIENTO, T. TRIGO. E, MOLINA, *Moral de la persona*, *op.cit.*, p. 401.

[416] H. JONAS, *Le Principe de responsabilité* (1979), Paris, Cerf, 1990, p.38 cité par J.-F. MATTEI, « L'Expérimentation sur l'être humain », in F.-X. PUTALLAZ, B.N. SCHUMACHER, *L'humain et la personne,* Cerf, 2008, p. 26.

biologique. Toutes les sensations et les autres indices qui existent dans l'homme sont matériels. Le corps humain se réduit à l'activité neuronale et à des réactions chimiques cérébrales. C'est l'ensemble de tous les monismes fonctionnalistes qui explique l'homme en vertu des capacités qu'il possède pour réaliser certaines fonctions vitales. Cette conception fut défendue jadis par le matérialisme grec et la gauche hégélienne (Feuerbach et le matérialisme dialectique de Marx). Elle est soutenue en bioéthique par certains auteurs comme P. Singer ou H.T. Engelhart qui réduisent l'homme à l'activité neurologique et à la conscience, à la pure quantité d'éléments matériels, au nombre des connexions neuronales et à leurs fonctionnements. Nous remarquons en passant que, même s'il est évident que les gènes et le corps sont une partie constitutive de la nature humaine, l'homme ne se réduit pas seulement à la matière[417].

La seconde vision anthropologique est le dualisme interactionniste qui affirme qu'il existe dans l'homme deux réalités séparées, le corps et l'esprit, qui, comme deux substances distinctes, sont interactives. Cette vision, qui fut soutenue par Platon et Descartes, laisse sans explications satisfaisantes comment ces deux réalités s'unissent. L'homme se situe dorénavant au centre du monde, non pas du monde créé, mais de la réalité elle-même, marginalisant de plus en plus explicitement Dieu : c'est l'anthropocentrisme. Ceci implique que l'homme rejette, du moins sur le plan pratique, sa condition de créature et affirme son indépendance. Il nie du coup en fait sa relation avec Dieu et la nature. Face à Dieu, l'homme assume la condition de créateur et de législateur autonome. Il ne se considère plus comme collaborateur au perfectionnement de la création, mais comme créateur du monde, de lui-même par son travail. Admettre une loi divine sur son propre bien et celui de la nature signifierait renoncer à son autonomie, et par conséquent à sa dignité. L'homme se considère comme la source de toute vérité, de toute légalité et de toute valeur. Tout ce qui existe devrait se soumettre à sa volonté. L'homme se distancie non seulement de la nature, mais aussi de son corps compris comme *res extensa* devant le véritable sujet qui est esprit, *res /ens cogitans*. Par conséquent, la domination qu'il exerce sur la nature non humaine peut aussi s'appliquer à son corps le privant de sa dimension personnelle. La dissociation de l'unité psychobiologique ou unité substantielle de la personne considère le corps comme un objet extérieur à la personne humaine. Nous pouvons dire que certaines difficultés d'appréciation liées au statut ontologique de l'embryon proviennent de ce dualisme anthropologique.

---

[417] Nous recommandons à ce propos un article très intéressant de J. BALLESTEROS, *Derechos humanos : ontología versus reduccionismos,* Discours prononcé le 2 décembre 1999 lors de sa réception dans l'Académie Réelle de la culture de Valenciennes.

Ces origines culturelles de la crise écologique présentées synthétiquement nous permettent de comprendre les ramifications actuelles du problème de l'écologie.

III.3 La deep ecology[418]

La *deep ecology* est une des ramifications de la crise écologique actuelle : elle contribue aux ambiguïtés inhérentes à la conception de la nature humaine et de la loi naturelle subséquente. Ce mouvement se conforme fondamentalement au biocentrisme, encore appelé l'égalitarisme biologique. La thèse centrale de l'égalitarisme biologique est que toutes les espèces ont le même droit que l'espèce humaine de se développer selon leur nature. Il faut supprimer la différence ontologique entre l'homme et les autres êtres vivants. Apparemment, le biocentrisme semble ne pas avoir influencé la bioéthique dans ses débuts ; mais à y regarder de près, on découvre malheureusement que la réduction de la dignité humaine à celle des autres êtres vivants véhicule, implicitement et explicitement, certaines idéologies qui justifient les attentats contre la vie au nom des prétendus droits des libertés individuelles. C'est ce que Jean-Paul II appelle la culture de la mort[419]. On propose notamment la répression de la natalité pour permettre à la vie générale de survivre. On propose aussi l'élimination du progrès humain au détriment de la nature. Le bio-régionalisme est, lui aussi, une manifestation de cette façon de penser. Il milite pour une organisation sociale qui se limite aux possibilités biologiques qu'impose le territoire de chaque groupe humain. L'égalitarisme biologique implique le rejet de toute action de l'homme sur la nature, même entendue comme soin et administration, car ces actions supposeraient de reconnaître la supériorité de l'homme dans le monde. Cette idéologie demande que les espaces naturels qui n'ont pas encore connu l'action humaine soient inviolables. Elle s'oppose même à l'agriculture, exalte la nature sauvage et prône le retour à la vie du paléolithique. Même s'il y a certaines vérités dans le biocentrisme, il lui manque une certaine sagesse, une loi naturelle qui, selon l'intuition de Potter, doit aider l'homme dans l'usage de ses connaissances pour lui assurer la survie et améliorer ses conditions de vie[420].

---

[418] Le concept de « *deep ecology* » est apparu pour la première fois dans une célèbre conférence prononcée en 1972 par le philosophe Arne Naess à Bucarest en opposition à la « *shallow ecology* ».Les livres que nous recommandons pour son étude approfondie sont ceux de B. DE VALL, F. SESSIONS, *Deep Ecology : living as if nature mattered,* Salt Lake City, 1985, T. TRIGO, « La dimensión moral de la cuestion ecológica», in A.SARMIENTO, T. TRIGO, E.MOLINA, *Moral de la persona*, *op.cit.* pp.406-412.

[419] Cf. JEAN-PAUL II, EV, nn.4.12.17. C'est « la culture de la mort ».

[420] Cf. V.R. POTTER, « Humility with Responsibility » in *Bioethics for Oncologists: Presidential Address. Cancer Research*, 1975; 35: 2297-2306.

Une autre conséquence de l'égalitarisme biologique est la sacralisation de la nature et son élévation à la catégorie de divinité immanente. C'est le panthéisme moderne défendu par certains penseurs modernes comme Spinoza. Pour justifier fondamentalement l'équivalence de droits entre les personnes et les autres êtres vivants, l'écologie profonde n'a pas d'autres moyens que de diviniser la nature. Il reproche donc au christianisme, qui distingue Dieu de la nature, d'être à l'origine de la crise écologique. La loi naturelle comme loi de Dieu à laquelle la raison humaine participe n'existe plus.

Donc il y a eu, comme un humus, quelques facteurs culturels déterminants pour la germination de la bioéthique. Il y a, d'une part, le progrès sans précédent des sciences et des techniques, qui, dans le domaine des sciences biomédicales, a fait surgir de nouveaux problèmes et des questions éthiques inquiétantes. Certaines attitudes, d'autre part, suscitaient une réflexion éthique relative à la vie et à la santé et exigeaient une vigilance de la recherche scientifique.

IV. FONDEMENTS ÉPISTÉMOLOGIQUES DE LA BIOÉTHIQUE

IV.1.Loi naturelle, intuition primordiale de Potter

Historiquement, la naissance de la bioéthique est attribuée à deux hommes de science d'origine hollandaise, mais qui ont travaillé durant plusieurs années aux États-Unis : l'oncologue Van Renselear Potter et le physiologue de l'embryologie humaine André Hellegers, tous deux professeurs d'université et chercheurs. Même si l'attribution de la paternité du mot « bioéthique » à Potter est mise en question actuellement[421], il est celui qui, pour la première fois, a eu le mérite d'avoir élaboré par ses publications[422] les traits essentiels de la physionomie de cette nouvelle branche du savoir. Sans pour autant prétendre synthétiser ses écrits, notons néanmoins que Potter partageait avec d'autres penseurs la conviction que l'existence de l'espèce humaine, non seulement n'est pas garantie, mais qu'elle se trouve sérieusement menacée, à cause des multiples altérations de

---

[421] Depuis quelques années, la paternité du mot « bioéthique » ne s'attribue plus à Potter parce qu'on a découvert que le pasteur luthérien allemand et professeur de théologie Fritz Jahr (1895-1953) fut le premier à utiliser le terme « bioéthique » dans un article en 1927. Il proposait une nouvelle discipline fondée sur « l'impératif bioéthique » comme une révision de l'impératif catégorique de Kant élargi aux animaux et aux plantes.

[422] En 1970, il publia, « Bioethics: the Science of Survival » dans la *Revue de l'Université de Wisconsin*, « Perspectives in Biology an Medicine » 14(1970), pp.120-153. En janvier 1971, il publia un livre qui réunit plusieurs de ses articles, *Bioethics : Bridge to the future,* Pentrice-Hall, Englewood Cliffs.

l'équilibre biologique et de la contamination accrue des écosystèmes, fruit d'un pillage insensé de la nature par l'homme qui se trouve désormais en possession d'un pouvoir manipulateur. Ce pouvoir lui a été conféré par les progrès vertigineux des biotechnologies, dans un contexte de séparation totale entre les sciences expérimentales et les sciences humaines en général, spécialement l'éthique [423]. Il propose donc une nouvelle discipline académique ayant comme finalité la recherche d'une sagesse, d'une connaissance qui rend l'homme capable de réaliser des jugements adéquats en relation avec le progrès physique et culturel pour la survie humaine[424]. Intuitivement, « la nouvelle science de la survie » selon Potter servira désormais de pont entre les sciences expérimentales et l'éthique : elle pourra assurer la rencontre entre le monde des faits biologiques et le monde des valeurs morales. En utilisant le terme « bioéthique », son intention était de créer une nouvelle discipline universitaire ayant pour mission d'établir un lien entre, d'une part, le monde des valeurs éthiques, et d'autre part, le monde des faits biologiques. Potter considérait que, pour assurer la survie de l'écosystème, il était nécessaire de réguler l'usage des connaissances humaines[425]. En outre, la bioéthique apparaît comme une nouvelle matière d'étude reliant la connaissance biologique avec la connaissance des systèmes de valeurs humaines. Le genre humain a besoin urgemment d'une sagesse, d'un savoir-faire pour mettre sa connaissance au service du bien et de l'avenir de la condition humaine. La bioéthique ou science de la survie a comme exigence fondamentale la promotion de la qualité de vie. Nous considérons que cette science de la survie doit être basée sur les sciences biologiques, mais allant au-delà de leurs limites traditionnelles, pour inclure les éléments fondamentaux des sciences sociales et anthropologiques, avec une référence particulière à la philosophie dans le sens strict d'« amour de la sagesse »[426]. Voici comment il formule sa thèse conceptuelle et pratique :

> « Dans tout membre de l'espèce humaine, il y a comme un résultat du processus évolutif qui recherche une parfaite adaptation au moyen d'un instinct pour obtenir les avantages à court terme, en leur donnant une préférence en relation avec les nécessités de l'espèce à long termes. L'objectif de l'éthique globale est celui d'enrôler les "véritables croyants" capables de percevoir la nécessité du futur et de changer l'orientation actuelle de notre culture et qui peuvent influencer les gouvernements, sur le

[423] Cf. L. CICCONE, *Bioética, Historia, Principios, Cuestiones*, 2e edición, Palabra, 2006, p. 14.

[424] Cf. W.T. REICH, *Modelli di bioetica...* (o.c.), p.36, cité par L. CICCONE, *op.cit.*, p. 14.

[425] Cf. A.M. G. GONZÁLEZ, *En busca de la naturaleza perdida, op.cit.*, pp.11.

[426] Cf. G. RUSSO – V.R. POTTER, "La primera idea di bioetica", in G. RUSSO y colaboradores, *Ética generale e fondamentale* (o.c.), p.14, cité par L. CICCONE, *op.cit.*, p.15.

plan local et global, pour parvenir au contrôle de la fertilité humaine, à la protection de la dignité humaine et à la préservation et la restauration de l'environnement. Ce sont les exigences minimales pour pouvoir parler d'une survie acceptable opposée à la survie misérable »[427].

Sans forcer le rapprochement, nous remarquons que le fondement de la pensée de Potter est la loi naturelle. En effet,

> « le concept de la loi naturelle suppose l'idée que la nature est porteuse pour l'homme d'un message éthique et constitue une morale implicite qu'actualise la raison humaine. (...) Dans cette perspective, le monde est perçu comme un tout intelligible, unifié par la commune référence des êtres qui le composent à un principe divin fondateur, à un Logos »[428].

Le résultat du processus évolutif qui recherche l'adaptation parfaite dont parle Potter implique la conviction qu'il existe une intelligibilité dans le monde, source de l'éthique globale ou loi naturelle. La vocation des « véritables croyants » de l'éthique globale ou loi naturelle est de faire comprendre aux gouvernements sur le plan local et global qu'au-delà du Logos impersonnel et immanent découvert par le stoïcisme et présupposé par les sciences modernes de la nature il existe un Logos personnel, transcendant et créateur qui gouverne le monde. Ce principe créateur qui est l'Origine et le Modèle transcendant de l'univers maintient son unité, son harmonie et l'oriente vers son plein accomplissement[429]. Grâce à l'éthique globale ou loi naturelle, l'homme selon Potter parviendra à préserver la dignité et la fertilité humaines ainsi que l'environnement qui constituent les exigences minimales d'une survie acceptable et qui s'opposent à la survie misérable. Dans cette perspective, l'homme ne s'oppose pas à la nature ; au contraire, il entretient avec le monde des liens de familiarité fondés sur une commune participation. Ainsi il répond pleinement à sa vocation primordiale reçue du

---

[427] V.R. POTTER, « Getting to the year 3000 : Can Global Bioethics Overcome Evolution's Fatal Flaw », *Perspectives in Biology and Medicine*, 1990; 34(1): 97 cité par F. A. FABRE, *op.cit.*, p. 27: « En todo miembro de la especie humana hay, como resultado del proceso evolutivo que busca la adaptación perfecta al medio, un instinto para obtener ventajas a corto plazo. El objetivo de la ética global es el de enlistar a "verdaderos creyentes" capaces de percibir la necesidad de futuro y de cambiar la orientación actual de nuestra cultura y que puedan influenciar a los gobiernos, en el ámbito local y global, para conseguir el control de la fertilidad humana, la protección de la dignidad humana y preservación y restauración del medioambiente. Éstos son los requisitos mínimos para poder hablar de *supervivencia aceptable* contrapuesta a la *supervivencia miserable*».

[428] C.I.T., *op.cit.*, n. 69.

[429] Cf. Saint Athanase d'Alexandrie, « Traité contre les païens », 42, in *Sources chrétiennes*, 18, p.195.

Créateur : « Dieu a créé l'homme à son image et à sa ressemblance : homme et femme il les créa, leur confiant la tâche de dominer la terre »[430]. Ayant cette intuition, Potter était bien conscient du fait que la recherche scientifique de base, comme la recherche appliquée, est l'expression significative de cette seigneurie de l'homme sur la création. La science et la technique qui sont les ressources précieuses de l'homme doivent être à son service en promouvant son développement intégral au bénéfice de tous. Avant de voir comment cette intuition primordiale de Potter fut accueillie et interprétée, il nous paraît nécessaire de nous arrêter sur son statut épistémologique.

IV.2.Loi naturelle, fondement du statut épistémologique de la bioéthique

IV.2.1. Qu'est-ce que la bioéthique ?

Malgré l'importance que revêt la bioéthique dans la société actuelle, il existe comme dans ses débuts une complexité relative à son statut épistémologique. Potter l'a d'ailleurs souligné juste après sa germination lorsqu'il reconnaissait que, même si la bioéthique connaît un accueil ample dans la culture actuelle, notamment dans les moyens de communication, la constitution de centres de recherche spécifique, les débats politiques, il y manquait une clarté épistémologique suffisante[431], parce qu'il existe une diversification notable de sa définition, diversification qui rend complexes son objet d'étude et sa méthode comme discipline scientifique. Nous choisissons à cet effet une définition officielle qui nous permettra de faire ressortir son objet, sa méthode, bref la loi naturelle qui est le fondement même de son statut épistémologique : la bioéthique est « l'étude systématique de la conduite humaine dans le cadre des sciences de la vie et de la santé, examinée à la lumière des valeurs et principes moraux »[432].

Il ressort clairement dans cette définition que l'objet ou le champ d'application de la bioéthique est la science biologique ou science biomédicale. Déjà, il y a eu des occasions de mettre en relief l'augmentation des multiples interventions de l'homme sur la vie, spécialement dans ses débuts et dans sa phase terminale. Ces problèmes prennent une ampleur nouvelle, notamment avec l'avortement, toutes les pratiques de la

---

[430] Gn 1,27.28.

[431] Cf.G.RUSSO-V.R. POTTER, *La prima idea di bioetica, op.cit.*, p.25.

[432] C'est une définition qui fut adoptée par un groupe d'experts qui, en 1991, ont écrit le document d'Erice sur les relations entre la bioéthique et la déontologie médicale avec la Médecine légale. Le texte du document a paru dans *Medicina e Morale* 41 (1991), pp.561-567 : « Estudio sistemático de la conducta humana en el campo de las ciencias de la vida y de la salud, examinada a la luz de los valores y principios morales ».

contraception et la stérilisation. En outre, ont surgi d'autres problèmes liés aux techniques de reproduction assistée, au diagnostic prénatal, aux transplantations d'organes ou autres possibilités de réanimation. Il y a eu également une prise de conscience d'autres déterminants de la santé, tels que le style de vie (conditions de travail, habitudes alimentaires, alcoolisme, toxicomanie, tabagisme…), l'environnement (ensemble de problèmes qui affectent l'écologie, la contamination de la biosphère), facteurs qui ne sont pas étroitement liés à la médecine. Le défi éthique était si évident que la bioéthique devrait aider l'homme à le dépasser. En effet, si durant des siècles l'homme a pu confier à la nature-environnement le soin de sauvegarder ses conditions de vie, le même homme s'est rendu finalement compte que ses actions mettaient en danger non seulement la nature-environnement, mais aussi sa propre structure biologique, ouverte dorénavant à d'autres programmations possibles.

La deuxième remarque significative de cette définition est la perception de la bioéthique comme l'étude systématique de la conduite humaine dans le cadre des « sciences ». Si le mot « sciences » est au pluriel, cela suppose, selon nous, que la méthode d'approche de cette étude systématique de la conduite humaine est multidisciplinaire ou interdisciplinaire. Pour affronter n'importe quel genre de problème relatif à la bioéthique, il faut au préalable une connaissance des données scientifiques. Il faut associer aux résultats des sciences biomédicales les données des autres sciences, notamment de la sociologie, de la psychologie, du droit, etc. L'interdisciplinarité ou la multidisciplinarité de la bioéthique ne devrait pas nous faire oublier l'exigence d'une relation ordonnée entre les différentes disciplines qui font partie de la méthodologie bioéthique. Ainsi, revenant sur notre définition de la bioéthique comme étude de la « conduite humaine dans le cadre des sciences (…) à la lumière des valeurs et principes moraux », on se rend compte que l'éthique est au centre de cette interdisciplinarité. Malgré la place concédée aux « principes moraux »[433] dans cette liste des disciplines utiles, l'éthique n'est pas un chapitre de la bioéthique, moins encore une de ses disciplines secondaires. Au contraire, l'éthique est la matrice rationnelle et épistémologique de la bioéthique. Au centre de la multidisciplinarité de la bioéthique, se trouve l'éthique. En réalité, l'homme qui jouit de toutes ses facultés mentales et physiologiques s'interroge toujours sur son propre comportement : « Maître, que dois-je

[433]Cf. W.T.REICH, "Modelli di bioetica. Potter e Kenedy Institute a confronto", in G. RUSSO y colaboradores, *Ética generale e fondamentale* (o.c.), p.612 note 71. Il est surprenant de constater la nuance faite après par le même Reich, Directeur de l'encyclopédie et auteur de son introduction sur la signification du terme « principes moraux » : selon cette nuance, « le mot *principes* dans cette définition ne doit pas être compris comme *principes éthiques* » mais plutôt dans le sens « sources de la moralité ».

faire de bon pour obtenir la vie éternelle ? »[434], demande un jeune homme riche à Jésus dans l'Évangile. C'est dire qu'aucun homme n'est à l'abri des questions fondamentales de la vie : Que dois-je faire ? Comment discerner le bien du mal ?[435] La morale est connaturelle à l'homme et, comme telle, constitue la matrice épistémologique de la bioéthique et non une partie subsidiaire.

Toutefois, jusqu'à récemment, le problème de la source des valeurs morales ne se posait pas puisque le christianisme était considéré comme leur source d'inspiration. Avec l'avènement d'une société séculière, déchristianisée et pluraliste, on est en droit de se demander en quoi consistent ces principes moraux qui constituent le centre de la bioéthique. Autrement dit, si on admet que l'éthique constitue la matrice rationnelle et épistémologique de la bioéthique, de quelle éthique s'agit-il ? Quel est le contenu de cette morale susceptible d'être le fondement de la bioéthique ? Si nous sommes d'accord sur le fait que l'éthique est au centre, ce rôle demeure purement formel si la place de l'éthique en bioéthique n'est pas clarifiée. Quelle éthique, quels valeurs et principes moraux sont nécessaires à la bioéthique ?

La loi naturelle était jadis le fondement éthique de la bioéthique, car les valeurs et principes moraux nécessaires à la bioéthique sont inscrits dans la nature humaine. C'est la loi naturelle qui fut l'intuition de Potter : elle imprime dans chaque conscience le bien à faire et le mal à éviter. Mais, très vite, la vision première de la bioéthique fut déviée de façon profonde : elle adopta une définition purement « clinique »[436]. Le retour aux sources ou à l'inspiration de Potter signifie que la loi naturelle est le fondement épistémologique de la bioéthique, que les questions particulières de la bioéthique ne doivent pas être discutées théoriquement sans ce fondement. L'ensemble des procédés que propose la bioéthique pour la prise de décision devrait être soutenu par la loi naturelle. L'outillage conceptuel nécessite lui aussi un fondement éthique pour que l'on puisse raisonner, argumenter et délibérer devant les problèmes et les cas particuliers de la bioéthique. Puisque la prudence est l'expression de la dimension particulière de la loi naturelle, ce que nous recommandions pour la résolution de cas cliniques en éthique biomédicale est aussi valable pour les questions bioéthiques. Ce fondement éthique qu'est la loi naturelle, source de la dignité de la personne et des droits de l'homme, fait ressortir l'égalité symétrique entre tous les hommes et transcende le dualisme corps-personne. Cependant, si on distingue le corps humain vivant de la personne, on ouvre la porte à toutes sortes de discriminations. D'ailleurs, qui établirait le moment où le corps humain devient une personne et vice-versa et quand le ferait-il ? La situation

[434] Mt19,16.
[435] Cf. JEAN-PAUL II, V.S., n.2.
[436] Cf. G.RUSSO-V.R.POTTER, *op.cit.* p.11.

dans laquelle nous tomberions serait absurde. Une éthique fondée sur la loi naturelle protège le corps humain dans toutes les phases de son développement, ainsi que dans ses différentes manifestations (bien-être et mal-être physiques et mentaux). En effet, si la science se limite exclusivement à l'étude quantitative, mettant entre parenthèses les réalités, les fondements, cela ne signifie pas que, ontologiquement, la réalité est pure matière, réductible à l'extension du mouvement. Heidegger le faisait remarquer lorsqu'il disait que le fait que la physiologie et la chimie physiologique puissent faire des recherches sur l'homme comme organisme du point de vue des sciences naturelles n'est pas une preuve que l'essence de l'homme soit dans le corps scientifiquement explicable [437] . Sans un fondement « onto-éthique », la recherche scientifique sur les êtres humains, et les pratiques biomédicales échappent au contrôle de la loi naturelle et de la révélation.

IV.2.2. La question anthropologique et les paradigmes bioéthiques

L'anthropologie oblige la bioéthique à s'interroger sur les questions fondamentales : Quelle est la valeur de l'être humain ? L'homme possède-t-il une valeur propre, une dignité et des biens réels qui exigent un respect inconditionnel ? L'être humain peut-il être moralement neutre ? Peut-il être réduit à un pur objet ou à une matière première pour la science et la technique ? Faut-il reconnaître certaines valeurs universelles telles que la vie et la dignité de l'homme ? Ce questionnement illustre comment la question anthropologique est inhérente aux paradigmes bioéthiques. Les fondements anthropologiques déterminent les modèles bioéthiques. Nous présentons brièvement les deux grandes tendances éthiques qui sous-tendent le statut épistémologique de la bioéthique.

Synthétiquement, nous nous trouvons en face de deux visions anthropologiques dont la première réduit le corps à un instrument qu'on peut utiliser selon les critères de goût et d'efficacité. Le corps se valorise en fonction du plaisir ou de l'utilité. La vie bonne est synonyme de bonne santé et de vie saine. L'autre vision est basée sur l'unité substantielle de l'être humain. La conséquence est que le corps humain trouve sa valeur dans la dignité de la personne. Tout ce qui affecte le corps dans sa visibilité affecte la personne.

À ces deux visions anthropologiques se rattachent, d'une part, les modèles bioéthiques qui sont fondés sur le consensus de la majorité notamment l'approche utilitariste, sociobiologique, contractuelle, principaliste, etc., d'autre part, le modèle qui est fondé sur la loi naturelle ou bioéthique personnaliste. Malgré les débats internes de la bioéthique

---

[437] Cf. M. HEIDEGGER, *Lettre sur l'humanisme*, cité par E.P. SOLANA, *op.cit.*, p.30.

personnaliste, nous présentons quelques idées qui constituent son noyau essentiel[438].

La bioéthique personnaliste professe un credo d'engagement existentiel et pratique en faveur de toutes les personnes en général et singulièrement les plus défavorisées : en effet,

> « il y a un siècle, c'était la classe ouvrière qui était brimée dans ses droits fondamentaux, et l'Eglise avec beaucoup de courage a pris sa défense en proclamant les droits sacro-saints de la personne du travailleur. De même, lorsqu'une autre catégorie de personnes est aujourd'hui opprimée dans son droit fondamental à la vie, l'Eglise ressent le devoir de donner sa voix avec le même courage aux sans-voix. Sa voix est toujours un cri évangélique en faveur de la défense des pauvres du monde, de ceux qui sont menacés, méprisés et opprimés dans leurs droits humains. »[439]

La bioéthique qui voudrait s'inscrire dans le projet « personnaliste » ne peut pas éviter le militantisme qui interpelle toute personne dans sa dignité. À partir du plus élémentaire acte de reconnaissance de la personne, la raison pratique et, avec elle, toute la vie concrète de l'être humain réel s'y trouve engagée et impliquée. Avec elle, la congruence de la vie dans le traitement des autres, dans la liberté pour disposer des biens matériels et dans la promptitude au service des plus vulnérables est une dimension constitutive de la bioéthique personnaliste.

La bioéthique personnaliste distingue la sacralité, l'irréductibilité, l'inviolabilité de la vie humaine par rapport aux autres formes de vie et aux systèmes matériels complexes. La vie humaine physique n'est pas un ensemble d'organes ; c'est la vie d'une personne qui ne vaut pas en fonction de ce qu'elle a, mais en fonction de ce qu'elle est, de ce qu'elle est appelée à être : « La vie physique, par laquelle commence l'aventure humaine dans le monde, n'épuise pas assurément en soi toute la valeur de la personne, et ne représente pas le bien suprême de l'homme qui est appelé à l'éternité. Toutefois, elle constitue d'une certaine manière la valeur fondamentale, précisément parce que c'est sur la vie physique que se fondent et se développent toutes les autres valeurs de la personne »[440].

La bioéthique personnaliste reconnaît l'être humain comme un sujet qui est toujours en communion. C'est dire que l'opposition moderne entre l'être individuel et la collectivité ne correspond à aucun pôle de la vérité sur l'homme. La personne possède un caractère substantiel qui ne contredit pas

---

[438] Nous nous appuyons sur la synthèse faite par R.G. LÓPEZ, « *La persona es fin y no medio. El fundamento normativo de la bioética personalista* » in G.M. TOMÁS, E.P.SOLANA, *Bioética personalista : ciencia y controversias*, *op.cit.* pp. 40-42.

[439] JEAN-PAUL II, *Lettre à tous les Evêques concernant « L'Evangile de la vie »*, 19.V.1991.

[440] CDF, *Déclaration sur l'avortement provoqué,* 1974, n.9.

la rationalité profonde sur l'homme. La relation dans le monde antique était présentée comme le plus faible des accidents. Pour le christianisme, cette relation fut considérée comme une dimension constitutive du sujet personnel. Sauver la subjectivité personnelle en sacrifiant la relation ou défendre le relationnel au détriment de la substantialité sont des excès à éviter à travers un approfondissement sur les évidences qu'offre l'expérience de l'humain[441].

Il y a une opposition entre la bioéthique personnaliste, fondée sur la loi naturelle, et les autres courants ou modèles[442]. Dans la résolution des problèmes concrets, les fondements anthropologiques ont un impact capital sur l'orientation éthique. Soit on considère que la vie est un don, une mission reçue qu'il faut réaliser, soit on réduit la vie à la pure jouissance ; soit on considère que la souffrance est un mal à éviter à tout prix, soit on accepte que c'est un mal, certes, mais qu'elle est susceptible de porter certaines valeurs ; soit on considère que la mort est la damnation de tout, soit on considère officiellement qu'elle est un moment d'importance unique pour la personne et pour son destin hors du monde. Ainsi la bioéthique personnaliste soutient que la vie humaine notamment a une valeur en soi par le fait d'être ; par contre, selon la bioéthique laïque, la vie est une valeur et vaut la peine d'être vécue dans certaines conditions : une qualité « bonne » avec certains déterminants concrets notamment le plaisir, la capacité de se déplacer, la possibilité d'être utile à la société… Dans le cas contraire, cette vie ne mérite pas d'être vécue.

La bioéthique personnaliste fut étiquetée comme « catholique » afin qu'on y voie une invention de l'Église ; on a fait circuler l'idée que ses fondements ne sont pas démontrables rationnellement et qu'elle ne vaut donc que pour ceux qui croient en Dieu et à la révélation chrétienne. En outre, on l'accuse de résoudre les problèmes avec des arguments d'autorité, c'est-à-dire l'obéissance au Magistère de l'Église. Nous pensons pour notre part que la réalité est autre. En effet, l'anthropologie sous-jacente de la bioéthique personnaliste provient d'un courant de pensée décidément rationnel, qui a son origine hors du christianisme : la philosophie classique grecque. Selon les Anciens, l'existence de Dieu, la dépendance de l'homme vis-à-vis de Dieu, ainsi que la vie après la mort, constituent des vérités fondamentales. La bioéthique « laïque » du point de vue anthropologique s'aliène dans les thèses philosophiques de la modernité immanentiste. Elle est dite « laïque »

---

[441] K.WOJTYLA, « La persona : sujeto y comunidad » in *El hombre y su destino,* Palabra, 1998.

[442] Pour cette opposition entre bioéthique personnaliste et les autres modèles de la bioéthique, nous recommandons l'article de L. CICCONE, « Bioética. Historia y problema actual » in *Diccionarios SAN PABLO. Pastoral de la Salud y Bioética,* San Pablo, 1997, pp. 166ss.

dans la mesure où elle rejette tout ce qui a trait au religieux, à la transcendance et à la métaphysique.

Cet affrontement anthropologique entre la bioéthique « laïque » et « personnaliste » se polarise sur la considération de la vie du point de vue éthique. En effet, comme nous le font remarquer Putallaz et Schumacher[443], la dignité de la personne humaine et la valeur de la vie constituent les perles précieuses de notre civilisation. Elles sont défendues par les deux grandes écoles de bioéthique et proclamées par les actes législatifs de toutes les institutions démocratiques et des comités éthiques. Les difficultés commencent dès lors qu'il s'agit de thématiser la signification de ces valeurs et d'en tirer les conséquences. Cette opposition entre bioéthique « laïque » et bioéthique personnaliste ou catholique, entre la bioéthique et la théologie morale, est une des conséquences de la séparation des valeurs *vérité-bien-liberté*, *foi-raison*, de la négation des *actes intrinsèquement mauvais,* bref, de la dimension transcendante et immanente de la loi naturelle. En effet, comme le disait Mordacci[444], il n'y a pas de doute que l'origine de la bioéthique fut principalement théologique. Mais la domination des perspectives théologiques qui a marqué la bioéthique durant les années 60-70 souffrit d'une érosion profonde lorsque les philosophes, les juristes et autres, dans le meilleur des cas, relativisèrent cette perspective de façon drastique ou la rejetèrent complètement. Les raisons de cette marginalisation sont que la voix théologique est devenue impertinente dans le contexte de l'éthique publique. Toute argumentation reconnue expressément comme religieuse est taxée comme une imposition d'une vision du monde aux autres.

Cette opposition entre la bioéthique laïque et bioéthique personnaliste, entre la bioéthique et la théologie morale, entre les dimensions immanente et transcendante de la loi naturelle, entre la foi et la raison est factice et ouvre la porte à la tyrannie des idéologies, à la dictature de la majorité et au relativisme. La foi, la théologie morale, la dimension transcendante de la loi naturelle, n'amoindrissent pas l'autonomie de la raison ; moins encore, elles ne réduisent pas son domaine d'action. Il n'existe pas une compétition entre l'autonomie de la raison et la théologie, entre l'autonomie de la raison et celle de la foi sur laquelle elle s'appuie. Au contraire, la foi affine le regard intérieur et permet à la raison de découvrir dans l'ordre du déroulement des événements la présence de la Providence. « Le cœur de l'homme délibère sur sa voie, mais c'est le Seigneur qui affermit ses pas »[445]. Chaque fois que l'homme oppose les dimensions

---

[443]Cf. F-X PUTALLAZ, B.N. SCHUMACHER, *L'humain et la personne, op.cit.* p.11.

[444] Cf. R. MORDACCI, *L'incerta vicenda della bioética. Saggio di interpretazione sintetica,* in AAVV, *La bioetica. Questione civile e problemi teorici sottesi,* Glossa, Milán 1998, pp.22-24, cité par L.CICCONE, *op.cit.*, p.33.

[445] Pr 16,9.

transcendante et immanente de la loi naturelle, conséquence de l'opposition entre la foi et la raison, il s'expose au risque d'échec et finit par se retrouver dans les conditions de « l'insensé »[446]. C'est une stupidité qui constitue une menace pour le don de la vie que Dieu le Créateur a confié à l'homme et dont il lui a demandé de prendre soin et d'assumer la responsabilité. Ce principe fondamental du don de la vie n'est plus le centre de réflexion qui éclaire tous les problèmes que soulèvent les interventions artificielles sur la vie naissante et sur les processus de procréation. En effet, l'homme de science, le juriste, le sociologue, le philosophe, etc., qui dans sa quête épistémologique s'imagine pouvoir avancer plus librement en séparant la foi de la raison n'est pas capable de fixer son regard sur ce qui est essentiel. Cela ne lui permet pas de mettre de l'ordre dans son esprit et d'adopter une attitude qui convient face à lui-même et à son environnement. Les techniques de procréation, qui, dans ce cas, permettent à l'homme de prendre en main son propre destin, l'exposent malheureusement à outrepasser les limites raisonnables de la nature humaine :

> « Heureux l'homme qui médite sur la sagesse et qui raisonne avec intelligence, qui réfléchit dans son cœur sur les voies de la sagesse et qui s'applique à ses secrets. Il la poursuit comme le chasseur, il est aux aguets sur sa piste ; il se penche à ses fenêtres et écoute à ses portes ; il se poste tout près de sa demeure et fixe un pieu dans ses murailles ; il dresse sa tente à proximité et s'établit dans une retraite de bonheur ; il place ses enfants sous sa protection et sous ses rameaux il trouve un abri ; sous son ombre il est protégé de la chaleur et il s'établit dans sa gloire »[447].

Les propositions de la foi sont humaines et humanisables. Car, selon la formule de *Gaudium et Spes* : en Christ se dévoile pleinement le mystère de l'homme[448].

V. LOI NATURELLE ET PRINCIPES DE LA BIOÉTHIQUE

V.1. La première formulation des principes ou *Belmont Report*[449]

Certains scandales provoqués par la recherche sur les êtres humains ont provoqué une énorme indignation aux États-Unis et entraîne la création en 1974 de la National Commission for the protection of Human Subjects. En 1978, cette Commission présenta un rapport de synthèse – appelé *Belmont report*- qui pour certains constituait une étude assez complète qui

[446] Cf. Ps 14[13]; l'insensé qui affirme que Dieu n'existe pas.
[447] Si 14, 20-27.
[448] Cf, *Gaudium et Spes*, n. 22
[449] The National Commission for the Protection of Human Subjects of Biomedical and Behavioral Research, *Belmont Report,* 1978.

n'avait jamais été faite sur la recherche effectuée sur les êtres humains[450]. Trois principes, que nous énumérons ci-dessous fondamentaux furent retenus par la commission.

Le premier est le principe de l'autonomie ou le respect des personnes, qui implique le respect de la volonté des individus qui doivent participer ou non à une recherche clinique expérimentale. Le rapport donne quelques directives pour le consentement informatif.

Le deuxième est le principe de bienfaisance [451]: la formulation du rapport sur ce principe exprime deux règles complémentaires : ne pas nuire, augmenter si possible les avantages et réduire les torts le plus possible.

Le troisième est le principe de justice qui indique les critères selon lesquels il faut répartir les risques, les inconvénients et les bienfaits ou bénéfices.

Mais si le *Belmont Report* concernait au départ les recherches faites sur les êtres humains, ses analyses furent rapidement utilisées dans le champ de la bioéthique en général, et singulièrement dans la bioéthique clinique. La question qui naît face à cette intuition est celle de savoir sur quel fondement de base reposent ces principes. La loi naturelle, qui fut à l'origine de l'intuition de Potter, peut-elle aussi être le fondement de base de ces principes ? Le contenu plus détaillé de chaque principe peut nous aider à répondre à cette question.

V.2. Réévaluation des principes classiques

V.2.1. Le principe de l'autonomie

La définition succincte que le *Belmont Report* donne de ce principe risque de ne pas mettre en lumière la multiplicité et la complexité de tous les problèmes liés à l'interprétation et surtout à l'application de ce principe. Ces questions concernent d'abord la clarification terminologique du concept de l'autonomie ; elles s'étendent aussi aux critères qui permettent de savoir si le sujet jouit de toutes les conditions suffisantes pour faire un choix autonome. Il n'est pas possible d'exposer ici comment ces problèmes ont été analysés et résolus tant dans le livre de Beauchamp et Childress que dans l'abondante littérature bioéthique. Nous faisons ressortir ici l'essentiel relatif à l'autonomie du patient : le consentement informatif. Pourquoi parle-t-on du consentement ? En dehors des cas rares où le patient est médecin, n'importe

[450] Cf. K.LEBACQ, « Profil et analyse critique des recommandations de la Commission nationale » in *Médecine et expérimentation,* cité par G.DURAND, *op.cit.*, p. 187.

[451] Certains auteurs subdivisent ce deuxième principe en distinguant la bienfaisance et la non-malfaisance pour avoir enfin quatre principes comme T. BEAUCHAMP, J.F. CHILDRESS, *Principles of Biomedical Ethics, op.cit*, pp.191ss. Nous maintiendrons pour la suite cette distinction.

quelle proposition opérative tant de caractère diagnostique que thérapeutique ne peut venir que du médecin qui soigne. Le patient, destinataire de la proposition, est normalement une personne capable de choix conscients et libres. Sa dignité de personne exige donc que ce soit lui qui choisisse d'accepter ou de rejeter la proposition du médecin. Pour que cette décision ne soit pas arbitraire, moins encore capricieuse ou émotive, mais le fruit d'une évaluation pondérée de la situation, cette évaluation doit pouvoir se faire sur la base d'une connaissance suffisante de l'intervention proposée, des avantages attendus, des risques et des inconvénients relatifs à l'opération médicale. Si le consentement s'établit sur ces critères, il est dit informé.

Il convient d'ajouter que le consentement doit être libre et volontaire. L'information donnée correctement doit donc libérer le consentement des éventuelles pressions internes, notamment des peurs injustifiées et des espérances illusoires. À cette liberté interne, il faut associer la liberté par rapport aux pressions qui peuvent provenir de l'extérieur, notamment la presse et les autres moyens de communication. La difficulté ne se situe pas au niveau des patients qui sont incapables de prendre une décision véritablement autonome comme les enfants mineurs, les malades mentaux, les sujets comateux, mais, à celui des mères porteuses notamment qui viennent des pays du Sud et qui sont déjà dépendantes économiquement : Comment déterminer chez ces femmes si vulnérables, comme le recommande la CNE, l'existence effective et le degré de capacité de donner un consentement éclairé ? Comment établir les modalités éthiques correctes, susceptibles d'amener ces femmes vulnérables économiquement à une décision moralement justifiable, une décision qui soit la plus cohérente possible avec le principe d'autonomie[452]?

Par ailleurs, le malade est d'abord un sujet vulnérable. Le patient est conscient de sa dépendance et sait pertinemment qu'il a besoin des soins spécifiques dispensés par un professionnel de la santé, du soutien et du réconfort de ses proches. Hoffmaster disait à juste titre que la « vulnérabilité corporelle qui s'exprime dans la maladie ne signifie pas seulement la fragilité – la possibilité que nous pourrions ne plus vivre- mais aussi la fragilité de l'autonomie »[453]. Bref, la nécessité d'autrui se fait plus pressante

[452] C'est ce que propose la CNE. Cf. CNE., *op.cit.*, p.46 : « C'est la raison pour laquelle, si la maternité de substitution venait à être autorisée, les éléments liés à l'information, à la compréhension et à la volonté devraient être particulièrement suivis en vue du respect de l'autonomie de la mère porteuse. A ce titre, si une personne adulte, capable de discernement, dûment informée, exprime son consentement pour une maternité de substitution, il est difficile de conclure à une instrumentalisation ».

[453] B. HOFFMASTER, « What Does Vulnerability Mean ?», p.42 cité par N. MAILLARD, *La vulnérabilité. Une nouvelle catégorie morale ?* Labor et Fides, 2011, p.164.

et plus impérieuse dans des situations de vulnérabilité et rend complexe l'application de l'autonomie chez le patient en général et singulièrement chez les mères porteuses[454]. En bioéthique, les personnes dites vulnérables sont celles qui, à cause de leur incapacité, ne peuvent plus protéger elles-mêmes leurs intérêts et courent le risque d'être exploitées ou traitées comme de simples objets[455]. On se demande, dans ce cas, comment articuler l'autonomie et la vulnérabilité en bioéthique et en éthique biomédicale. La relation entre l'autonomie et la vulnérabilité est-elle symétrique ou asymétrique ? Peut-on véritablement parler d'une autonomie sans théonomie ?

L'application du principe d'autonomie en bioéthique n'est pas si simple comme il est souvent présenté théoriquement. L'homme ne peut pas uniquement par sa raison prétendre résoudre tous les dilemmes éthiques de la bioéthique et de l'éthique biomédicale : « Dieu a voulu laisser l'homme à son conseil »[456], afin qu'en cherchant son Créateur il parvienne librement à la perfection. Par son autonomie, l'homme façonne le monde en le maîtrisant grâce à son intelligence et à sa volonté. L'autonomie ne donne pas prétexte à satisfaire la chair[457] ou les désirs égoïstes, raison pour laquelle, à la base de toute vie morale, se trouve le principe de « juste autonomie » qui signifie que les choses créées dépendent du Créateur[458]. Mais, sans la loi naturelle, ce principe peut être mal interprété par le patient et par le médecin.

V.2.2. Le principe de non-malfaisance

Ce principe exprime l'obligation de ne pas provoquer le mal intentionnellement. En effet, lorsque l'état de santé du malade ne peut plus lui offrir un bien déterminé, le principe de non-malfaisance oblige le médecin à ne pas lui donner certains traitements qui lui feront beaucoup de mal et n'amélioreront pas sa santé. L'éthique biomédicale a comme première règle le « *primum non nocere* » hippocratique : « d'abord ne pas nuire ». Ce principe a été plusieurs fois proclamé comme principe fondamental de la tradition hippocratique dans l'éthique médicale. Cependant il ne se trouve pas dans le corpus même du serment d'Hippocrate. Malgré cela le jugement hippocratique exprime l'obligation de ne pas faire du mal et celle de faire du bien : « J'utiliserai le traitement pour aider les malades selon mes capacités et mon jugement, mais jamais je ne les utiliserai pour leur faire du mal, de

---

[454] Pour la complexité de la notion d'autonomie en bioéthique et en éthique biomédicale, nous recommandons N. MAILLARD, *La vulnérabilité. Une nouvelle catégorie morale ?* Labor et Fides, 2011, pp.161-228.
[455] Cf. N. MAILLARD, *op.cit.*, p. 172.
[456] Si 15,14.
[457] Cf. Ga 5,13.
[458] Cf. *Gaudium et Spes*, n.36.

quelque manière que ce soit »[459]. Ce principe a aujourd'hui, selon certains auteurs, des implications ou considérations. Certaines clarifications deviennent nécessaires pour définir notamment la différence entre tuer et laisser mourir, entre suspendre le traitement et s'abstenir de traiter spécialement des personnes en fin de vie ou des malades ayant des problèmes graves irréversibles. La vertu de la prudence, expression de la dimension singulière de la loi naturelle que nous avons présentée dans le chapitre antécédent, est capitale ici. Il est question d'épargner au patient tout préjudice moral ou physique qui n'aurait pas de sens pour lui. La souffrance ici doit être acceptée si le malade est dans les conditions normales de pouvoir l'endurer[460]. Il y a primat du principe de non-malfaisance dans la mesure où la préoccupation thérapeutique la plus immédiate est de ne pas détériorer l'état de santé du patient. Pour la mère porteuse notamment, comment respecter le principe de non-malfaisance lorsqu'interviendront les séparations biologiques et psychologiques inhérentes aux liens qu'elle a établis avec l'enfant pendant neuf mois[461] ? Même si les parents d'intention accueillent l'enfant, on ne peut pas nier la souffrance psychologique que va endurer la mère porteuse. Cette souffrance rend problématique l'application du principe de non-malfaisance.

V.2.3. Le principe de bienfaisance : option fondamentale du professionnel de la santé

En éthique biomédicale, le principe de bienfaisance signifie que le médecin doit toujours avoir comme objectif le bien du patient. Dans le paternalisme de l'éthique de tradition hippocratique, ce principe était très

---

[459] T.L.BEAUCHAMP, J.F.CHILDRESS, *Principles of Biomedical Ethics, op.cit*, pp.191: « Utilizaré el tratamiento para ayudar a los enfermos según mis capacidades y mi juicio, pero nunca lo utilizaré para dañarlos, del modo que sea. »

[460] C'est le cas des infections nosocomiales où le patient sort de l'hôpital dans un état plus grave que celui dans lequel il était entré constitue une entorse au principe de non-malfaisance. C'est aussi le cas de l'acharnement thérapeutique ou obstination déraisonnable où le patient atteint d'une infection incurable subit des traitements ou des opérations qui ne font qu'augmenter le processus d'altération de sa santé.

[461] C'est l'une des propositions de la CNE. Cf. CNE, *op.cit.* p.45: « Il est vrai que durant la grossesse des liens de nature psychologique et biologique se construisent entre la femme enceinte et le fœtus. À la naissance, ces liens sont interrompus puisque c'est la mère d'intention qui assure la continuité de cette relation. La CNE reconnaît l'importance de ces liens en tant que composante épigénétique notable. Elle considère que, dans la perspective du bien de l'enfant, la mère porteuse aurait intérêt à cultiver ces liens tout en sachant qu'elle devra céder l'enfant qu'elle porte à la mère d'intention, détachement qui sera vraisemblablement douloureux pour elle. Cependant, la CNE est d'avis que l'enfant n'est pas véritablement abandonné, car les parents d'intention sont là pour l'accueillir et lui assurer toute la sollicitude et l'attention dont il a besoin. »

facile à appliquer. Mais, avec, d'une part, l'interprétation et l'application du principe de l'autonomie et, d'autre part, les changements culturels qui ont provoqué des conflits dans la relation médecin-patient, son application n'est plus si facile. À cela se sont ajoutés la réduction de la conception du bien au bien physique et l'élargissement de la conception de la personne qui englobe sa situation concrète, son intégrité familiale et sociale. Dans ces conditions, il devient particulièrement difficile d'établir validement les critères fondamentaux qui déterminent quel est le véritable bien dans chaque cas concret. À cet effet, il convient à l'homme d'aujourd'hui en général et particulièrement au professionnel de la santé de se tourner vers Dieu pour recevoir de Lui la réponse sur ce qui est bien et sur ce qui est mal. Dieu est le « seul Bon »[462] et Lui seul peut répondre à cette question, parce qu'il est le Bien, la bonté en plénitude[463]. En fait, Dieu a déjà répondu à cette question en créant l'homme à son image et en l'ordonnant avec sagesse et amour à sa fin, par une loi inscrite dans son cœur[464], « la loi naturelle n'est rien d'autre que la lumière de l'intelligence, infusée en nous par Dieu. Grâce à elle, nous connaissons ce que nous devons accomplir et ce que nous devons éviter »[465]. La vie morale en général, et particulièrement l'application du principe de bienfaisance en bioéthique, devient une réponse morale due aux initiatives gratuites de l'amour que Dieu multiplie dans ses relations avec l'homme. Le principe de bienfaisance qui n'est autre qu'une formulation du principe de base de la loi naturelle, « il faut faire le bien et éviter le mal », devient une option fondamentale dans la déontologie médicale. Le bien du patient, objectif du principe de bienfaisance, devient « l'option fondamentale dans les choix délibérés et comportements concrets »[466] du professionnel de la santé. L'application de ce principe suppose qu'on se situe dans une « liberté fondamentale », distincte de la liberté de choix qui, elle, n'a pas de rapport avec la vérité et le bien de la personne. Le principe de bienfaisance, qui est au centre de la prise des décisions, ne consiste pas à faire un choix arbitraire : c'est un choix fondamental qui constituera le point de référence pour le professionnel de la santé. C'est un choix qui, parce qu'il engage la liberté du médecin devant Dieu, est la base solide sur laquelle pourront et devront se développer les autres décisions quotidiennes. Si la médecine est une vocation, l'appel de Jésus, « viens et suis-moi »[467], montre le degré de liberté accordé au médecin et en même temps la nécessité des actes de foi et de décisions inhérentes à l'option fondamentale. Puisque la liberté est

[462] Cf. Mc 10,18 ; Lc 18, 19.
[463] Cf. JEAN-PAUL II, VS, n. 9.
[464] Cf. Rm 2, 15.
[465] JEAN-PAUL II, VS, n. 12.
[466] JEAN-PAUL II, VS, n. 65.
[467] Mt 19, 21.

toujours menacée de tourner en esclavage[468], le principe de bienfaisance comme option fondamentale du professionnel de la santé devient acte de foi.

[468] Cf. Ga 5,13.

SYNTHÈSE PARTIELLE

Au terme de cette première partie, nous retenons que la loi naturelle est à l'origine de toute réflexion éthique en général et singulièrement de l'éthique biomédicale et de la bioéthique. Le bien moral que la loi naturelle recommande est inséparable de la vérité et de la liberté de la personne. L'adhésion à ce bien ne dépend pas des orientations métaphysiques. C'est pour cela que nous disions au départ que les chaînes *vérité-bien-liberté* et *foi-raison* sont indispensables dans la structure épistémologique et axiologique de la loi naturelle. Sans ces deux chaînes, il devient impossible de reconnaître les *actes intrinsèquement mauvais* et la procréation comme un des préceptes de la loi naturelle. Pour résoudre les dilemmes éthiques relatifs aux techniques d'aide à la fertilité, notamment la fragmentation de la maternité et de la paternité, la mortalité embryonnaire,... ces fondements épistémologiques[469] sont d'un intérêt capital d'autant plus que la procréation est un des préceptes premiers de la loi naturelle. Si on ne tient pas compte de ces chaînes de valeurs dans le jugement moral, la *qualité de la vie* se substitue à la sacralité et à l'inviolabilité de la vie[470] et les techniques d'aide à la fertilité deviennent des techniques de reproduction assistée.

L'inviolabilité ou la qualité de la vie[471] ?

En effet, l'inviolabilité de la vie humaine était avant tout un caractère déontologique de telle sorte qu'elle fonctionnait comme un impératif absolu et inconditionnel. Mais avec l'arrivée de la société de consommation, la qualité de la vie se substitue à l'inviolabilité de la vie. En effet, la qualité de la vie permet de considérer les actions bonnes ou

[469] Les trois fondements épistémologiques que nous avons posés au départ sont : la chaîne vérité-bien-liberté, la chaîne foi-raison et l'existence des actes intrinsèquement mauvais.

[470] Le terme « qualité de vie » a vu le jour dans les pays occidentaux dans les années cinquante et a eu une connotation sémantique précise vers les années soixante-dix. Actuellement, c'est une expression utilisée dans trois contextes différents, chacun lui donnant sa signification : *qualité de vie* comme terme descriptif, *qualité de vie* comme terme évaluatif, *qualité de vie* comme terme normatif ou prescriptif. Pour plus de détails, nous recommandons D.G. GUILLÉN, *Ética de la calidad de vida,* Fundación Santa María, 1984, pp.7-18.

[471]Pour une présentation approfondie des différentes approches de la qualité de vie, nous recommandons, D.G. GUILLÉN, *Ética de la calidad de vida,* Fundación Santa María, 1984, pp.7-18.

mauvaises selon leurs conséquences. On considèrera comme acte moralement bon l'interruption volontaire de grossesse, en se débarrassant des embryons et fœtus qui, selon un diagnostic prénatal, présentent des troubles graves d'ordre somatique, psychique comme le syndrome de Down, ou d'autres désordres métaboliques comme la maladie de Tay-Sachs. Lorsque la qualité d'une vie humaine comprise comme *bien-être humain*[472] n'est pas reconnue, cette vie ne mérite plus la peine d'être vécue. À cette décision finale d'éliminer une vie jugée dépourvue de *qualité*, s'associent d'autres considérations : le bien-être de ceux qui vont s'occuper de cette « vie sans qualité », notamment les parents, les autres membres de la famille et la société qui devrait s'en charger. Ce bien-être ne se limite pas seulement aux individus défectueux, mais s'étend à la société en général. Laisser vivre ces individus sans « qualité de vie » revient à agir contre le principe de la sélection naturelle et à mettre en danger le bien-être biologique et génétique de la société civile qui devra supporter les charges économiques des soins de ces individus. Ces considérations aggravent la situation de mal-être. Les calculs économiques semblent montrer que le programme de *screening*[473] prénatal en vue de l'avortement sélectif pour la maladie du syndrome de Down est moins cher que l'institutionnalisation et la prise en charge des enfants qui en sont atteints. « Les embryons produits *in vitro* qui présentent des défauts sont systématiquement écartés. De plus en plus de couples non stériles recourent aux techniques de procréation artificielle dans le seul but d'opérer une sélection génétique de leurs enfants »[474]. Bref lorsque la loi naturelle n'est plus le fondement des techniques d'aide à la fertilité, l'objectivité du bien de la vie se réduit aux critères utilitaristes qui substituent l'inviolabilité de la vie à la qualité de la vie. Le concept de dignité humaine revêt lui aussi une connotation utilitariste. C'est ce qui justifie toutes les contradictions relatives à l'instrumentalisation de la vie humaine dans ses débuts. Le bien-être humain est pensé non en fonction de la personne humaine, mais en fonction de la société. Les droits fondamentaux relatifs à la vie naissante ne sont plus fondés sur l'être de la personne, mais plutôt sur des critères utilitaristes.

---

[472] L'expression (*human well-being*) est de FLETCHER cité par D.G. GUILLÉN, *Ética de la calidad de vida, op.cit.*, p.66.

[473]Le terme désigne la prévention secondaire en médecine préventive qui consiste à appliquer le diagnostic et le traitement précoce pour arrêter ou ralentir le développement d'une maladie déjà commencée avant les symptômes. Cf. M.A.M.-GONZÁLEZ, F.G-GRIMA, M.D.-RODRIGUEZ, « Conceptos de Salud Pública », in M.A.M.-GONZÁLEZ, *Conceptos de salud pública y estrategias preventivas,* Elsevier, 2013, p.9.

[474] CDF, *Dignitas personae*, n° 15.

Procréation ou reproduction médicalement assistée ?

Lorsque la loi naturelle n'est plus le fondement éthique des techniques d'aide à la fertilité, le terme « reproduction » devient plus adéquat pour décrire la transmission de la vie. En effet, jusqu'à présent, l'origine de l'homme s'exprimait linguistiquement par les concepts de « génération » et de « conception ». Mais, avec la négation totale de la loi naturelle ou la séparation dans sa compréhension de la transcendance et de l'immanence, l'homme s'approprie un nouveau pouvoir qui, spontanément, crée un nouveau langage pour parler des débuts de la vie. Les langues romanes ont le mot « procréation » (*procreazione*) qui fait allusion au créateur[475]. Les termes « procréation » et « reproduction » suggèrent des approches et des compréhensions différentes du réel ; remplacer procréation par reproduction soulève des problèmes profonds. Dans ces deux termes résonnent effectivement deux modes distincts de concevoir l'homme et deux modes différents de comprendre le réel. Nous essayerons de comprendre en premier lieu le nouveau langage à partir de ses origines scientifiques. Après, nous aborderons profondément les problèmes sous-jacents et nous verrons comment, subtilement, la « reproduction » se substitue à la « procréation ».

Le mot « reproduction » désigne un événement unique : la naissance d'un nouvel être humain. L'explication de ce phénomène est basée sur les connaissances de la biologie et sur les propriétés des êtres vivants ayant comme caractéristique essentielle la capacité de se reproduire[476]. Selon Jacques Monod, les vivants possèdent trois caractéristiques déterminantes : la téléonomie propre, la morphogenèse autonome et la reproduction invariante[477]. Le facteur « invariant » est déterminant et signifie que le code génétique donné se reproduit toujours invariablement. Chaque individu est une répétition exacte du même message. Ainsi, le terme « reproduction » exprime en premier lieu l'identité génétique : l'individu reproduit toujours et uniquement le commun. En outre, il fait allusion à son caractère mécanique. Il est possible de décrire exactement le rapprochement mécanique. Selon Lejeune[478], la reproduction de l'espèce s'effectue de façon résumée par l'union de deux bandes d'information. L'exactitude de cette description est hors de doute. Les enfants sont fixés en permanence sur leurs parents par un lien matériel, qui est ici la longue molécule d'ADN ayant toute l'information

---

[475] Cf. J.K. RATZINGER, « EL hombre entre la reproducción y la creación. Cuestiones teológicas acerca del origen de la vida humana », in R. LÖW (et al.), *Bioética, Consideraciones filosófico-teológicas sobre un tema actual*, RIALP, 1992, p. 49.

[476] Cf. J.K.RATZINGER, *op.cit.*, p. 50.

[477] Cf. J.MONOD, *Zufall und Notwendigkeit. Philosophische Fragen der modernen Biologie.* Múnich 1973, 21. Cité par J.K.RATZINGER, *op.cit.*, p. 50.

[478] Cf. J.LEJEUNE, « Intervention au synode des Evêques », publiée dans *Résurrection*, Nouvelle Série 14 (1998) Cité par J.K.RATZINGER, *op.cit.* p. 50.

génétique. Dans la tête d'un spermatozoïde, il y a un mètre d'ADN divisé en vingt-trois (23) fragments. Dès que les vingt-trois (23) chromosomes du père apportés par le spermatozoïde s'unissent aux vingt-trois (23) de la mère apportés par l'ovule, automatiquement, se trouve unie toute l'information nécessaire et suffisante pour déterminer la constitution génétique du nouvel être humain.

Il reste à savoir à présent si cette description est à l'abri du doute parce qu'elle est complète. Autrement dit, l'être engendré de cette façon est-il un individu singulier ou un exemplaire reproduit de l'espèce humaine ? N'y aurait-il plus une personne, c'est-à-dire un être qui, même lorsqu'il représente de forme invariable le commun du genre humain, constitue un individu nouveau, unique et non reproductible avec une singularité qui transcende la pure individuation de l'essence commune ? Si oui, d'où vient cette originalité ?

La réponse à cette question est capitale dans la différence fondamentale qui existe entre la reproduction et la procréation assistée. Une rationalité close sur l'immanence qui nie la loi naturelle, se limite à « reproduire » l'homme dans un laboratoire sans l'union corporelle entre l'homme et la femme, et sans pour autant comprendre que la naissance d'un être humain est plus qu'une « reproduction » qui transcende toutes les combinaisons compréhensibles et explicables rationnellement. La séparation du don naturel réciproque entre les époux entraîne une confusion terminologique entre la procréation assistée et la reproduction assistée[479]. Rejoignant Ratzinger, nous pensons que le monde de la planification rationnelle et scientifique de la « reproduction » de l'homme sépare les maillons *foi-raison, liberté-bien-vérité*, et par conséquent ne reconnaît pas d'*actes intrinsèquement mauvais*. La détérioration dont souffre l'origine de l'homme mise à nu par la reproduction est l'absence de la liberté du bien et de la vérité sur l'homme. La reproduction est un ajustement des nécessités par des codes, des lettres et des numéros[480]. Les techniques de reproduction assistée constituent l'ensemble des techniques qui substitue au processus procréateur une conception réductrice de la sexualité[481]. L'image de la main

[479] Cf. A. SARMIENTO, « El respecto de la vida naciente » in A. SARMIENTO, E. MOLINA, T. TRIGO, *Moral de la persona, op.cit.*, p.89. Il n'existe pas une terminologie commune entre les auteurs. On utilise communément fécondation ou procréation artificielle lorsqu'une technique vise à obtenir artificiellement une conception par un autre mécanisme que l'union sexuelle entre l'homme et la femme. Voir aussi CDF, *Donum vitae, op.cit.*, Deuxième partie : « Par *procréation artificielle* ou *fécondation artificielle,* on entend ici les diverses procédures techniques destinées à obtenir une conception humaine d'une manière autre que par l'union sexuelle de l'homme et de la femme ».

[480] Cf. J.K.RATZINGER, *op.cit.* p. 58.

[481] Cf. CDF, *Donum vitae, op.cit.*, deuxième partie.

de Dieu qui forme l'homme dans le livre de la Genèse[482] présente l'homme comme une créature de Dieu. L'homme ne peut pas être réduit ou conçu exclusivement comme un exemple dans la classe des êtres vivants ; c'est une nouveauté absolue irréductible à la pure reproduction[483]. Car l'essence du corps humain ne réside pas dans le corps scientifiquement explicable. Voilà ce que nous préciserons dans la deuxième partie de notre recherche.

[482] Cf. Gn 1,26 : « Faisons l'homme à notre image ».
[483] Cf. J.K.RATZINGER, *op.cit.*, p. 59.

DEUXIÈME PARTIE
DÉRIVES D'UNE PROCRÉATION MÉDICALEMENT ASSISTÉE DÉCONNECTÉE DE LA LOI NATURELLE

Au début de cette deuxième partie de notre parcours, nous voudrions partager le malaise que nous éprouvons régulièrement d'abord comme prêtre, et de surcroît moraliste, lorsque nous sommes abordé sur la position de l'Eglise face aux techniques de procréation médicalement assistée. La question est précise et centrée sur le « pour » ou le « contre », la « licéité » ou « l'illicéité », le « permis » ou le « défendu » des techniques de procréation médicalement assistée. Et quand quelqu'un apprend le thème de notre réflexion, il veut immédiatement savoir ce que nous pensons des techniques de procréation médicalement assistée : « Êtes-vous pour ou contre la procréation médicalement assistée ? ». La question est non seulement pressante dans la mesure où nous sommes tenu de donner une réponse immédiate, mais aussi et surtout, elle est suivie d'une série d'autres questions qui tranchent le débat et suppriment toute ouverture au dialogue, à la compréhension et à l'acceptation de la vie et de l'autre comme don de Dieu : Y a-t-il un mal à donner la vie à un enfant ? Y a-t-il un mal à faire venir un enfant au monde ? Y a-t-il un mal à soulager la souffrance des couples qui subissent le drame de l'infertilité ?... Avec Thierry Collaud[484], nous pensons que cette vision simpliste, superficielle et binaire qui réduit la morale chrétienne au « permis » et au « défendu » nous ramène à la morale d'obligation avec toutes ses conséquences comme nous les avons présentées dans la première partie. Lorsqu'on réduit la morale chrétienne à la « licéité » et à « l'illicéité », on court le risque de tomber soit dans l'objectivisme qui consiste à valoriser les actes de façon isolée les uns des autres en tenant compte seulement de leur dimension externe ou de leur matérialité, soit dans le subjectivisme qui réduit la valorisation des actes humains aux motivations internes[485]. Bref, la réduction de la morale chrétienne au « permis » et au « défendu » ne tient pas compte de l'unité de la personne, de la complexité

[484] Cf. T. COLLAUD, « La procréation dans le cadre de l'éthique sociale » in *La joie d'accueillir la vie*, Colloque à l'Université de Fribourg, 12-13.IX.2014.
[485] Cf. A. SARMIENTO, « Naturaleza y estructura del acto moral » in A. SARMIENTO, E.MOLINA, T.TRIGO, *Teología moral fundamental, op.cit.*, pp. 201-202.

de l'humain, de la fragilité de la nature humaine déchue par le péché, et de la grâce rédemptrice[486].

Ainsi, qu'il nous soit permis de poser ici que nous ne faisons pas recours à l'Église pour rechercher des arguments « pour » ou « contre » la procréation médicalement assistée. Nous ne faisons pas un challenge qui consisterait à répertorier les arguments de l'Eglise « pour » ou « contre » les techniques de procréation médicalement assistée, pour ensuite promouvoir les arguments « pour » et dévaloriser les arguments « contre » : entre, d'une part, l'enchantement devant les prouesses techniques qui suscitent des espoirs quant à la stérilité et, d'autre part, les angoisses suscitées par le spectre de la déshumanisation de l'enfant provoqué par ces techniques. Nous recherchons ce qui est humanisant, ce qui est cohérent avec la réalité que nous sommes appelés à être comme homme en général et singulièrement comme chrétien. Autrement dit, si la loi naturelle telle que nous l'avons présentée est la loi propre de l'homme et en même temps participation à la Sagesse de Dieu dans le Christ, quel rôle joue-t-elle dans l'orientation des choix éthiques inhérents aux techniques de procréation médicalement assistée ? Notre filiation divine dans le Christ étant une transformation ontologique de l'homme déchu par le péché en un homme nouveau sauvé par le *Christ qui est venu pour que nous ayons la vie en abondance*[487], comment pouvons-nous rendre visible notre identification au Christ aux parents stériles notamment, aux médecins praticiens, aux enfants à naître ? Si la vie nouvelle dans le Christ ne détruit pas l'humain, mais le perfectionne, comment le chrétien dans ce nouveau corps surnaturel qui correspond à une fin surnaturelle et qui est transformé par la grâce, les vertus et les dons de l'Esprit Saint doit-il accueillir le don de la vie, annoncer *l'Évangile de la vie*, célébrer le mystère de la vie ?

Voilà la préoccupation fondamentale de notre réflexion. Car le monde dans lequel nous vivons, disait Gabriel Marcel, est soumis à une confusion, comparable uniquement, peut-être, à celle de l'époque des Barbares, et cela ne concerne pas seulement les catégories du bien et du mal, mais profondément les considérations de ce qui devrait être appelé vie et de ce qui devrait être appelé mort[488]. Vingt ans plus tard, Paul Ricœur, dans des termes semblables, déclarait qu'à l'absence d'un projet collectif, se joint dans nos sociétés l'oubli des normes. L'expérience dramatique de notre époque, disait-il, est une confusion diffuse qui fait que, pour la première fois

---

[486] Cf. T. COLLAUD, *op.cit.*

[487] Cf. Jn. 10,10.

[488] G. MARCEL, *Les hommes contre l'humain,* Paris, 1951, p.109 cité par J.L. ILLANES, « Teología y Ciencias en una vision cristiana de la Universidad », *Instituto de antropologia y ética,* n° 22, Navarra, p.4..

dans l'histoire, notre héritage culturel n'est plus capable de donner une vie aux interprétations créatrices, ni de se projeter vers l'avenir[489].

Ces deux pensées parmi tant d'autres illustrent l'un des traits caractéristiques de la crise de conscience de la postmodernité : le nihilisme ou le doute sur le sens de la vie et de l'histoire. Le nihilisme non seulement sépare les maillons *vérité-bien-liberté* et *foi-raison*, mais aussi ne reconnaît pas l'existence des valeurs absolues et des actes intrinsèquement mauvais. L'opposition et même la séparation radicale entre les valeurs *vérité-bien-liberté* sont la conséquence d'une dichotomie grave et néfaste qui dissocie la foi de la morale[490]. Cette dichotomie illustre la scission entre la volonté et la raison, la nature et la personne, le naturel et le surnaturel, laissant la porte ouverte aux alternatives binaires dans les choix éthiques. Dans ce contexte, la dignité humaine est conditionnée par le consensus et la procréation n'est plus une loi naturelle. Le droit à la vie et son inviolabilité absolue ne constituent plus les valeurs principales de chaque personne indépendamment des options métaphysiques (croyances religieuses) ou de la situation socio-économique. Ce droit n'est plus inné à la personne en tant qu'individu de l'espèce humaine.

Pour imposer le respect de la vie humaine naissante, nous ne nous basons pas sur nos convictions religieuses, même si la connexion entre loi naturelle et révélation est très étroite[491]. Il existe un danger d'abandonner le fondement métaphysique de la vie et de rejeter les arguments rationnels qui proviennent du monde catholique, sous prétexte qu'ils sont confessionnels. L'autonomie de la raison humaine et l'affirmation rationnelle de la valeur absolue de la vie ou son inviolabilité ne s'opposent pas à la révélation chrétienne. L'ouverture à la foi ne prive pas l'homme de sa valeur absolue (autonomie). La force argumentative ici ne provient pas d'une position cléricale, mais d'une source de rationalité commune à tous les hommes qui rend possible la communication, le dialogue, la cohabitation politique et sociale. Cette source de rationalité commune ne dépend pas de la foi à laquelle on peut adhérer rationnellement par des bases scientifiques et philosophiques. Il n'y a pas d'opposition entre l'éthique de la foi et l'éthique rationnelle.

---

[489] Cf. P. RICOEUR, « Le conflit, signe de contradiction et d'unité » in *Chronique sociale de France,* Lyon, nn.5-6, 1972, p. 78.

[490] Cf. JEAN-PAUL II, VS, n. 88.

[491] Cf. L. ONAMBELE, *op.cit.*, p. 84.

CHAPITRE I
VERITE-BIEN-LIBERTE DE LA SEXUALITÉ HUMAINE

Pour formuler une analyse éthique sur la reproduction humaine artificielle, il est nécessaire au préalable de respecter l'interdépendance des valeurs vérité-bien-liberté [492] de la sexualité humaine. Les erreurs se perçoivent seulement si on connaît la signification et la finalité d'une réalité. On ne peut pas juger la beauté d'une rose si on n'a pas apprécié antérieurement une rose splendide. Il existe une relation étroite entre procréation, sexualité et personne : le concept de procréation est nécessairement lié, d'une part, à la valeur et à la signification que l'on a de la sexualité humaine et, d'autre part, aux considérations anthropologiques. Analyser la relation qui existe entre personne et sexualité et faire ressortir toutes les conséquences inhérentes à la procréation médicalement assistée sont l'objet de ce chapitre. Nous voulons examiner les tenants et les aboutissants de la sexualité humaine dans une vision intégrale de l'homme. Il s'agit au fond de voir la signification de la masculinité et de la féminité dans l'accomplissement de la personne comme sujet moral. En effet, si la loi naturelle est une lumière inextinguible qui nous recommande de faire le bien et d'éviter le mal, comment peut-elle aider l'homme à vivre dignement sa sexualité ? Ce qui est déterminant dans la réponse à cette question c'est la connaissance des valeurs vérité-bien-liberté dans la sexualité, c'est-à-dire la manière selon laquelle la condition sexuelle implique « l'être » et « l'agir » de la personne. Il s'agit donc d'une présentation, d'une part, des visions anthropologiques qui dissocient les maillons vérité-bien-liberté et foi-raison et leur compréhension de la sexualité et, d'autre part, de la vision qui intègre ces maillons et exprime par conséquent la vérité sur la personne humaine.

I. CONSIDERATIONS ANTHROPOLOGIQUES DE LA SEXUALITÉ

La valorisation de la qualité éthique des comportements humains en général et spécialement des comportements sexuels dépend de la vision

[492] Comme nous l'avons souligné au départ, nous ne devons pas perdre de vue que les trois valeurs de vérité, de bien et de liberté vont ensemble. Pour éviter de surcharger le texte, on peut utiliser l'une ou l'autre, mais sans oublier que les trois constituent des maillons inséparables.

anthropologique ou de l'image qu'on a de l'homme et de ses fins[493]. Dans la sexualité, on peut identifier trois visions anthropologiques sous-jacentes aux considérations sexuelles : la considération permissive, la naturaliste et la personnaliste[494]. Présenter succinctement les visions permissive et naturaliste ainsi que leurs conséquences sur la procréation est l'objet de cette partie.

I.1. La conception permissive

Elle a ses origines aux XVIe et XVIIe siècles, période pendant laquelle la sexualité était considérée comme un des instincts qui gouvernent la vie et qui sont soumis au contrôle moral. C'est la conception libertine de la sexualité qui faisait fureur à cette époque. Mais, sachant que le comportement libertin ne pouvait pas assurer les conditions de vie communautaire propres à l'éducation et à l'accueil d'une progéniture, on en est venu à une proposition paradoxale qui consistait à faire une distinction entre vivre la sexualité en l'orientant vers la procréation, ou alors la réduire exclusivement au plaisir. Une double morale s'est ainsi développée au cours des siècles et s'est convertie en une loi surtout chez les hommes : la chose la plus normale ou le schéma classique était qu'un jeune garçon commence sa vie sexuelle de façon désordonnée puis, à un âge déterminé, qu'il abandonne cette vie pour fonder une famille. Nous pouvons dire qu'entre la permissivité des libertins et le radicalisme d'aujourd'hui il y a une grande différence. Le libertinage sexuel, qui jadis n'était le fait que d'un petit groupe, s'est converti actuellement en un problème public qui marque profondément la culture et les habitudes de notre temps. Les causes de ce changement sont, d'une part, l'interprétation erronée de la pensée de Freud et, d'autre part, les théories libérales sur la sexualité défendues par la gauche radicale qui prétend s'inspirer de lui[495]. Remarquons que l'interprétation de la pensée de Freud n'a pas toujours été homogène. En outre, même si elle offre des indications utiles à l'interprétation de la sexualité, sa pensée présente quelques limites que nous voulons relever :

Selon Freud, la sexualité est une force originaire et originale de toute la vie personnelle et de toutes les expressions de l'homme (pansexualisme), une force de caractère biopsychique ayant ses racines dans l'inconscient[496]. Ce n'est pas la personne qui s'exprime à travers la sexualité, mais c'est la sexualité qui exprime et structure la personnalité. En outre, toutes les

---

493 Cf. L. CICCONE, *Bioética, Historia. Principio. Cuestiones, op.cit.*, pp.29-31.

494 Pour ce développement, Cf. E.SGRECCIA-M.L. DI PIETRO, « Sexualidad. Problemas éticos » in *Pastoral de la salud y bioética, op.cit.*, pp.-1605-1611.

495 Parmi ces auteurs, nous pouvons citer W. REICH, H. MARCUS et S. de BEAUVOIR. Cf. E.SGRECCIA-M.L. DI PIETRO, « Sexualidad. Problemas éticos » *op.cit.*, p.1606.

496 Cf. S. FREUD, « Compendio del psicoanálisis » in *Obras completas,* XIX, Orbis, Barcelona, 1988, pp.3379-3418.

manifestations de la personnalité qui peuvent être normales, pathologiques ou spirituelles sont le produit de l'élaboration du dynamisme de l'inconscient et des mécanismes de défense (sublimation, répression, fuite, agressivité, etc.). C'est le moment peut-être de rappeler ici que Freud était sceptique à propos de l'amour par rapport au sexe. L'amour, selon lui, semble être le fruit d'une série de conflits et de graves carences qui font que la dimension de l'autre soit difficilement atteinte. Dans ce contexte, l'amour conjugal, par exemple, ne révèle plus sa vraie nature et sa noblesse ayant comme source suprême un Dieu Amour. Le mariage est considéré ici comme l'effet du hasard ou le produit de l'évolution des forces naturelles inconscientes[497]. On peut bien justifier ici la dissociation de la parenté que provoquent toutes les techniques hétérologues (insémination artificielle et fécondation in vitro) des techniques d'aide à la fertilité[498].

En outre, même si la pensée de Freud a révolutionné la conception classique de la sexualité, on ne peut pas lui attribuer la responsabilité de l'idéologie de la liberté sexuelle, moins encore l'invitation à une activité sexuelle continue comme un moyen pour une vie heureuse et équilibrée dépourvue des conflits névrotiques. Au contraire, c'est la psychanalyse postfreudienne qui, par le fait de proposer une lecture réductionniste du plaisir, a légitimé la satisfaction des impulsions sexuelles dans leurs différentes expressions en attribuant des connotations négatives à l'autocontrôle et à la domination de soi. La psychanalyse postfreudienne considère l'autocontrôle et la domination de soi comme des formes de répression sexuelle. Cette radicalisation de la pensée de Freud a donné naissance à une conception mécaniciste de l'homme dominé par les instincts et par le désir de gratification immédiate : le sexe est tout ; dans le sexe, on ne peut rien contrôler, sinon on tombe dans la répression de l'activité sexuelle[499]. Nous voulons dire que la véritable matrice de ce qu'on a appelé « libération sexuelle » est fondée sur la gauche freudienne dont les grands représentants sont Wilhelm Reich et Herbert Marcuse.

Selon Reich[500], par exemple, la sexualité a une fonction de décharge des instincts. Seulement, l'homme qui cherche à satisfaire son propre plaisir serait capable d'être en syntonie avec la nature et les lois de la nature et d'agir avec normalité. Tout ce qui s'oppose à l'instinct doit être considéré comme une répression, une mortification des énergies vitales. Comme la

---

497 Cf. PAUL VI, *Humanae vitae*, 25.VII.1968, n. 8.

498 Pour un développement approfondi, cf. J.-L. BRUGUES, *La fécondation artificielle au crible de l'éthique chrétienne,* Fayard, 1989, pp.163-203.

499 Cf. E.SGRECCIA-M.L. DI PIETRO, *op.cit.*, p.1606

500 Pour un développement approfondi de la pensée de REICH, nous recommandons W.REICH, *La revolución sexual: para una estructura de carácter autónoma del hombre*, Planeta-De Agostini, Barcelona, 1985.

sexualité est pour Reich une énergie vitale, la répression sexuelle doit être considérée comme une répression par antonomase. Pour être socialement libre, l'homme doit être sexuellement libre. La révolution sociale fait partie des prémices de la révolution sexuelle considérée comme une manière de combattre la répression bourgeoise et de libérer la femme de son infériorité par rapport à l'homme.

Le point de départ de la pensée Herbert Marcuse[501] est la critique, d'une part, des théories de Freud et, d'autre part, de celles de Reich. Marcuse s'affronte à l'affirmation de Freud selon laquelle la civilisation se base sur la représentation permanente des instincts humains et dans le renoncement à leur satisfaction. De la théorie de Reich, Marcuse n'accepte pas la vision de la sexualité hétéro-orientée et soutient au contraire la possibilité d'un polymorphisme sexuel, hétéro et homo-orienté. Selon lui, l'homme doit jouir de la plus grande liberté sexuelle et doit vivre avec son propre corps comme objet de plaisir. Il promeut non seulement la suprématie de la génitalité sur la sexualité, mais aussi l'érotisation de toute la personne et l'expansion de la libido à la fois dans les relations privées et communautaires. La société tend toujours à réprimer la liberté sexuelle et oriente la sexualité humaine vers l'amour conjugal monogame. La « non-répression » est un impératif qui restitue au corps sa condition originale et réactive toutes ses zones érogènes. L'homme doit se libérer de tout conditionnement comme la famille, considérée ici comme une cage des affections, de la morale qui réduit ses choix aux catégories du bien et du mal, de la société qui subordonne le bonheur au travail et occupe toute la journée, de la discipline qu'impose la monogamie et des systèmes préconçus des lois et des ordres. La « re-sexualisation » du corps selon Marcus est un instrument pour une révolution sociale ayant pour mission de mettre fin à l'assujettissement de l'homme par le travail.

Tout bien considéré, il ressort de ce qui précède que ces théories de Freud, de Reich et de Marcuse ont influencé fortement la culture actuelle. Il y a une rupture entre les valeurs de vérité-bien et de liberté de la personne. La vie se comprend comme liberté, spontanéité, fête, jeux, sans finalité, sans conditionnement, bref sans vérité, de bien de la personne. Les relations sexuelles doivent être considérées comme une pure joie individuelle et matérielle. On considère comme juste la satisfaction de ces instincts qu'on ne peut pas retenir. Il n'existe pas de distinction entre homosexualité, hétérosexualité et bisexualité :

> « Dans un tel contexte, le corps n'est plus perçu comme une réalité spécifiquement personnelle, signe et lieu de la relation avec les autres, avec

---

[501] Pour une étude approfondie de la pensée de H. MARCUS, nous recommandons H. MARCUS, *Eros y civilización,* Ariel Barcelona, 2003.

Dieu et avec le monde. Il est réduit à sa pure matérialité, il n'est rien d'autre qu'un ensemble d'organes, de fonctions et d'énergies à employer suivant les seuls critères du plaisir et de l'efficacité. En conséquence, la sexualité, elle aussi, est dépersonnalisée et exploitée : au lieu d'être signe, lieu et langage de l'amour, (...), elle devient toujours davantage occasion et instrument d'affirmation du moi et de satisfaction égoïste des désirs et des instincts. (...) ; les deux significations, union et procréation, inhérentes à la nature même de l'acte conjugal sont artificiellement disjointes ; (...) on soumet la fécondité à l'arbitraire de l'homme et de la femme. La procréation devient alors l'ennemi à éviter dans l'exercice de la sexualité : on ne l'accepte que dans la mesure où elle correspond au désir de la personne ou même à sa volonté d'avoir un enfant *à tout prix* et non pas, au contraire, parce qu'elle traduit l'accueil sans réserve de l'autre et donc l'ouverture à la richesse de vie dont l'enfant est porteur »[502].

I.2. La vision naturaliste de la sexualité

La vision naturaliste de la sexualité a comme précurseurs Alfred Charles Kinsey, William Master et Virginia Johnson ainsi que leurs disciples qui ont étudié les comportements sexuels selon la méthodologie des sciences naturelles, sans tenir compte ni de la complexité de l'être humain, ni de la moralité[503]. L'interprétation de l'échelle de Kinsey[504] est le résultat de la première recherche menée à terme sur les comportements sexuels (homosexuel, hétérosexuel et bisexuel) masculins et féminins aux États-Unis. En s'appuyant sur une conception wébérienne de la culture, Kinsey soutient que la modification des comportements sexuels pourrait être inévitablement liée au changement de l'histoire et de la société. Il y a ici un déterminisme sociologique ou une équation entre l'être (*is*) et le devoir-être (*ought*), entre réalité factice et moralité. On dit que les choses sont réellement ainsi et qu'il faut les respecter. Le critère régulateur de la conduite sexuelle se déduit à partir des normes statistiques ; le nombre remplace la loi et détermine la valeur.

Les études de Master et Johnson sont très importantes dans le *behaviorisme*[505]. Contrairement à l'école de la psychanalyse qui, s'appuyant sur le fond de la psychè, cherche à résoudre les conflits relatifs aux comportements, Master et Johnson proposent des thérapies du comportement comme unique possibilité de surmonter les dysfonctions sexuelles. En

[502] JEAN-PAUL II, EV, *op.cit.*, n. 23.

[503] Cf. E.SGRECCIA-M.L. DI PIETRO, *op.cit.*, p.1608.

[504] Echelle de Kinsey : C'est une tentative qui consiste à tracer la courbe de l'évolution de la sexualité d'un individu dans le temps afin de montrer les différentes variations possibles qui existent dans son orientation sexuelle. L'objectif ici est de montrer que très peu de gens ont une seule orientation sexuelle.

[505] C'est un courant de la psychologie scientifique qui ne considère que les relations directes ou presque directes entre le stimulus et les réponses.

considérant l'acte sexuel seulement dans sa dimension biologique, et en le mesurant avec le barème stimulus-réponse, les deux auteurs assignent à chaque patient ou à chaque couple une série de « devoirs sexuels structurels » appropriés pour atteindre la pleine efficacité. C'est ce qui fait problème : en effet, ils utilisent des thérapies de comportements qui incitent les conjoints à l'acte sexuel et qui s'appuient clairement sur une conception réductionniste de la sexualité ; même si la finalité des thérapies est bonne, on ne peut pas nier que la recherche de l'efficacité a conduit à justifier certaines méthodologies[506]ou pratiques sexuelles qui édulcorent la dignité humaine. C'est l'individu qui, selon cette vision, a le pouvoir absolu d'établir ce qu'il veut. Dans le cadre des rapports sexuels, il peut user de tous les moyens possibles qui peuvent lui procurer du plaisir. Il n'y a pas de valeurs personnelles absolues auxquelles il faut se référer. Ce qu'on recherche ici c'est de garantir à chacun la plus grande liberté, une liberté qui n'a comme unique prétention que la satisfaction de la chair[507], une liberté absolue qui, n'ayant aucun rapport avec la vérité, considère le corps comme une donnée brute, dépourvue de signification et de valeur morales[508]. La sexualité est considérée comme un bien « pré-moral » et le corps se réduit à un instrument de plaisir. Une fois de plus l'anthropologie naturaliste sépare les maillons vérité-bien-liberté et foi-raison, réduisant de ce fait la sexualité à la satisfaction de l'instinct animal, dépourvu spécifiquement de l'horizon éthique qui détermine la vie humaine[509].

II. CARACTERISTIQUES SPÉCIFIQUES DE LA SEXUALITÉ HUMAINE

La sexualité humaine est un instinct spécial, différent des autres. Lorsqu'on a soif, on peut facilement prendre un verre d'eau fraîche pour l'étancher. On établit une relation avec l'objet consommé. Par contre, dans la sexualité humaine, on est en relation avec un autre sujet, non pour consommer seulement un plaisir, mais surtout pour établir une relation interpersonnelle. La personne humaine est une totalité corps-âme dans laquelle le corps représente la personne dans sa visibilité. Ce corps, cette personne, existe comme homme ou femme. C'est-à-dire que la personne est une personne sexuée : homme ou femme. Il n'existe pas d'êtres humains génériques, mais des hommes et des femmes. « Tout homme est par nature un être sexué. (…) Chaque homme est donc un être sexué, et l'appartenance à l'un des deux sexes détermine une certaine orientation de tout son être,

---

[506] Nous nous référons ici à l'usage des partenaires de substitution humains ou mécaniques, ainsi qu'à l'exigence des interventions étrangères dans le cadre du couple.

[507] Cf. Ga 5,13.

[508] Cf. JEAN-PAUL II, VS, *op.cit.*, n° 48.

[509] Cf. A.M. GONZÁLEZ, *Claves de ley natural*, Rialp, 2006, p. 113.

orientation qui se manifeste dans le concret développement intérieur de celui-ci »[510]. Ainsi, la sexualité est la modélisation de la personne en tant qu'homme ou femme. C'est ce que nous approfondissons dans cette partie.

II.1. La dualité et la diversité complémentaires de la sexualité humaine

Le terme sexe vient du verbe latin *secare*, qui veut dire séparer, distinguer. Cette étymologie indique déjà la diversité. La différence entre les deux sexes qui sont séparés appelle à reconstruire l'unité[511]. L'être sexué est pour l'homme et la femme une donnée originaire. L'homme, en tant qu'être humain, est un être sexué. C'est une réalité de première importance à laquelle la nature, inexorable dans ses desseins, nous oblige à nous conformer. Il est évident que l'homme abstrait n'existe nulle part. Il existe seulement dans les deux possibilités qui sont la masculinité et la féminité. Les deux modes de l'existence humaine singulièrement pris révèlent une structure spécifique de base et tendent vers une manière propre de projeter le monde[512]. La diversité et la dualité sexuelles sont les données fondamentales de l'être humain. Aucun courant de pensée égalitariste ne peut objectivement les nier. La diversité et la dualité sexuelles sont deux modes spécifiques que possède l'homme pour être dans le monde et être en relation avec les autres. La masculinité et la féminité sont les deux possibilités uniques de l'être humain.

Cet enseignement fondamental qui met en exergue cette diversité sexuelle complémentaire se trouve dans le livre de la Genèse : « Il n'est pas bon que l'homme soit seul, il faut que je lui fasse une aide qui lui soit assortie »[513]. La perfection de l'homme demeure dans la double polarité sexuelle du féminin et du masculin. Cette dualité n'est pas la conséquence d'une rechute primitive[514]. Nous voulons dire que la dualité sexuelle ne contredit pas l'identité sexuelle. Si, d'une part, les données biologiques constituent le point de départ de la différence sexuelle, d'autre part l'identité des deux sexes présente des individus ayant une même nature. « Faisons l'homme à notre image et ressemblance : homme et femme, Il les créa »[515].

---

510 K. WOJTYLA, *Amour et responsabilité*, Dialogue/Stock, 1978, p. 39.
511 Cf. R. L. LUCAS, *Antropología y problemas bioéticos, op.cit.*, p. 30; A. SARMIENTO, « Hombre y mujer los creó», *op.cit.*, p.172ss; C. BRESCIANI, « Sexualidad, matrimonio, familia », in L. MELINA (dir.), *El actuar moral del hombre,* Edicep, Valencia 2001, p.184.
512 Cf. A. SARMIENTO, « Hombre y mujer los creó» in A. SARMIENTO, E. MOLINA, T. TRIGO, *Moral de la persona, op.cit.*, p.173ss.
513 Gn 2,18.
514 Nous nous référons ici au mythe très connu raconté par Aristophane. Cf. Platon, *Le Banquet*, 189d-191d.
515 Gn 1, 26-27.

Les deux ont la même nature humaine faite à l'image et à la ressemblance de Dieu. Par conséquent, l'homme et la femme ont les mêmes droits inhérents à la nature ontologique de la personne humaine. Même s'ils ont des personnalités différentes (masculinité et féminité), on doit respecter chacune de ces personnalités. La dualité complémentaire homme-femme est une parité complète en dignité.

On peut affirmer que l'humanité s'est accomplie au niveau de l'individu, mais qu'elle se complète au niveau de la réciprocité sexuelle. La masculinité réalise une version essentielle de l'homme comme la féminité est une modulation importante[516]. Pour l'être humain, la dualité sexuelle est une complémentarité et une perfection avec l'autre sexe. L'homme et la femme sont complémentaires l'un vis-à-vis de l'autre. L'homme *vir* n'est pas pleinement homme sans la présence de la femme et réciproquement. Toute séparation théorique ou institutionnelle de l'homme et de la femme porte atteinte à la nature humaine[517]. L'homme et la femme se projettent comme des êtres correspondants l'un à l'autre et ceci même sur le plan corporel où cette confrontation se traduit en paroles, sourires et même en frottements. C'est l'amour qui crée à nouveau l'unité[518] et fait que la dualité homme-femme soit une dualité complémentaire. Comme composante de la personne, la sexualité conditionne la manière dont l'homme vit et établit des relations avec les autres. Si la personne est un « je » ouvert au « tu », un être relationnel, la sexualité est le lieu de l'ouverture, de la rencontre, du dialogue, de la communication et de l'unité des personnes entre elles[519]. Ainsi comprise, la sexualité permet à l'homme de sortir de sa propre solitude, de communiquer avec les autres et d'aller à leur rencontre. L'homme et la femme perçoivent la différence sexuelle et se sentent attirés l'un vers l'autre[520]. Dans ce contexte, la dualité sexuelle qui apparaît comme une détermination de l'être humain suppose une différence ayant une égalité en nature et en dignité. La personne humaine dans sa nature intime a besoin d'aimer et de se sentir aimée. Les sexes sont complémentaires, égaux et distincts en même temps, non identiques, mais égaux en dignité personnelle[521]. La structure propre de l'homme est la dualité pour l'unité. Nés différemment comme homme et femme, ils sont nés pour l'unité et précisément à travers le propre corps humain où se réalise l'unité. « Féminité exprime tout autant l'*humain* que la masculinité, mais avec d'une manière

---

[516] Cf. S. PALUMBIERI, *Antropologia e sessualità,* Turin, 1996, p.61.
[517] Cf. JEAN-PAUL II, *Lettres aux femmes*, 19.6.1995, n° 7.
[518] Cf. PLATON, *Le Banquet*, 192d-193c.
[519] Cf. D. TETTAMANZI, « L'etica sessuale », in AAVV, *Sessualità da ripensare,* Milan, 1990, p.28.
[520] Cf. Cf. K. WOJTYLA, *Amor y responsabilidad*, VIIe Ed., Madrid 1978, p. 47.
[521] Cf. CONGREGATION POUR L'EDUCATION CATHOLIQUE, *Orientations éducatives sur l'amour humain,* 1.XI.1983, n. 25.

différente et complémentaire. (...) Féminité et masculinité sont complémentaires, non seulement en termes de *physique* et *psychologique*, mais *ontologique*. C'est seulement grâce à la dualité du *masculin* et du *féminin* que l'*humain* trouve sa pleine réalisation »[522].

Cette complémentarité se manifeste clairement dans la conjugalité qui est l'union physique, psychique et spirituelle entre l'homme et la femme. C'est la totalité de la personne qui est impliquée dans cette union et pas seulement les organes génitaux. Lorsque l'acte conjugal est pleinement humain, s'y impliquent le corps, la psychè et l'esprit des deux personnes. En séparant ou en réduisant l'acte sexuel à l'une de ces dimensions, il n'exprime plus la totalité de la personne. Lorsque les deux significations, *union* et *procréation*, inhérentes à l'acte conjugal, se séparent artificiellement, le corps dans ce contexte n'est plus perçu comme une réalité personnelle, signe et lieu de relation avec les autres et avec Dieu. Il se réduit à la pure matière, à un ensemble d'organes, de fonctions et d'énergies à utiliser selon les critères de l'efficacité et du plaisir. La sexualité se dépersonnalise et devient un instrument d'affirmation du moi égoïste, des désirs et de l'instinct : « La procréation devient alors l'ennemi à éviter dans la sexualité : on ne l'accepte que dans la mesure où elle correspond au désir de la personne ou même à sa volonté d'avoir un enfant à tout prix et non pas, au contraire, parce qu'elle traduit l'accueil sans réserve de l'autre et donc l'ouverture à la richesse de vie dont l'enfant est porteur »[523].

II.2. Dimension psychique de la sexualité humaine

Parmi les caractéristiques de la sexualité, nous voulons faire ressortir les différences psychiques fondamentales qui existent entre l'homme et la femme. Il ne s'agit pas d'une étude comparative des différences psychiques entre l'homme et la femme, mais d'une vision d'ensemble de ce qui, malgré la nature humaine identique qui est inhérente aux deux sexes, demeure l'un des traits caractéristiques de l'homme ou de la femme. Nous ne devons pas oublier que la différence entre les individus est très importante. Ce qui se dit en général pour la masculinité ou la féminité peut être contredit dans le concret. En norme générale, l'homme est plus rationnel et la femme plus intuitive ; mais il y a des hommes plus intuitifs et des femmes plus rationnelles. On peut donc dire que la masculinité est présente dans la féminité, mais que chez l'homme la masculinité prédomine. Réciproquement, dans la féminité, la masculinité est présente, mais la

[522] JEAN-PAUL II, *Lettres aux femmes,* 19.VI.1995, n. 7.
[523] JEAN-PAUL II, EV, n. 23.

féminité prédomine. L'homme et la femme ont une manière typique et différente de vivre les caractéristiques communes[524].

II.2.1. Le psychisme féminin comme prédisposition à la maternité

La femme est généralement plus sensible et elle remarque et prend en compte des choses qui, pour l'homme, sont insignifiantes. C'est d'ailleurs pour cette raison que les femmes sont reconnues méticuleuses. Le corps féminin est doté d'une sensibilité interne plus vive que celle du corps masculin. L'hyperesthésie relative aux sensations organiques de la femme implique que son corps est plus présent pour elle. L'homme normalement oublie son corps. La femme est constamment attirée par la vivacité de ses sensations corporelles : elle sent à chaque moment son propre corps comme interposé entre le monde extérieur et son « je » propre. Par conséquent, la vie psychique de la femme est fondée sur son propre corps. Dans cette caractéristique première de la femme, se justifie toute la vanité féminine. La femme s'émeut, rit et pleure plus facilement que l'homme. L'affectivité conduit la femme à être plus compatissante, plus tendre que l'homme. Par affectivité, la femme fera prévaloir plus facilement les raisons de son cœur au détriment de celles de l'intelligence[525]. Cette vérité sur le psychisme de la femme ouvre la voie à une pleine compréhension de la maternité et met en valeur sa prédisposition au « don de soi », au don de la vie. Naturellement, la femme est prédisposée à donner la vie. La maternité de la femme, dans la période allant de la conception à la naissance de l'enfant, est un processus bio-physiologique et psychique qui, selon certaines études scientifiques connues et approfondies, montre que la femme a des prédispositions naturelles à être mère.

> « L'analyse scientifique confirme pleinement le fait que la constitution physique même de la femme et son organisme comportent en eux la disposition naturelle à la maternité, à la conception, à la gestation et à l'accouchement de l'enfant, par suite de l'union nuptiale avec l'homme. Cela correspond en même temps à la structure psycho-physique de la femme »[526].

S'en tenir exclusivement aux interprétations bio-physiologiques de la femme et de la maternité revient à nier ces dispositions naturelles et à avoir une conception matérialiste de l'homme et du monde. Dans cette perspective, les relations interpersonnelles se trouvent gravement appauvries, les premières victimes étant les enfants à naître. Les droits naturels inhérents à la dignité intrinsèque de l'être humain même à peine conçu deviennent des

---

[524] Cf. R. L. LUCAS, *Antropología y problemas bioéticos, op.cit.* p.40.

[525] Cf. B. PASCAL, *Pensamientos,* 277 (Brunschwicg), 477 (Chevalier), 423 (Lafuma).

[526] JEAN-PAUL II, *Mulieris dignitatem*, 15.VIII.1988, n.18.

droits octroyés par les critères d'utilité, d'efficacité et de fonctionnalité[527]. La maternité n'est plus liée à la structure personnelle de l'être féminin. L'être humain n'est plus respecté comme personne dès sa conception.

II.2.2. L'intuition comme prédisposition à la maternité

La capacité de comprendre les choses peut s'expliquer soit par l'intuition, soit par le raisonnement discursif qui, le plus souvent, exige une longue et attentive élaboration. L'intuition est une faculté qui permet d'apprendre et de comprendre avec un seul acte et en un instant l'ambiance et le langage corporel. Certes, l'homme et la femme jouissent tous deux de cette faculté, mais l'intuition est plus développée chez la femme. L'intelligence, aidée par l'amour, brûle les étapes et arrive instantanément au point où l'intelligence discursive arrivera plus tard. Le sens analytique féminin n'est pas de type rationnel, mais affectif, intuitif, concret. Grâce à cette intuition particulière, la femme comprend ce qui se produit en elle ; la mère accepte et aime d'emblée l'enfant qu'elle porte dans son sein[528] comme une personne. La femme joue un rôle particulier dans la mission commune des parents vis-à-vis de l'enfant : le contact unique que la femme établit avec le nouvel être humain en gestation rejaillit sur son conjoint et les ouvre tous deux à une attitude de tendresse envers leur enfant et envers l'homme en général.

II.2.3. L'allocentrisme féminin et l'égocentrisme masculin

Le centre d'intérêt principal de la femme est un autre être différent d'elle-même, vers lequel elle se projette répandant sur lui les richesses de son affectivité et de sa sensibilité et elle s'attend à recevoir la même attention en retour. L'objet premier de l'intérêt féminin est un être vivant et concret qui est hors d'elle comme sujet, un être que la femme peut rendre heureux et qui fait de même pour elle, un être que la femme peut aimer dans le sens véritable et qui peut aussi l'aimer. La tendance fondamentale de la motivation féminine est l'amour. L'amour de la femme dépasse généralement le problème du plaisir pour imprégner complètement le domaine psychique. L'union morale, sentimentale et spirituelle avec laquelle elle aime occupe facilement le centre de sa motivation. La structure biologique féminine laisse deviner sa structure psychologique portée à la réception et à l'accueil.

L'homme, au contraire, est plus incliné à agir, à chercher, à se faire une position. L'homme sent plus nettement l'exigence d'une activité externe dans laquelle il traduit ses projets et développe sa personnalité. Cet allocentrisme est une prédisposition pour sa maternité. On admet

---

[527] Cf. JEAN-PAUL II, EV, n. 23

[528] Cf. JEAN-PAUL II, *Mulieris dignitatem*, 15.VIII.1988, n.18.

habituellement que la femme est plus capable que l'homme d'attention à la personne humaine concrète et que la maternité développe encore cette disposition. L'homme, même s'il prend toute sa part dans cette fonction de parent, apprend souvent de la mère sa propre paternité[529].

II.3. Différence sexuelle, facteur déterminant de la procréation

Les différences anatomiques et physiologiques inhérentes à la constitution de la masculinité et de la féminité ont une incidence dans la vie psychique de l'homme et de la femme[530]. À partir de ces différences psychiques, on peut déduire la relation intime qui existe entre l'esprit et les organes biologiques. Cela voudrait dire que l'être humain n'est pas un dualisme esprit-matière, mais une unité ontologique dans laquelle existe une interaction entre les dimensions biologique et psychique[531]. La différence sexuelle chez l'homme assume une dimension supérieure à la différence sexuelle des animaux. La féminité et la masculinité de la personne, par le fait qu'elles s'expriment *dans* et *par* le corps, portent avec elles toute la densité et toute la vitalité de tout l'être humain[532].

L'unité de l'homme du point de vue biologique dépend premièrement des glandes endocrines qui produisent les hormones et le système nerveux qui dirige et contrôle le fonctionnement de tout l'organisme. Les différences endocrines influencent la totalité de l'individu. Elles ne se limitent pas à quelques caractéristiques biologiques, mais marquent profondément toute la personne. Ce sont l'esprit et le « je » personnel qui sont l'homme ou la femme, et pas seulement le corps, parce que c'est l'esprit qui anime, informe et fait vivre la corporéité proprement humaine, raison pour laquelle la personne n'a pas seulement un sexe déterminé, mais est un homme ou une femme. La vocation personnelle de la personne dans le monde se réalise harmonieusement lorsqu'elle accepte et valorise cette détermination propre de son être.

À partir de la psychologie et particulièrement celle de l'inconscient, certains psychologues ont voulu interpréter tous les comportements humains et sociaux dans une vision totalisante encore appelée le pansexualisme[533]. On

---

529 Cf. JEAN-PAUL II, *Mulieris dignitatem*, *op.cit.*, n.18

530 Pour ce développement Cf. K. WOJTYLA, *Amor y responsabilidad*, VIIe Madrid, 1978, pp.43ss ; R. L. LUCAS, *Antropología y problemas bioéticos, op.cit.*, p. 36ss; A. SARMIENTO, « Hombre y mujer los creó», *op.cit.*, p.172ss

531 Cf. A.M. GONZÁLEZ, *Claves de ley natural*, *op.cit.*, p. 113.

532 Cf. R. L. LUCAS, *Antropología y problemas bioéticos,* Tercera Edición, Madrid 2012, p. 36.

533 Cf. S. FREUD, « Compendio del psicoanálisis », en *Obras Completas*, XIX (Orbis, Barcelona 1988) 3379-3418.

considère la sexualité comme une énergie débordante et instinctive qui détermine toute l'activité humaine. Elle serait une force originaire biopsychique qui a ses racines dans l'inconscient et qui détermine toutes les expressions de l'homme. Selon cette vision de Freud, ce n'est pas la personne qui s'exprime par la sexualité, c'est plutôt la sexualité qui détermine la personne avec les pulsions de son inconscient et ses mécanismes de défense : la sublimation, la répression, la fuite, l'agressivité, etc. Le néo-freudisme voit la sexualité comme une force purement biologique qui va de la tension-recherche du plaisir- à la distension-satisfaction du plaisir[534]. Dans la fameuse *révolution sexuelle* déjà évoquée, la sexualité se retrouve dans l'ambiguïté d'être considérée comme un phénomène purement biologique tout en étant aussi un fait purement culturel, fruit du choix personnel et social. On aboutit ainsi à l'annulation de toutes les différences entre la masculinité et la féminité, la proposition de l'*unisexe,* non seulement dans l'habillement, mais aussi et surtout dans la vision de l'homme. Même sans méconnaître la différence physiologique entre les deux sexes, on réduit la sexualité à une question de culture et à un choix personnel. La féminité, la masculinité, l'hétérosexualité ne seraient plus des faits naturels, mais des rôles artificiels. Chaque individu doit se sentir libre dans le choix de son orientation sexuelle : masculine, féminine, transsexuelle homme et homosexuelle femme. Une lecture déformée et une tentative de mettre la normalité même dans des situations de désorientations sexuelles annulent l'indéniable spécificité de la masculinité et de la féminité[535].

La loi naturelle nous permet d'éviter ces visions excessives même si on ne peut pas nier le fait que la vitalité psychique enrichit, conditionne et peut perturber la vie sexuelle et réciproquement. Si la masculinité et la féminité étaient réduites aux pures données biologiques, leur concept devrait être identique dans toutes les cultures. Lorsqu'on réduit la masculinité et la féminité aux faits physique et culturel, on se retrouve devant une réalité trop hétérogène[536]. Par conséquent, sur la base de l'unité psychico-physique de la personne, on peut affirmer que la masculinité et la féminité font partie de la nature humaine. Certes, la culture peut insister sur certaines caractéristiques propres de la masculinité et de la féminité, données qui sont surtout le résultat d'un contexte éducatif, social et historique ; mais il n'est pas

---

[534] Cf. W. REICH, *La rivoluzione sesuale,* Feltrinelli, Milan 1963; voir aussi la traduction espagnole *La revolución sexual: para una estructura de carácter autónoma del hombre,* Planeta-De Agostini, Barcelona, 1985.
[535] Cf. E.SGRECCIA, A.SPAGNOLO, M.L. DI PIETRO (eds.), *Bioética. Manuale per i Diplomi Universitari della Sanità,* Milan, 1999, p.315.
[536] Un des représentants significatifs de ce courant anthropologique qui considèrent ces différences comme le résultat de la culture est S. de Beauvoir. Cf. S. DE BEAUVOIR, *Le deuxième sexe,* Paris, 1949.

toujours évident de distinguer ce qui dépend de la modalité fondamentale masculine ou féminine de ce qui vient de la culture[537]. Il est important d'établir l'origine culturelle de certaines caractéristiques. Mais ce qui compte le plus, c'est de savoir qu'il existe une différence psychologique liée aux personnalités masculine et féminine et qu'une telle différence ne doit pas être considérée comme prétexte de domination de l'un sur l'autre.

Les différences psychologiques de la féminité et de la masculinité ne peuvent pas être annulées ou attribuées seulement aux influences socioculturelles. Ce n'est pas uniquement la culture qui constitue la différence psychologique qui existe entre l'homme et la femme. La culture peut certainement influencer et accentuer certains rôles, induire certains préjugés et de fausses sensibilités (homme actif, femme passive, homme fort, femme faible), mais la culture ne crée pas de toutes pièces la psychologie de l'homme et de la femme. L'éducation, l'environnement, la culture peuvent influencer en modifiant, en améliorant ou en déformant. Mais ils ne transforment pas complètement la personnalité[538]. Les caractéristiques divergentes entre l'homme et la femme ne sont pas des facteurs purement culturels. Elles ont un fondement dans la nature de l'homme et de la femme et constituent leur spécificité sexuelle. Il est vrai qu'il existe des conflits ou des difficultés entre le sexe biologique et le sexe psychologique, pas seulement au cours du développement ; il arrive que quelqu'un n'accepte pas son sexe physique et qu'il demande un changement de sexe physique pour le mettre en harmonie avec sa sexualité psychologique[539]. Cela peut s'expliquer par de véritables et profondes anomalies psychiques. Ces cas confirment l'existence d'un fondement non culturel de la sexualité.

La sexualité est un élément fondamental de l'identité personnelle. Le fait morpho-biologique est une composante essentielle de la personne, son mode propre de se manifester, de communiquer avec les autres, d'exprimer et de vivre l'amour humain. C'est pour cela que Rahner, en parlant de la fécondation *in vitro*, pense que l'homme doit accueillir librement sa nature comme telle, comprenant aussi le fait d'être déjà prédéterminé. Il n'est d'ailleurs pas un être appelé à l'existence de sa propre initiative. Tout ce que

---

[537] Cf. G. SIMMEL, « Zur Philosophie der Geschlechter : Das Relative un das Absolute im Geschelechter-Problem », en *Gesamtausgabe,* vol.14 (Suhrkamp, Fránkfurt, 1996)219-255, cité par R. L. LUCAS, *op.cit.*, p.38.

[538] Cf. V. MARCOZZI, *Il valore della vita*, Roma, 1982, p.197ss. ; G.BOLARDI, « Sessualità maschile e femminile tra natura e cultura »: *Medicina e Morale* 1, 1983, pp. 12-24.

[539] Cf. F. CASTAGNET, *Sexe de l'âme et sexe du corps,* Centurion, Paris, 1981.

nous venons d'évoquer se présente comme nécessairement connecté à la nature humaine[540].

III. LE SENS ET LA SIGNIFICATION DE LA SEXUALITÉ HUMAINE : L'UNION ET LA PROCRÉATION

Contrairement au réductionnisme qui considère le corps comme un bien instrumental[541], réduisant le sexe à ses caractères matériels, nous pensons que la sexualité est une réalité profonde, intime qui inonde toute la personnalité. La sexualité affecte la personne humaine dans son uni-totalité corps et esprit. C'est pourquoi la relation sexuelle concerne l'*être* de la personne et non son *avoir*[542]. Pour expliciter tout ceci, quelques exemples de l'activité sexuelle humaine nous aideront. Il s'agit entre autres de l'incohérence des courbes d'excitations masculines et féminines, de l'absence de périodes fécondes et du phénomène de l'excitation et de l'émotion. La structure instinctive humaine est une réalité qui, apparemment, est purement animale ; elle contient cependant des références typiquement humaines. L'acte sexuel, qui semble obéir à l'instinct animal, transcende l'expérience instinctive et révèle toute la signification de l'acte conjugal : l'union et la procréation. La nature sexuée de l'être humain et la faculté humaine de la procréation sont supérieures et différentes de tout ce qui arrive dans les stades inférieurs de la vie[543]. Rejoignant Merleau-Ponty[544], nous dirons qu'il n'y a pas d'instinct sexuel chez l'homme. Aucun comportement chez l'homme n'est purement le fruit d'un mécanisme corporel. Tous nos gestes, chacune de nos manières participent à une explication et à une signification de ce que nous sommes. En présentant l'union et la procréation comme deux aspects de l'acte conjugal[545], le Magistère de l'Eglise s'appuie sur ce qui est inscrit dans la nature humaine.

---

540 Cf. K. RAHNER, « Il problema della manipolazione genetica», in CIF (ed.), *Uomo-Donna. Progetto di vita,* Roma, 1985, p.87.

541 Cf. EV, n. 23.

542 Cf. R. L. LUCAS, *Antropología y problemas bioéticos,* Tercera Edición, Madrid 2012, p. 59.

543 Cf. *GS*, n. 51.

544 Cf. M. MERLEAU-PONTY, *Signes,* Gallimard, 1960, pp.287-291 in R. L. LUCAS, *op.cit.*, p. 59.

545 Cf. PAUL VI, *Humanae vitae*, *op.cit.*, n. 12.

III.1. La dimension unitive de la sexualité

III.1.1. Incohérence des courbes d'excitation masculine et féminine

On reconnaît en général que l'excitation masculine se produit rapidement et qu'elle baisse aussi rapidement d'intensité. Chez la femme par contre, l'excitation et le retour à la normalité sont lents et longs[546].

Courbes d'excitation féminine et masculine[547]

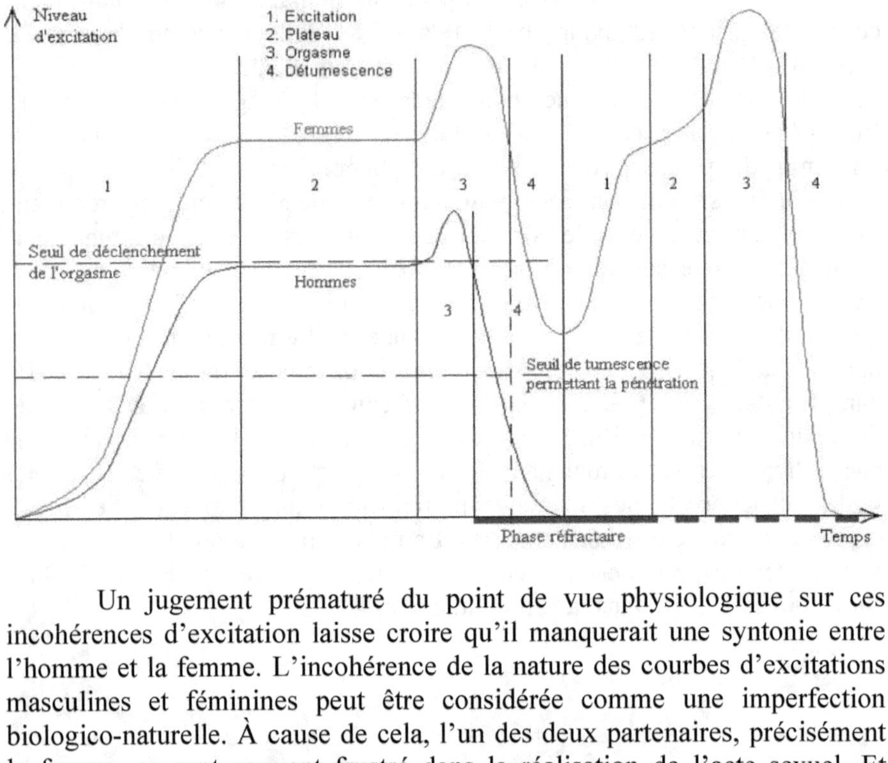

Un jugement prématuré du point de vue physiologique sur ces incohérences d'excitation laisse croire qu'il manquerait une syntonie entre l'homme et la femme. L'incohérence de la nature des courbes d'excitations masculines et féminines peut être considérée comme une imperfection biologico-naturelle. À cause de cela, l'un des deux partenaires, précisément la femme, se sent souvent frustré dans la réalisation de l'acte sexuel. Et effectivement, si chacun, dans ces moments, pense uniquement à lui-même sans tenir compte de l'autre, il laissera son partenaire frustré et insatisfait. Mais si nous considérons que les lois physiologiques manifestent quelque chose de transcendant, on se rendra compte que les différences qui existent

---

546 Pour ce développement, cf. K. WOJTYLA, *Amor y responsabilidad,* VIIe Ed., Madrid 1978, pp. 46-54 ; R. L. LUCAS, *Antropología y problemas bioéticos, op.cit.*, pp. 59-65 ; D.CHATTON, *Couple et sexualité,* 19.9.2001, p.12ss ;

547 D.CHATTON, *Couple et sexualité,* 19.9.2001, disponible in www.institutdelafamillegeneve.org.

entre ces courbes d'excitation masculine et féminine invitent l'homme à ne pas se laisser submerger par l'instinct aveugle afin que l'acte sexuel se réalise humainement. La sexualité humaine transcende l'automatisme des processus instinctifs propres aux animaux. Cette incohérence des courbes d'excitation masculine et féminine fait que, dans la réalisation de l'acte sexuel, l'homme et la femme se donnent amoureusement l'un à l'autre tous deux, en faisant attention à la diversité dans leur rythme d'excitation. Contrairement aux animaux qui s'accouplent uniquement aux fins reproductives, l'acte sexuel humain est l'expression de l'union intime entre l'homme et la femme. La signification étymologique du rapport sexuel nous aide à expliciter cela.

En effet, le mot "coït" d'origine latine, dérive de *cum* (avec) et de *ire* (aller). Le propre du coït ou acte sexuel est de conduire la dualité à une unité : *aller ensemble.* Les deux partenaires doivent *aller ensemble.* Chaque partenaire est en sympathie et en empathie avec ce qu'il expérimente de l'autre. Meneur du jeu, l'homme atteint la profondeur intime de la femme, lorsqu'au lieu d'inventer ou d'imposer son rythme, il tient compte de celui de sa partenaire et tente de l'épouser[548]. C'est ce qui justifie l'importance des préludes (*prae-ludere* ; *ludus* : jeu) tant pour l'enrichissement de la rencontre que pour augmenter le goût de l'acte conjugal. Ces préludes sont nécessaires dans la physiologie de la réponse sexuelle. Les jeux de mains, de lèvres, les insistances, les réticences, les audaces,... ne sont pas ridicules, mais favorisent la découverte de l'autre. Dans les extrémités de la pudeur et de l'impudeur, le couple joue avec les limites jusqu'à la satiété[549]. Par le moyen d'une donation personnelle et réciproque, qui leur est propre et exclusive, les époux notamment, dans l'exercice de l'acte sexuel, tendent à la communion de leurs êtres en vue d'un mutuel perfectionnement[550] pour former une seule chair : « c'est l'os de mes os et la chair de ma chair ! »[551]. Un des inconvénients de la révolution sexuelle fut la réduction de l'acte sexuel au seul orgasme, au détriment des autres aspects qui déterminent la compréhension intime du couple comme les préludes et les autres gestes de tendresse. Sachant que l'orgasme dure juste un petit moment, y réduire l'acte sexuel constitue une injure pour les couples. Si l'acte sexuel ne devient pas un chemin commun, cette rencontre court le risque de se réduire à deux masturbations plus ou moins bien synchronisées[552].

---

548 Cf. H. VAN LIER, *La intención sexual. Síntesis contemporáneas,* Marfil, 1970, p.62.
549 Cf. X. LACROIX, *Il corpo di carne*, Bologna, 1998, p.35.
550 Cf. PAUL VI, *Humanae vitae*, n. 8.
551 Gn 2,23.
552 Cf. R. L. LUCAS, *Antropología y problemas bioéticos, op.cit.*, p. 60.

Tout bien considéré, il ressort de ce qui précède que la sexualité humaine a une spécificité qui est *l'union intime et indivisible* entre l'homme et la femme. Son exercice implique la présence de tout l'homme et transcende la pure nature biologique ; l'acte sexuel doit être un *acte humain* qui transcende sa pure nature biologique[553]. À la différence des animaux chez lesquels l'instinct coïncide avec le naturel, chez l'homme, par contre, le naturel va au-delà de l'instinct. La nature humaine a une intelligibilité qui transcende la physiologie instinctive du corps. La diversité dans les complémentarités masculine et féminine de la nature sexuelle illustre que l'acte sexuel est une communication humaine qui révèle la dignité et la noblesse inhérentes à l'homme. Ce que nous venons de dire n'est pas d'abord le fruit d'une réflexion influencée par des convictions métaphysiques, mais une évidence devant laquelle nous met la structure même de la sexualité. Ce ne sont pas les décisions éthiques qui ennoblissent la sexualité humaine, mais une loi naturelle, qui révèle la structure même de la sexualité et qui impose un comportement éthique. La dimension unitive de l'acte sexuel, expression de la loi naturelle est une des spécificités de la sexualité. Cette dimension unitive est indissociable de la dimension procréative. De quoi s'agit-il exactement ?

III.1.2. Excitation, sentiment et émotion[554]

On distingue trois types de réactions qui provoquent la rencontre entre la féminité et la masculinité. Certes, ce problème appartient plus à la psychologie qu'à la biologie ; mais il existe une relation étroite entre les deux disciplines. Une analyse profonde de la psychologie humaine illustre que, dans les relations interpersonnelles où s'exprime l'influence réciproque de la féminité et de la masculinité, il se produit chez la personne une triple réaction : l'excitation, le sentiment et l'émotion.

Même si les trois réactions apparaissent généralement ensemble, on peut néanmoins les distinguer par leur objet. La différence objective entre ces trois réactions consiste dans le fait que l'excitation est surtout biologique ; le sentiment et l'émotion, par contre, même s'ils sont provoqués par une réaction réciproque de la masculinité et de la féminité, se réfèrent surtout à toute la personne prise dans son intégralité. L'excitation cherche à s'exprimer surtout sous forme de plaisir sexuel et corporel et tend vers l'acte sexuel. Le sentiment et l'émotion sont provoqués par un autre être humain, même si ce dernier est conditionné par la féminité ou la masculinité de l'autre, mais ils ne conduisent pas directement à l'acte sexuel ; ils s'orientent directement vers d'autres manifestations affectives.

---

[553] Cf. K. WOJTYLA, *Amor y responsabilidad, op.cit.*, p. 47ss.

[554] Pour ce développement, cf. K. WOJTYLA, *Amour et responsabilité, op.cit.*, pp. 92-104, R. L. LUCAS, *Antropología y problemas bioéticos, op.cit.*, pp.63-65

En voyant de près la relation qui existe entre les trois, il semblerait que l'excitation qui naît d'une perception déterminée visuelle, tactile, olfactive, etc., suscite dans l'organisme des processus hormonaux et psychiques qui provoquent l'émotion et le sentiment exprimé sous forme de désir. Dans une autre perspective, il paraît que l'excitation n'est pas première, mais dernière. La perception de la beauté d'une personne fait surgir un ébranlement sentimental et émotionnel profond qui provoque chez le sujet une perturbation affective globale qui le conduit à l'excitation sexuelle. Dans la première perspective, l'excitation est la cause de l'émotion affective ; dans la deuxième, l'excitation n'est que la manifestation de cette émotion affective. Nous pouvons dire sans prendre position que ces deux points de vue contiennent tous deux une part de vérité. Ce qui nous intéresse, ce sont la mise en relief de ce phénomène humain et ses caractéristiques.

Cette différence entre émotion, excitation et sentiment est spécifiquement humaine et étrangère au monde animal. Certes, l'animal s'excite, mais son excitation n'a pas d'implication dans le monde affectif. La sexualité humaine, au contraire, doit s'exprimer tant dans la capacité de diriger l'excitation vers un développement adéquat, que dans le sentiment et l'émotion vers l'intensification de son caractère désintéressé. Cette différence ne contredit pas que l'acte sexuel comme effet de l'excitation et n'implique pas en même temps un état sentimental qui, intensément, dérive de l'émotion. Au contraire, dans l'acte sexuel humain, l'union intime devrait impliquer une particulière insatisfaction psychologique sentimentale et émotive qui intègre toute la personne et non seulement les parties érogènes excitées. L'excitation produite par les caresses se transcende et imprègne psychiquement et émotionnellement toute la personne. Pour cette expérience émotionnelle et affective, l'excitation se convertit non seulement en plaisir, mais en une joie profonde et en une satisfaction affective. L'émotion peut avoir une connotation positive qui est la satisfaction, ou négative qui est la souffrance qui se manifeste comme contrariété sensuelle, insatisfaction et tristesse. La souffrance émotive liée à l'acte sexuel manifeste la contrariété à vivre un acte d'une façon non humaine. La différence entre excitation, sentiment et émotion est une preuve de plus que la sexualité humaine exclut toute réduction unilatérale au pur instinct. Certes, « l'homme n'est pas responsable de ce qui se passe en lui dans le domaine sexuel – dans la mesure où il ne l'a pas provoqué lui-même –, mais il est pleinement responsable de ce qu'il fait dans ce domaine »[555].

[555] K. WOJTYLA, *Amour et responsabilité, op.cit.*, p.39.

III.2. « Homme et femme Il les créa » : Au service de l'amour et de la procréation

Le sens de la sexualité humaine est inhérent à l'amour et à la vie[556]. Pour éviter de s'exposer au risque de l'échec et de se retrouver dans les conditions de l'insensé[557], conditions qui ne nous permettent pas de mieux saisir toute la vérité sur la sexualité, il faut tenir unies la foi et la raison. La connaissance de la vérité sur la sexualité humaine ne peut pas être atteinte par la seule lumière de la raison, à partir de l'humanité de l'homme et de la femme. A la connaissance rationnelle se joint la révélation ou la connaissance par la foi qui, loin d'amoindrir l'autonomie de la raison ou de la réduire, affine le regard intérieur[558] et permet à l'esprit de connaître la vérité entière sur l'homme, créé à l'image et à la ressemblance de Dieu, sauvé par le Christ[559]. Dans cette intégration mutuelle entre foi et raison, l'homme découvre clairement que la sexualité humaine est au service de l'amour et de la vie.

III.2.1. Au service de l'amour

La différence sexuelle est orientée par la communication et la relation interpersonnelle vers l'amour, parce que c'est cela le sens de la corporéité humaine. « La tendance sexuelle normale est dirigée vers une personne de sexe opposé et non pas seulement vers le sexe opposé. Et, précisément parce qu'elle se porte vers une personne, elle constitue en quelque sorte le terrain et le fondement de l'amour »[560]. Le corps humain, avec son sexe et sa masculinité et sa féminité, vu dans le mystère de la création, est non seulement une source de fécondité et de procréation, comme dans tout l'ordre naturel, mais il a un attribut conjugal qui est sa capacité d'exprimer l'amour[561]. Comme image de Dieu, l'homme a été créé pour aimer. En créant l'homme à son image, Dieu a inscrit dans l'humanité

---

[556] Cf. A. SARMIENTO, « El bien de la sexualidad » in *Moral de la persona*, *op.cit.*, p.174.

[557] Cf. JEAN-PAUL II, FR, n. 18 : « Dans la Bible cette stupidité comporte une menace pour la vie ; l'insensé en effet s'imagine connaître beaucoup de choses, mais en réalité il n'est pas capable de fixer son regard sur ce qui est essentiel. Cela l'empêche de mettre de l'ordre dans son esprit (Cf. Pr 1,7) et de prendre l'attitude qui convient face à lui-même et à son environnement. Et quand il en arrive à affirmer que *Dieu n'existe pas* (Cf. Ps 14/13,1), il montre en toute clarté que sa connaissance est déficiente et combien elle est loin de la pleine vérité sur les choses, sur leur origine et sur leur destinée. »

[558] Cf. JEAN-PAUL II, FR, n. 16.

[559] Cf. R. YEPES J. ARANGUREN, *Fundamentos de Antropología,* 6ª ed., EUNSA, 2003, pp.269-295.

[560] K. WOJTYLA, *Amour et responsabilité, op.cit.*, p.41.

[561] Cf. JEAN-PAUL II, Alloc. 16.01.1980, n.1 ; BENOIT XVI, *Deus caritas est*, nn. 3-8.

de l'homme et de la femme la vocation qui n'est rien d'autre que leur capacité mutuelle de s'aimer[562]. L'amour est la vocation fondamentale innée à tout être humain. Le phénomène amour est propre aux êtres humains. Mais cet amour n'est pas seulement la cristallisation biologique, moins encore psycho-physiologique de l'impulsion sexuelle. Même s'il naît à partir de la tendance sexuelle et se développe ensuite à partir des conditions créées dans la vie psycho-physiologique de l'homme concret, cet amour se forme à partir des actes volontaires de la personne[563]. La sexualité humaine fait partie intégrante de la capacité concrète que possède l'homme d'exprimer l'amour. C'est dans cet amour précisément que l'homme se convertit au don, et par ce don il réalise le sens de son être et de son existence[564].

III.2.2. Au service de la procréation

La sexualité étant l'expression de l'amour comme don réciproque et total, sans réserve entre l'homme et la femme, elle est inéluctablement orientée vers la fécondité. Cette acceptation-donation de la sexualité est ouverte à la fécondité. L'amour est fécond pour sa propre nature et la procréation est latente dans la structure même de la sexualité : l'intelligibilité de la nature humaine nous met devant une évidence selon laquelle il n'y a pas de sexualité sans procréation latente et réciproquement. L'acte conjugal, notamment dans sa structure intime, d'une part, unit profondément les époux et, d'autre part « les rend aptes à la génération de nouvelles vies, selon les lois inscrites dans l'être même de l'homme et de la femme »[565]. Si la sexualité se réduisait seulement à l'obtention du plaisir, l'appareil génital de l'homme aurait comme seul organe le pénis et celui de la femme, le vagin ; il n'existerait pas d'ovaires, de trompes et d'utérus chez la femme, pas de prostate et de vésicules séminales chez l'homme. La différence complémentaire entre la masculinité et la féminité est ordonnée en soi morphologiquement et physiologiquement à l'aide mutuelle. Ceci a lieu à travers le langage sexuel de la génération. De ce point de vue biologique, la relation qui existe entre la génitalité et la procréation devient un truisme. L'attraction mutuelle entre l'homme et la femme, qui tend à la communion personnelle et à la satisfaction sexuelle dans l'union corporelle totale, débouche, par sa propre nature, sur la génération de nouvelles vies. L'attraction mutuelle qui conduit à la communion interpersonnelle à travers le langage sexuel ne se ferme pas sur le « je » et le « tu » ; elle s'ouvre au tiers qui est l'enfant, fruit de l'amour et du don mutuel : « Dieu créa l'homme à son image, à l'image de Dieu il le créa, homme et femme, il les créa. Dieu les bénit et leur dit : Soyez féconds, multipliez-vous, emplissez la

---

[562] Cf. JEAN-PAUL II, *Familiaris consortio*, n. 11.
[563] Cf. K. WOJTYLA, *Amour et responsabilité, op.cit.*, p.41.
[564] Cf. JEAN-PAUL II, Alloc. 16.01.1980, n.1.
[565] PAUL VI, *Humanae vitae*, n. 12.

terre et soumettez-la »[566]. L'ouverture à la fécondité est l'un des éléments qui révèlent la vérité de l'image de Dieu chez l'homme. Cette image s'exprime à travers la communion interpersonnelle, entre l'homme et la femme où se réalise l'unité de la chair. La fécondité est intrinsèque à la vérité de la sexualité comme langage de l'amour humain en tant que participation à l'amour trinitaire[567]. Dieu, qui est amour et vie, a inscrit dans le cœur de l'homme et de la femme la vocation à la participation spéciale à son mystère de communion personnelle et à son œuvre de Créateur et de Père[568]. C'est dans cette optique que la Tradition de l'Eglise a toujours considéré l'activité sexuelle comme une participation ou une coopération à l'amour créateur de Dieu.

La vérité-bien-liberté de la sexualité humaine n'est pas une recette de la vie sexuelle. Notre intention n'est pas de donner une recette d'épanouissement sexuel, mais de nous mettre face à l'évidence du mystère du corps humain et de la fécondité. Le corps humain a un langage déterminé, une loi naturelle. Lorsqu'on obéit à cette intelligibilité, la sexualité ne se réduit plus à la génitalité ou à la satisfaction d'un désir, mais reste ouverte à la procréation. La plupart des enjeux éthiques de la reproduction assistée, comme nous verrons par la suite, sont liés aux incompréhensions du langage du corps. C'est pour cela que nous concluons ce chapitre par ces mots de Jean-Paul II :

Le corps n'est pas un objet parmi d'autres objets.
Il est d'abord quelqu'un, en ce sens qu'il est une manifestation de la personne, un moyen de présence aux autres, de communication, d'expression extrêmement variée.
Le corps est une parole, un langage. Quelle merveille et quel risque en même temps !
Jeunes gens et jeunes filles, ayez un très grand respect de votre corps et du corps des autres !
Que votre corps soit au service de votre moi profond !
Que vos gestes, vos regards soient le reflet de votre âme !
Adoration du corps ? Non, jamais. Mépris du corps ? Pas davantage !
Maîtrise du corps ? Oui ! Transfiguration du corps ? Plus encore !...
L'union des corps a toujours été le langage le plus fort que deux êtres puissent se utiliser ensemble[569].

---

[566] Gn 1,27-28.
[567] Cf. A. SCOLA, « El principio teológico de la procreación » in J. RATZINGER, *El don de la vida. Instrucción y comentarios,* Palabra, 1992, p.107.
[568] Cf. JEAN-PAUL II, *Familiaris consortio*, n. 11 ; *Gaudium et Spes*, n. 50.
[569] JEAN-PAUL II, *Discours aux jeunes*, Parc des Princes, Paris, 1980.

CHAPITRE II
ENJEUX ÉTHIQUES DE LA FÉCONDATION ARTIFICIELLE

La justification officielle et « légitime » des techniques de reproduction médicalement assistée est la recherche de solutions aux problèmes posés par la stérilité et l'infertilité. Apparemment, ces techniques, au fond, veulent résoudre des problèmes inhérents à la stérilité et à l'infertilité des couples. Ces techniques cherchent à trouver une solution à la souffrance qui accable les couples qui sont dans ces situations. Si la contraception met à la disposition de la femme un ensemble de moyens qui lui permettent de ne pas avoir un enfant qu'elle ne veut pas, la reproduction médicalement assistée, par contre, lui permet d'avoir l'enfant désiré malgré les résistances de la nature. Paradoxalement, on constate que l'ensemble de ces techniques d'aide à la fertilité suscite le développement d'une réflexion éthique étendue à la médecine. Même si l'avortement, la contraception, le don d'organes, etc., suscitent aussi des discussions passionnées, c'est la reproduction médicalement assistée qui a imposé à la société actuelle de chercher des réponses à des questions toujours repoussées, mais devenues d'une actualité pressante[570]. En France notamment, un an après la naissance d'Amandine, premier bébé conçu en éprouvette, s'est créé le Comité consultatif national d'éthique. Aussi, rejoignant François Mitterrand, nous nous demandons si l'histoire des Droits de l'homme qui suscite à juste titre tant de passions n'est pas l'histoire d'une conquête de l'idée de la vie inhérente à la personne. Si oui, que faire alors lorsque cette notion de personne peut être instrumentalisée et modifiée par la science ? Que deviennent aussi les concepts fondamentaux comme la vie, la parenté ?[571] Le droit d'avoir des enfants doit-il s'imposer *à tout prix*[572] aux médecins praticiens, aux pouvoirs publics et à la société tout entière ainsi qu'à l'enfant

---

[570] J.-F. MATTEI, « L'assistance médicale à la procréation » in *Questions d'Ethique biomédicale, op.cit.*, p.185.
[571] F. MITTERRAND, « Message envoyé au colloque international de bioéthique à Rambouillet », 18.IV.1985 in *Le Monde*, 28.IV.1985.
[572] Cf. L. SHAN, « États-Unis. Des ovules qui rapportent gros » in *Los Angeles Times,* 25.05.2012 : « Les lois du marché qui régissent les prix du coton, du cuivre, et d'autres matières premières sont aussi celles qui permettent aux femmes asiatiques d'exiger 10 000 à 20 000 dollars (environ 7 700 à 15 400 euros) pour leurs ovules, aussi appelés gamètes ou ovocytes ».

qui ne veut pas venir ? Voilà quelques interrogations qui guideront notre réflexion dans cette partie.

Nous fournissons en annexe (IV) la liste des multiples techniques qui sont plus ou moins utilisées dans le cadre de la reproduction assistée. Remarquons déjà que cette liste n'est pas complète et est presque incompréhensible. Mais elle révèle toute la complexité inhérente à ces techniques[573].

I. FONDEMENTS ÉTHIQUES DE LA PROCRÉATION MÉDICALEMENT ASSISTÉE

I.1.Subtilité dans le langage et exigence de précision

Un des grands défis de la bioéthique est la précision terminologique. Les imprécisions terminologiques sont les débuts de la dégradation de la dignité humaine. En bioéthique, on utilise facilement des euphémismes pour voiler la vérité, la gravité des faits et de la réalité[574]. La fécondation artificielle en général est l'ensemble des diverses procédures techniques destinées à obtenir une conception humaine en se passant de l'union sexuelle entre l'homme et la femme. Il s'agit des fécondations d'ovules en éprouvette (fécondation *in vitro*) et des inséminations artificielles avec transfert dans les organes génitaux de la femme du sperme précédemment recueilli[575]. Il est nécessaire de clarifier certains termes que nous avons déjà utilisés ou que nous utiliserons par la suite afin d'éviter certaines confusions qui se glissent subtilement entre la stérilité et l'infertilité, d'une part, et l'insémination artificielle et la fécondation artificielle, d'autre part.

La *stérilité* pour une femme est l'incapacité de tomber enceinte après un ou deux ans de relations sexuelles qui sont potentiellement fécondantes. L'*infertilité,* par contre, est l'incapacité de mener une grossesse jusqu'à la vitalité du fœtus[576].

L'insémination artificielle est le dépôt instrumental d'un liquide séminal masculin dans les voies génitales féminines. *L'insémination artificielle improprement dite* est l'introduction ou le dépôt naturel à un niveau plus profond du sperme dans le vagin. La différence entre les deux,

---

573 Cf. E.SGRECCIA, *Manuale di bioetica* cité par L. CICCONE, *Bioetica, op.cit.*, p.102

574 Parmi ces euphémismes, nous pouvons citer entre autres : *Pré-embryon* au lieu d'*embryon*, *Interruption volontaire de grossesse (IVG)* au lieu d'*avortement*, *procréation médicalement assistée* au lieu de *fécondation artificielle*, …

575 CDF, *Donum vitae*, n. 6.

576 Cf. M.L. DI PIETRO, E.SGRECCIA, *Procreazione assistita e fecondazione artificiale, op.cit.* p.8 cité par L. CICCONE, *Bioetica, op.cit.*, p.99.

comme nous le verrons un peu plus loin, a une pertinence éthique considérable. Dans la première méthode, le dépôt du liquide séminal masculin dans les voies génitales féminines est instrumental, ce qui signifie que l'acte sexuel est totalement remplacé : c'est l'insémination artificielle proprement dite (IA). Dans le deuxième cas, par contre, l'intervention s'ajoute ou complète l'acte sexuel lorsque celui-ci, pour divers motifs, est incapable de déclencher un processus de fécondation. C'est *l'insémination artificielle improprement dite* qui est une aide ou une assistance médicale à la procréation humaine.

La *fécondation artificielle* est une intervention qui agit directement sur la manière de mettre l'ovule et le spermatozoïde en contact, ce qui conduit à donner une unique cellule ou zygote. La « procréation médicalement assistée » est différente de la *fécondation artificielle* : La « procréation médicalement assistée » fait penser à un processus génératif humain substantiellement inaltéré auquel l'appui médical offre juste un modeste soutien au processus vital là où il y a de petites difficultés. Tous les enjeux éthiques et les problèmes spécifiques inhérents à ce processus demeurent relatifs aux conditions particulières de chaque homme. La « procréation médicalement assistée » oriente vers une attitude qui prédispose à l'accueil et à la légitimité, ce qui est une manière très habile de dissimuler la réalité de ce qui se passe normalement dans la pratique des techniques d'aide à la procréation. En effet, le terme « procréation », nous l'avons déjà dit, surgit dans le contexte d'une anthropologie chrétienne évoquant avec clarté un acte créateur exclusif de Dieu, le fait de générer un être humain en coopérant avec l'amour créateur de Dieu. Cette perspective est en contraste avec certaines interventions actuelles relatives à la génération humaine. L'homme étant incapable d'interpréter toutes les clés de lecture liées au processus de génération de la vie humaine (loi naturelle), la procréation médicalement assistée se transforme en reproduction ou fécondation artificielle[577]. C'est d'ailleurs cette différence qui justifie le titre de ce chapitre et que, par la suite, nous utiliserons pour illustrer les différentes pratiques actuelles des techniques d'aide à la fertilité. La FIVETE, notamment, est une technique du laboratoire qui consiste à mettre en contact les ovules avec les spermatozoïdes dans un récipient afin que se réalise au moyen de la culture ce qui, de façon naturelle, se réalise dans la trompe de Fallope de la femme. Par rapport à l'origine des gamètes, les techniques peuvent être *homologues* ou *hétérologues*. Les techniques sont dites *homologues* lorsque les spermes et les ovules proviennent du couple qui se soumet à la technique ; elles sont *hétérologues* lorsque les gamètes proviennent d'un don extérieur au couple.

---

577 C'était l'une des conclusions partielles de la première partie : *Procréation ou fécondité artificielle* ?

I.2. Les sources de la moralité de la fécondation artificielle

Conformément à nos fondements épistémologiques, la personne est orientée constitutivement vers le bien. En séparant un des éléments qui constituent la chaîne *vérité-bien-liberté*[578], la personne peut faire un mauvais usage de la liberté. C'est une des conséquences du relativisme. N'étant plus disposée à écouter et à suivre les recommandations du *nèm ntògò,* la personne se détruit. La moralité n'est pas uniquement un qualificatif des actes humains, elle est aussi le qualificatif de la personne qui les réalise[579]. L'unité *vérité-bien-liberté* est décisive dans la constitution de la moralité parce qu'elle aide l'homme à mieux répondre à sa vocation et à respecter sa dignité. Pour évaluer la dimension morale d'un acte humain en général et singulièrement celle des techniques de reproduction assistée, afin de sauver tous les acteurs impliqués dans ces techniques (parents, embryons, praticiens, donneurs,…), il faut analyser les trois éléments qui constituent la source de la moralité : *l'objet, la finalité* et *les circonstances*. Les circonstances étant des éléments secondaires de l'acte [580], nous nous limiterons dans notre analyse à l'objet moral et à la finalité morale dudit acte. Cette analyse nous montrera comment l'écoute du *nèm ntògò* est déterminante dans le choix de nos actes.

I.2.1. L'objet moral de la fécondation artificielle

L'objet moral d'un acte est ce qui est choisi rationnellement par une volonté délibérée[581]. C'est ce que nous nous proposons de faire et que nous voulons réaliser directement par notre action. « En tant que conforme à l'ordre de la raison, il est cause de la bonté et de la volonté, il nous perfectionne moralement et nous dispose à reconnaître notre fin ultime dans le bien parfait, l'amour originel »[582]. C'est pourquoi Anscombe, dans son analyse de l'action humaine, dit que « en gros, l'intention d'un homme, c'est son action »[583] ou que la valeur morale d'un acte dépend de son objet. Lorsque, dans une action physique, intervient une obstination, une intentionnalité concrète, cette action se convertit en action morale : administrer une injection pour vacciner et administrer une injection pour tuer une personne ; le fait de déclencher une arme à feu est physiquement

[578] Nous rappelons ici que les trois éléments de la chaîne sont inséparables : vérité-bien-liberté.

[579] Cf. Aristote, *Ethique*, VI, 2.

[580] Cf. *CEC*, n. 1754.

[581] Cf. A. SARMIENTO, « El dinamismo de la libertad » in A. SARMIENTO, E.MOLINA, T.TRIGO, *Teologia Moral Fundamental, op.cit.*, p.223 ; voir aussi CEC, n.1751.

[582] JEAN-PAUL II, VS, n. 78.

[583] G.E.M. ANSCOMBE, *L'intention,* Trad. Mathieu Maurice et Cyrille Michon, Gallimard, 2002, § 25.

identique dans les conditions de légitime défense et dans l'assassinat. Nous décrivons cette action pour rendre plus explicite ce que nous disons : « Paul appuya sur la gâchette du pistolet avec le doigt ». Nous nous référons au fait physique et rien de plus. Par contre, si nous disons : « Paul appuya sur la gâchette du pistolet braqué sur Pierre afin de pouvoir entrer dans sa maison et voler » ou « Paul appuya sur la gâchette du pistolet braqué sur Pierre en état de légitime défense », nous sommes en train de dire que le fait d'appuyer sur la gâchette du pistolet répond à une volonté ou à une intentionnalité déterminée. Dans les deux cas, l'acte physique est le même, mais l'objet moral des deux actes répond à deux fins totalement différentes : dans le premier cas, assassiner une personne et, dans le deuxième, se défendre contre un agresseur. À la moralité première de l'acte par l'objet moral (*finis operis*) s'ajoute ce qui provient de la fin (*finis operantis*)[584]. Dans le cas de l'assassinat, l'intentionnalité seconde est le vol ; c'est cela le mobile ou la finalité ultime (*finis operantis*) qui amène Paul à poser l'acte d'assassiner (*finis operis*). « Pour pouvoir saisir l'objet qui spécifie moralement un acte, il convient donc de se situer dans la perspective de la personne qui agit »[585] puisque, fondamentalement, la moralité de l'acte dépend de son objet. Si l'objet est en contradiction avec le bien de la personne, aucune finalité ou intentionnalité postérieure ne pourrait faire que l'acte réalisé soit bon. Par contre, si l'objet est conforme au bien de la personne, l'acte en question sera bon, même si, comme nous le verrons plus tard, il faudrait aussi que la fin soit bonne. L'objet moral de celui qui tue par légitime défense n'est pas l'acte de tuer, mais son incapacité de pouvoir amener son malfaiteur à changer d'avis. Dans ce cas, la légitime défense est l'unique option. L'acte moralement bon serait de parvenir à convertir son agresseur en l'amenant à abandonner son projet. La réflexion de Christian de Chergé, prieur de Tibhirine, à cet effet est assez édifiante :

> « En fait, c'est très clair que nous ne pouvons souhaiter cette mort, non parce que nous en avons peur seulement, mais parce que nous ne pouvons souhaiter une gloire qui serait acquise au prix d'un meurtre, qui ferait de celui à qui je la dois un meurtrier.... «Tu ne commettras pas de meurtre», ce commandement tombe sur mon frère et je dois tout faire pour l'aimer assez pour le détourner de ce qu'il aurait envie de commettre »[586].

En entonnant le chant du *nèm ntògò*, la petite Eyenga n'a nullement l'intention d'embarrasser sa mère, ni de semer la zizanie entre ses parents, ni d'exposer le visiteur malsain. L'objet moral de son action n'est pas le fait d'avoir entonné un chant, car sa volonté délibérée est de sauver les trois

[584] Cf. *S.Th.* I-II, q.1, a.3.
[585] JEAN-PAUL II, VS, n. 78
[586] C. DE CHERGÉ, *L'invisible espérance*, Bayard Éditions, 1997, pp.312-313.

acteurs, notamment son père Zibi, sa mère Kouna et le visiteur caché et de les amener à vivre conformément à la trilogie vérité-bien-liberté. Son acte en soi n'est pas en contradiction avec leur bien commun : celui du père Zibi, celui de sa mère Kouna, celui de l'intrus et le sien propre.

Bien que le déséquilibre entre les effets favorables et dommageables au relèvement du niveau socio-économique de la famille pourrait faire choisir de gifler leur mère, les étudiants ne sont pas prêts à le faire, ce qui montre qu'à leurs yeux leur choix moral ne se réduit pas au fait de s'abstenir de gifler leur mère. Mais, parce qu'ils veulent rester en accord avec l'ensemble de leurs dispositions internes, les étudiants préfèrent renoncer à l'argent, plutôt que d'infliger une humiliation à leur mère. Ainsi, ils sauvent toute la réputation d'une région, d'un peuple, d'un pays et pourquoi pas d'un continent ! Le curé se sent incapable de consentir au mensonge contre l'évêque, bien que la jeune fille soit dans une situation de détresse et que sa vie soit en danger. Le curé ne manque pas d'humanité ; il cherche à dissuader ces malfaiteurs, mais échoue à leur faire abandonner leur projet. En venant en aide aux explorateurs espagnols malgré la différence culturelle, les « Indiens sauvages » veulent avant tout sauver des vies en danger. L'objet moral de l'acte posé par ces « Indiens sauvages » est de sauver des vies sans tenir compte de leur *qualité*. Dans ce récit, si émouvant, où l'humain se dévoile, la *qualité de vie* n'est pas au-dessus de la vie. Bref, indépendamment de leur finalité, les comportements gardent en eux une relation avec le bien de la personne et de la société :

> « La moralité des actes est définie par la relation entre la liberté de l'homme et le bien authentique. Ce bien est établi comme Loi éternelle par la Sagesse de Dieu qui ordonne tout être à sa fin : cette Loi éternelle est connue autant grâce à la raison naturelle de l'homme, et ainsi elle est *loi naturelle*, que de manière intégrale et parfaite, grâce à la révélation surnaturelle de Dieu »[587].

Dans le cadre des techniques de reproduction assistée, l'objet moral n'est rien d'autre qu'une *volonté manifeste* de faire naître une vie par la puissance technologique et scientifique malgré toutes les résistances et limites de la nature physiologique de l'homme et de la femme : « la vie et la mort sont soumises aux décisions de l'homme, qui en vient ainsi à se constituer donateur de vie et de mort sur commande »[588]. Selon Robert Spaemann[589], l'enfant qui naît dans une éprouvette est naturellement égal à

[587] JEAN-PAUL II, VS, n. 72.
[588] CDF, *Donum vitae,* n. 6.
[589] Cf. R. SPAEMANN, *Kommentar zur Instruktion Donum Vitae,* in : Die Untastbarkeit des menschlichen Lebens. Zu ethischen Fragen der Biomedizin. Instruktion der Kongregation für die Glaubenslehre. Mit einem Kommentar von

n'importe quel autre enfant, une créature à l'image et à la ressemblance de Dieu, et doit être respecté en tant qu'homme comme tout homme. Mais la façon dont il a été « produit » constitue une grave injustice. Cette façon de « fabriquer la vie », qui ne nous appartient pas, vulnérabilise l'égalité fondamentale de tous les hommes : car tout homme doit son existence à la nature. La vie n'appartient ni à la science, ni à la technologie. « La vie existe déjà dans le spermatozoïde et dans l'ovule, tout comme elle existe dans les deux organismes qui ont produit les gamètes. En ce sens, la vie ne se crée pas, elle continue, elle se transmet de génération en génération. C'est là tout son mystère »[590]. En outre, la reconnaissance du droit de l'enfant est le principe fondamental du jugement moral. Ce droit est au-dessus des autres parce que « l'enfant n'est pas seulement innocent, il est l'innocence même. Incapable d'agir, de blesser, de se défendre, il vient à nous dans un dénuement radical. Il est le premier parce qu'il est le plus démuni »[591]. Toute procréation implique une obligation qui consiste à donner à l'être humain en devenir une sécurité minimale de sa personnalisation. Mais dans le cadre des fécondations artificielles, l'objet moral est un choix qui consiste à mettre un être humain en chantier, puis à le priver délibérément de l'une ou de l'autre des conditions fondamentales de son humanisation. C'est une médecine de convenance qui réduit la stérilité et la fécondité à leur dimension physiologique : vaincre à *tout prix* les limites de la nature physique de l'homme et de la femme. Ceci réduit la fécondité à une logique d'efficacité et d'utilité qui contredit radicalement la dignité de l'être humain appelé à l'existence. D'ailleurs, les techniques qui apparaissent comme une aide à la procréation ne sont pas rejetées par l'Église parce qu'elles sont artificielles dans la mesure où elles font partie de l'art médical, mais « ces techniques sont évaluées moralement par référence à la dignité de la personne humaine appelée à réaliser sa vocation divine au don de l'amour et au don de la vie »[592].

À cause de leur objet moral, les techniques de fécondation artificielle ne sont pas à la portée des couples ayant un niveau économique bas[593] et elles ont des conséquences multidimensionnelles. Certains praticiens l'ont reconnu humblement. « Les débuts ont été enthousiastes. Puis sont venus les

---

Robert Spaemann, Freiburg/Br., 1987, pp.92ss cité par M. RHONHEIMER, *Etica de la procreación,* Rialp, 2004, p.152.

590 R. FRYDMAN, *Dieu, la médecine et l'embryon*, Ed. Odile Jacob, 1999, p.68.

591 J.-L. BRUGES, *La fécondation artificielle au crible de l'éthique chrétienne,* Fayard, 1989, p.117.

592 CDF, *Dignitas personae*, n.11.

593 Cf. Annexe V.

doutes, l'inquiétude et, maintenant, le désarroi »[594]. Le choix délibéré de recourir à ces techniques a des conséquences psychologiques sur la santé des parents, des enfants et déstabilise la structure familiale et sociale. La stérilité ou l'absence involontaire d'enfant dont souffrent les couples est très sérieuse et trop complexe pour être confiée uniquement aux médecins. Chercheurs et médecins reconnaissent ne pas être les seuls professionnels indiqués pour résoudre les éventuels risques inhérents aux techniques de procréation médicalement assistée, bien qu'ils soient les plus aptes à les promouvoir[595]. Il faut une certaine réserve morale sur certaines approches de lutte contre la stérilité et sur le recours aux techniques de fécondation artificielle. Si on ne saisit pas toutes les ambiguïtés inhérentes au désir d'enfant, le choix délibéré de recourir à ces techniques peut transformer la lutte contre la stérilité en une médecine de convenance. Ces techniques deviennent finalement une alternative à la procréation naturelle surtout pour ceux qui veulent avoir des enfants sans sexualité. C'est notamment le cas pour ces femmes qui choisissent de réaliser une carrière professionnelle d'abord et d'avoir des enfants après, à un âge où leur fertilité est diminuée considérablement[596].

I.2.2. La fin de la fécondation artificielle

La *fin* est l'objectif qu'on veut atteindre en réalisant l'action (*finis operantis*), le résultat final qu'on recherche dans une action. La fin est l'intention principale de l'agent sans laquelle l'acte ne se réalisera pas[597]. Il est nécessaire de ne pas confondre la fin d'une action qui est l'intention principale de l'agent sans laquelle l'acte ne peut pas être réalisé, avec d'autres fins ou intentions qui accompagnent régulièrement les actions humaines ou circonstances. Ce sont des interventions accidentelles dans la configuration morale des actes qui font que leur bonté ou leur malice soit valorisée selon les circonstances.

Si un homme réalise une œuvre bonne, par exemple, en donnant du sang à un malade qui en a urgemment besoin, avec la finalité d'être vu par les autres, il ne le ferait pas s'il était convaincu qu'il n'atteindrait pas sa fin : c'est la finalité principale (*finis operantis*). L'acte de donner du sang est bon en soi, mais il cessera de l'être à cause de sa finalité qui, ici, est la vaine gloire. Il peut aussi arriver qu'un homme donne son sang uniquement pour

---

[594] Le 14 décembre 1987, le Dr VERDAGUER ouvrait par ces mots des journées de réflexion éthique sur la procréation humaine artificielle à Bordeaux, cité par J.-L. BRUGES, *op.cit.*, p.140.

[595] Cf. R.LEPOUTRE, cité par J.-L. BRUGES, *op.cit.*, p.141.

[596] Cf. Dr. BELAÏS-CHALLART, cité par J.-L. BRUGES, *op.cit.*, p.143

[597] Cf. R. GARCIA DE HARO, *La vida cristiana,* Universidad de Navarra, Pamplona 1992, 353, cité par A. SARMIENTO, « El dinamismo de la libertad » in A. SARMIENTO, E.MOLINA, T.TRIGO, *Teología Moral Fundamental, op.cit.*, p.225.

sauver une vie en danger, mais il aimerait aussi qu'on reconnaisse son acte de générosité. Cette deuxième finalité n'est pas déterminante pour la réalisation de son acte. Il serait toujours disposé à le faire même si personne ne le reconnaissait pas. Il s'agit d'une finalité qui accompagne l'action, mais qui ne change pas essentiellement sa moralité. Par conséquent, le critère décisif qui permet de savoir si une finalité est accidentelle est le fait que l'acte se réalisera même si cette finalité n'est pas atteinte. Lorsqu'un acte est bon par son objet et sa finalité, ses motivations « désordonnées » ne parviennent pas à détruire sa bonté morale, même si elles l'affectent toujours d'une certaine manière. La finalité est donc un élément déterminant dans la moralité. « Dans les termes absolus, l'intention de la fin, ce qui compte véritablement, est plus significatif et reflète mieux la disposition d'engagement de la personne qui agit que le choix des moyens »[598]. Il y a plusieurs exemples dans la Bible qui illustrent l'importance de la finalité des actes humains : « par les actes vous les reconnaîtrez »[599].

Synthétiquement[600], nous pouvons dire que les actions qui par leur objet sont considérées dans l'abstrait comme indifférentes seront bonnes ou mauvaises en fonction de leurs fins : faire de la promenade pour des raisons de santé est bon ; mais le faire pour satisfaire une mauvaise curiosité est mauvaise. Les actions bonnes par leur objet deviennent plus ou moins bonnes ou mauvaises en fonction de la fin poursuivie. Les actions mauvaises par leur objet peuvent être plus ou moins mauvaises par leurs fins, mais parce que leur objet est déjà mauvais, ces actions ne seront jamais moralement bonnes. C'est l'objet moral qui détermine le « mal intrinsèque »[601].

Revenant aux techniques de procréation médicalement assistée, on s'interroge si leur finalité est la vaine gloire, la fascination ou la satisfaction du désir d'avoir un enfant. Modestement, nous pensons que la fin des techniques de fécondation artificielle est, d'une part, la vaine gloire, la fascination et, d'autre part, la satisfaction du désir d'avoir un enfant.

---

598 E.COLOM y Á.RODRÍGUEZ-LUÑO, *Scelti in Cristo..., op.cit.*, 199 cité par A. SARMIENTO, « El dinamismo de la libertad » in A. SARMIENTO, E.MOLINA, T.TRIGO, *Teología Moral Fundamental, op.cit.*, p.227: « En términos absolutos, la intención del fin (de lo que verdaderamente interesa) es más significativa y refleja mejor la disposición de ánimo de la persona que obra, que la elección de los medios ».

599 Mt 7,18-20; voir aussi 1Jn 3,18,...

600 Pour cette synthèse, voir A. SARMIENTO, E.MOLINA, T.TRIGO, *Teología Moral Fundamental, op.cit.*, p.227.

601 Cf. JEAN-PAUL II, VS, n. 79.

Les *mass media* ont opté pour le sensationnel et cultivent un sentiment miraculeux dans leur manière de présenter les prouesses des techniques de reproduction assistée : une femme s'est offerte à porter l'enfant de sa sœur par générosité ; un homme s'est offert à donner son sperme à tous les hommes qui souffrent d'azoospermie[602]. On s'extasie lorsqu'on apprend que des femmes de soixante-six (66) et soixante-dix (70) ans sont encore capables de mettre au monde[603]. Les vrais enjeux sont dissimulés, la chaîne vérité-bien-liberté est désinformée [604]. Toute la campagne médiatique qui est faite autour des techniques de fécondation artificielle occulte la réalité sous-jacente et nous fait entrer, selon Vacquin, dans un jeu très ambigu de fascinations : « fascination des médecins et des couples demandeurs, fascination de la presse et du public, fascination des milieux juridiques, politiques et même religieux » [605]. La fécondation artificielle, poursuit-elle, fait réapparaître ce qui s'était éteint chez Charcot à la fin du siècle dernier. « Lieux où l'on parle avec son ventre, lieux d'exhibition du manque, lieux de désexualisation, les consultations de FIV pourraient bien être les Salpêtrière des temps modernes. Les mots eux-mêmes interrogent : en effet, l'appellation "procréation artificielle" ne contient-elle pas la notion de simulacre associé à l'hystérie ? »[606].

---

[602] Kirk MAXEY aux Etats-Unis est probablement père de quatre cents (400) enfants par don de sperme.

[603] C'est le cas d'Adrienne ILIESCU, professeur retraité et célibataire qui, avec les ovules et le sperme d'autrui, a enfanté à l'âge de 66 ans ; nous pouvons aussi citer Rajo DEVI de l'Inde qui à 70 ans fut mère par fécondation *in vitro*. Nous connaissons le cas de six mères britanniques qui congelèrent leurs ovules afin que leurs filles infertiles les utilisent. Aux États-Unis et au Canada est permise la reproduction artificielle intrafamiliale. Une grand-mère peut être porteuse de ses petits-fils avec les ovules de sa fille et le sperme de son gendre.

[604]Cf. l'information selon laquelle les parents de Louisa BROWN avaient reçu un télégramme de félicitation du cardinal Luchiani qui allait être élu pape (JEAN-PAUL Ier) quelques semaines plus tard. Cf. J.-L. BRUGES, *op.cit.*, p.21, note 15 : « *Prospettive nel mundo*, du 1er août 1978, reproduit l'échange téléphonique dans lequel le cardinal Luchiani répondait aux questions posées par les journalistes. S'il a effectivement déclaré : "… J'adresse moi aussi mes vœux cordiaux à l'enfant. Quant à ses parents, je n'ai aucun droit de les condamner : subjectivement, ils ont agi avec une intention droite et de bonne foi…", il ajoutait aussi : "dans une matière aussi délicate et quasi nouvelle, je me place… dans l'attente de tout ce que l'authentique Magistère de l'Eglise voudra déclarer une fois entendus les experts ». Il n'était pas question d'envoyer un télégramme de félicitations aux parents du bébé.

[605] M.VACQUIN, « Procréation artificielle. Du semblable au même », in *Esprit*, XII.1986, cité par J.-L. BRUGES, *op.cit.*, p.22-23.

[606] M.VACQUIN, « L'amère victoire», in *Autrement*, n.90, V.1987, cité par J.-L. BRUGES, *op.cit.*, p.22.

En outre, la fécondation artificielle laisse entrevoir en filigrane une instrumentalisation de l'enfant au service de la satisfaction d'un désir. La reconnaissance de la vie humaine engendrée de cette manière implicite implique une inhumanité fondamentale qui, difficilement, pourrait rencontrer une approbation. Certes, on pourra dire qu'une procréation naturelle peut aussi avoir comme finalité la satisfaction du désir d'avoir des enfants. Mais, dans le cadre de la fécondation artificielle, c'est bien la continuation par d'autres moyens, d'une attitude intentionnelle vers une nouvelle vie qui est entièrement légitime[607]. Le taux de réussite de la médecine reproductive est si bas[608] que la grossesse et la naissance effective de l'enfant dans ces conditions ne peuvent plus être vécues et accueillies comme un « don » : aussi ici, l'enfant, enfin, « arrive » ! L'attitude légitime de désir, d'espérance et peut-être aussi de prière par rapport à cette attente qui, probablement déjà avant de prendre la décision de recourir à ces techniques, était droite pour les conjoints fait qu'ils se maintiennent dans cette décision, et c'est uniquement dans sa réalisation pratique qu'ils simulent un processus naturel. Ce qui se passe actuellement c'est que les conjoints l'expriment par d'autres moyens. L'enfant continue à être considéré comme un *don de la nature*. Peut-être faudrait-il encore démontrer que cette simulation du processus naturel, mise comme moyen au service de la vie, est vicieuse. Déjà, il est évident que l'intentionnalité implicite au choix de ce moyen et celle qui sous-tend une procréation naturelle peuvent être identiques. C'est pourquoi il est nécessaire de nuancer la différence qui existe entre *désirer quelque chose* et *avoir l'intention de l'obtenir*[609].

Selon Aristote[610], le *désir* est un vouloir qui s'étend à ce que nous ne pouvons pas *faire* par notre agir, parce que cela n'est pas à notre portée. Une personne malade qui est convaincue qu'il n'existe ni possibilité ni moyens pour qu'elle récupère la santé, désire néanmoins la recouvrer. Mais ce qui est plus sûr, c'est qu'elle ne fera plus rien sinon prier peut-être en implorant un miracle.

Par contre, *avoir l'intention,* c'est aussi un vouloir qui s'étend à ce que nous ne pouvons pas faire directement, mais que nous croyons pouvoir obtenir si nous trouvons les moyens nécessaires pour que l'intention se concrétise. Les moyens recherchés ici sont les actions concrètes susceptibles d'aider à réaliser ce que nous avons l'intention de faire. L'intention suppose la recherche des moyens et leur mise en pratique. Les actions

---

607 Cf. M. RHONHEIMER, *Ética de la procreación*, *op.cit.*, pp. 155.
608 Cf. Annexe VI.
609 Sur cette distinction, voir M. RHONHEIMER, *Ética de la procreación*, *op.cit.*, pp. 156ss.
610 Cf. Aristote, cité par M. RHONHEIMER, *Ética de la procreación*, *op.cit.*, p. 158.

correspondantes concrètes (aller voir le médecin, prendre un comprimé…) se font dans le but de récupérer la santé. Les intentions sont des *pratiques* concrètes qui conduisent à un agir concret ; les désirs, par contre, demeurent sur le plan du pur vouloir. Celui qui, par pur désir, retrouve la santé considère cela comme un hasard, une chance ou une action de la Providence et non comme conséquence de son agir.

Donc, la finalité de l'enfant né en éprouvette est la satisfaction d'un désir à tout prix. Il « est non seulement le désir de ses parents, mais aussi la volonté d'obtenir la satisfaction de ce désir à tout prix »[611]. Dans les actions de fécondation artificielle, la volonté d'avoir un enfant est au sens propre une intention (engendrer un enfant) qui recherche un moyen (FIVETE). Cette intention-là sous-tend évidemment le désir d'avoir un enfant. Ce désir conduit à la formation dans la conscience d'une intention correspondante. L'intention est légitime et, par principe, identique à celle d'une procréation naturelle. Néanmoins, l'intention conduit aux actions dont l'objectif est l'accomplissement de ce désir. Les actions de la FIVETE notamment se réalisent avec l'objectif de satisfaire le désir d'avoir un enfant. L'acte de la fécondation ou de *production* de l'enfant a pour fonction de satisfaire le désir impérieux d'avoir un enfant. On constate malheureusement que certains chercheurs et certains couples, dépourvus de toute référence éthique et conscients du potentiel des sciences médicales, cèdent à la logique du pur désir subjectif d'avoir un enfant. Pour sa part,

> « l'Eglise reconnaît la légitimité du désir d'avoir un enfant, et comprend les souffrances des conjoints éprouvés par des problèmes d'infertilité. Ce désir ne peut cependant passer avant la dignité de la vie humaine, au point de la supplanter. Le désir d'un enfant ne peut justifier sa *production*, de même que celui de ne pas en concevoir ne saurait en justifier l'abandon ou la destruction »[612].

II. LES SOUS-ENTENDUS DE LA FÉCONDATION ARTIFICIELLE

Il y a toujours un aspect non dévoilé des techniques de fécondation artificielle. Les moyens de communication s'empressent et se polarisent uniquement sur le « bonheur » des femmes et des couples lors des naissances tant attendues et réalisées enfin par éprouvette, et sur les déclarations enthousiastes des médecins responsables des unités de reproduction assistée où se réalisent ces « prouesses ». Rien n'est dit sur ce que la communauté

---

[611] R. SPAEMANN, *Kommentar,* p. 93, cité par M. RHONHEIMER, *Ética de la procreación*, *op.cit.*, p. 157. « Es producto no sólo del deseo de sus padres, sino de la voluntad de conseguir la satisfacción de ese deseo a todo precio ».

[612] CDF, *Dignitas personae*, n. 16.

scientifique pense de l'embryon. Aucune réflexion n'est faite sur la fragmentation et l'instrumentalisation de la dignité humaine ; parfois, on survole toutes les réflexions inhérentes à la dissociation de la parenté, au déséquilibre de la famille, de la santé de la femme et du nouveau-né,... Ce sont quelques-uns de ces aspects inconnus de la fécondation artificielle que nous voulons relever ci-dessous.

II.1. Embryon ou pré-embryon : Que dit la communauté scientifique ?

En laissant de côté le statut humain et les trois étapes du cycle vital embryonnaire (continuité, coordination, gradualité), nous voulons juste présenter les résultats de la communauté scientifique sur l'euphémisme pré-embryon[613] encore appelé "embryon fictif"[614]. Ces résultats, selon nous, font partie des aspects inconnus et méconnus des techniques de reproduction artificielle.

En juin 1979, Clifford Grobstein[615] dans un article où il expliquait les aspects biologiques, sociologiques et éthiques de la fécondation extracorporelle, introduisit dans le langage scientifique le néologisme *pré-embryon*[616]. Il était question de savoir à quel moment il est possible d'identifier la présence d'une personne dans le système cellulaire qui dérive de l'ovule fécondé. Selon lui, on pouvait distinguer dans le développement prénatal quatre phases : *la phase cellulaire* ou *pré-embryonnaire, la phase embryonnaire, la phase fœtale* et enfin, celle de *l'autonomie vitale*. Il ne se préoccupait pas de définir avec précision le pré-embryon. Il traitait ensemble les deux premières phases (*cellulaire* ou *pré-embryonnaire* et *embryonnaire*) et faisait allusion de la transition de l'une à l'autre en affirmant que c'est après l'implantation, par la croissance, la genèse de la forme, l'apparition des structures rudimentaires et des organes, que les cellules accumulées se transforment en embryon[617]. C'était une raison suffisante pour lui d'affirmer que la technique utilisée par Edwards et Steptoe ne manipulait pas des

---

[613] Le terme pré-embryon suppose que l'embryon n'est pas nécessairement l'antécédent causal du fœtus ; ce n'est donc pas une entité cohérente en soi dans la mesure où il se multiplie rapidement.

[614] Cf. G. HERRANZ, *El embrión ficticio, Historia de un mito biológico,* Biblioteca Palabra, Madrid, 2013.

[615] Pour une bibliographie complète de C. GROBSTEIN, nous recommandons : N. WESSELLS Clifford GROBSTEIN, 1916-1998. National Academy of Sciences. *Biographical Memoirs*, vol. 78. Washington, D.C. : *National Academy Press* ; 2000 : 65-93.

[616] Cf. C. GROBSTEIN, "External Human Fertilization". *Sci. Am.* 1979;240(6) : 33-43.

[617] Cf. C. GROBSTEIN, "External Human Fertilization", *op.cit.*, p.42.

personnes, mais plutôt des cellules humaines[618]. Les états impliqués sont non seulement des pré-personnes, mais aussi des pré-embryons[619]. C'est dans cette phrase qu'apparaît pour la première fois le substantif « pré-embryon ». Il est évident que le cadre dans lequel il utilise ce terme est l'ontologie qui diffère de la biologique. Mais, même si nous y reviendrons amplement, remarquons déjà que le même Grobstein, qui créa le terme « pré-embryon », le relégua, voire l'abandonna dans son ample production bibliographique des années suivantes au profit des dénominations habituelles (embryon, jeunes embryons et état préimplantatoire)[620]. C'est seulement en 1987, donc huit ans après, qu'il utilisera encore le terme pré-embryon dans une brève communication au congrès mondial sur la fécondation *in vitro* qui eut lieur à Norfolk, Virginie[621]. À partir de ce moment, il va utiliser de façon habituelle l'euphémisme pré-embryon et y consacrera un chapitre dans un de ses livres[622]. Sans avoir la prétention d'entrer dans l'histoire du mot pré-embryon, moins encore dans l'histoire de son concept biologique, nous faisons juste une considération sur le chapitre quatre du livre que nous venons d'évoquer, considération qui, selon nous, illustre certaines contradictions susceptibles de nous aider dans notre réflexion.

Dans le chapitre quatre de ce livre, Grobstein surprend avec une narration persuasive dans laquelle il affirme que le pré-embryon est né, et indépendamment de deux lieux distincts, comme fruit d'un vague aperçu qui, finalement, s'est converti dans une espèce de révélation[623]. Il ne tente pas de revendiquer la paternité du terme pré-embryon et s'abstient de citer son article de 1979. Par contre, il insinue dans son livre que le terme est né au Royaume-Uni. Quelques pages avant, dans le même chapitre, Grobstein ainsi que comment le terme de pré-embryon lui est venu à l'esprit, à lui et à Ann McLaren simultanément. Etant incapable de différencier la phase cellulaire ou pré-embryonnaire de la phase embryonnaire, Grobstein conclut que l'embryon n'existe pas encore durant les deux premières semaines qui

---

618 Cf. P.C. STEPTOE. R.G. EDWARDS, « Birth after the Reimplantation of a Human Embryo », *Lancet.* 1978;312:366 : un an avant, Steptoe et Edwards avaient annoncé dans une lettre à l'éditeur de *Lancet* la naissance de la première créature par fécondation *in vitro*.

619 Cf. C. GROBSTEIN, "External Human Fertilization", *op.cit.*, p.42.

620 Pour cette bibliographie, Cf. G. HERRANZ, *El embrión ficticio, op.cit.*, note 15, p. 59.

621 Cf. C.GROBSTEIN, "Biological Characteristics of the Preembryo", *Ann NY Acad. Sci* 1988;541:346-348.

622 Cf. C. GROBSTEIN, *Science and the Unborn. Choosing Human Futures,* New York: Basic Books, 1988. Le chapitre IV (pp.58-82) s'intitule : « Policy for the Unborn: The Preembryo ».

623 Cf. G. HERRANZ, *El embrión ficticio, Historia de un mito biológico,* Biblioteca Palabra, Madrid, 2013, pp.47-48.

suivent la fécondation. Ce manque de logique interne dans la pensée de Grosbtein illustre la superficialité sémantique inhérente à la terminologie du mot « pré-embryon ». En effet, pour dissimuler le problème moral provoqué par la destruction des embryons, il a introduit l'idée selon laquelle le résultat final de la fécondation n'est pas un individu de l'espèce humaine. L'utilisation du terme pré-embryon, depuis son fondateur jusqu'à nos jours, est une stratégie dont l'objectif est de tranquilliser les consciences, de permettre l'élimination des embryons préimplantatoires et toutes les méthodes invasives sur les embryons.

Par ailleurs, la révision bibliographique relative à l'usage du terme « pré-embryon » offre des résultats assez surprenants : Dans un article qui recueille l'opinion d'un grand nombre d'obstétriciens et de gynécologues des États-Unis[624] sur le début de la vie humaine, plus de la moitié (57 %) affirme qu'elle commence avec la fécondation ; vingt-huit pour cent (28 %) affirment qu'elle commence avec l'implantation et seize pour cent (16 %) ne sont pas sûrs. La révision bibliographique du terme pré-embryon dans la littérature scientifique, ayant comme source d'information *PubMed*, des dix dernières années jusqu'à 2005, montre que le terme a été utilisé dans le titre de huit travaux scientifiques publiés dans des revues de diffusion internationale. Parmi eux, aucun de ces articles n'était publié dans des revues scientifiques de grande qualité ayant un impact important. Seulement six (06) ont été publiés dans des revues de qualité moyenne et deux (02) ont été publiés dans des revues ayant une renommée scientifique négligeable.

En plus, en se servant de la base de données *Web of Science*, durant la période de 1986 à 2005[625], on se rend compte que, sur un total de quatre-vingt-treize mille dix-neuf (93.019) articles enregistrés, quatre- vingt-dix mille huit cent quatre-vingt-huit (10 888) ont utilisé le terme embryon, huit mille trois cent soixante-six (8.366) ont utilisé le terme "blastocyte", deux mille trois cent quatre-vingt-dix-sept (2.397) ont utilisé la terminologie d'embryon « préimplantatoire » et cent soixante-douze (172) ont utilisé le terme « pré-embryon ».

À partir de ces données, on remarque que la terminologie « pré-embryon » a un impact faible si on considère le domaine très large couvert par la revue, ce qui signifie que cette terminologie n'est pas utilisée par la

---

[624] Cf. G.S. CHUNG, R.E. LAWRENCE, K.A. RASINKI, J.D. YOON, F.A. CURLIN, « Obstetrician-Gynecologists beliefs about when pregnancy begins », *American Journal of Obstetrics & Gynecology*, 206(2) 2012, 132.e 1-132.e2.
[625] Cf. L.VIVANCO, B. BARTOLOME, M. SAN MARTIN, A.MARTINEZ, « Bibliometric analysis of the use of the term preembryo in scientific literature », *Journal of the American Society for Information Science and Technology*, 2011, 62(5):987-991.

communauté scientifique, probablement parce qu'elle est confuse et inadéquate. Ces données indiquent que le terme « pré-embryon » est considéré comme inapproprié dans le milieu scientifique actuel. Dans le meilleur des cas, son usage révèle plus une connotation idéologique que scientifique. Le terme en soi n'est pas scientifiquement acceptable. L'introduction de cette terminologie n'a d'autre finalité que de dépouiller l'embryon de son humanité afin de pouvoir le manipuler et l'éliminer sans aucune responsabilité éthique. Si, à d'autres époques de l'histoire de l'humanité, les causes de certaines discriminations ont été la race, la religion et le statut social, l'une des plus grandes discriminations de notre société actuelle est la méconnaissance juridique et éthique des êtres humains embryonnaires. Lorsque l'Église comme mère et éducatrice affirme qu'« en traitant l'embryon humain comme un simple matériau de laboratoire, on opère une altération et une discrimination en ce qui concerne la notion même de la dignité humaine »[626], elle ne fait que confirmer en d'autres termes ce que la communauté scientifique affirme également :

> « Le Magistère de l'Eglise n'intervient pas au nom d'une compétence particulière dans le domaine des sciences expérimentales ; mais, après avoir pris connaissance des données de la recherche et de la technique, il entend proposer, en vertu de sa mission évangélique et de son devoir apostolique, la doctrine morale qui correspond à la dignité de la personne et à sa vocation intégrale, en exposant les critères de jugement moral sur les applications de la recherche scientifique et de la technique, en particulier pour tout ce qui concerne la vie humaine et ses commencements »[627].

Cet enseignement est fondé sur la loi morale naturelle, le *nèm ntògò* de chaque personne qui prescrit les finalités, les droits et les devoirs qui se fondent sur la nature corporelle et spirituelle de la personne. En accueillant cette lumière inextinguible qui éclaire son monde intérieur, l'homme comprend facilement qu'il est appelé par le Créateur à diriger et à régler sa vie et ses actes ; que toute intervention sur le corps ne se limite pas aux tissus, aux organes et à leurs fonctions. Mais que toutes les interventions sur le corps engagent les différents niveaux de la personne et comportent une signification et responsabilité morales implicites[628].

---

[626] CDF. *Dignitas personae*, n° 22.

[627] CDF. *Donum vitae*, n° 1.

[628] Cf. CDF. *Donum vitae*, n° 3. ; *Gaudium et Spes*, n° 14.

II.2. L'instrumentalisation de la personne humaine : cas du diagnostic prénatal préimplantatoire (DPI)

II.2.1. Les objectifs du DPI

Le DPI est un des nombreux diagnostics prénataux qui existent[629]. La technique de base est une biopsie pratiquée sur un embryon issu d'une fécondation artificielle avant son transfert dans l'utérus de la femme en vue de connaître sa structure génétique. On soumet les embryons obtenus par fécondation *in vitro* à une analyse génétique dans le but de faire naître seulement les embryons qui répondent aux critères établis. « Cette technique est utilisée dans le but d'avoir la certitude de ne transférer à la mère que des embryons exempts de tout défaut ou bien des embryons d'un sexe déterminé ou encore dotés de certaines qualités »[630]. Concrètement, le DPI peut avoir plus ou moins les quatre objectifs suivants[631]

Le premier objectif est supposé être l'aide à la reproduction artificielle. On réalise le diagnostic sur des embryons afin de pouvoir détecter des anomalies chromosomiques, d'améliorer les taux d'implantation chez les femmes ayant un âge avancé, de réduire les échecs préalables des fécondations *in vitro* et d'éviter les avortements répétitifs dans les cas d'infertilité masculine sévère.

Le deuxième objectif peut être eugénésique dans l'optique de l'« handiphobie »[632] ou du « syndrome de l'enfant parfait ». On abandonne un enfant défectueux comme une pomme avariée dans un supermarché. L'objectif principal ici est de s'assurer que l'enfant à naître ne sera pas porteur d'une maladie d'origine génétique dont les parents seraient porteurs. Ce que propose le DPI, c'est d'implanter seulement des embryons sains et de se débarrasser de ceux qui présentent une anomalie chromosomique quelconque, soit en les détruisant, soit en les mettant à la disposition des chercheurs. Wolfgang Amadeus Mozart souffrait probablement du syndrome de Gilles de la Tourette (SGT), qui est un trouble neurologique caractérisé par des tics moteurs et vocaux[633]. Albert Einstein avait une hypertrophie cérébrale gauche. Il est probable que, parmi tant d'autres, ces deux-là n'auraient pas pu naître dans la société actuelle. Le DPI se focalise sur le handicap et non sur la personne handicapée. Pourtant, le Dieu créateur a voulu que l'homme soit une créature faite à son image et cela sans prendre en considération les handicaps physiques.

---

[629] Cf. Annexe VI.
[630] CDF, *Dignitas personae*, n.22.
[631] Nous rappelons que cet ordre de classement n'est pas ordinal.
[632] C'est l'attitude de celui qui a peur que l'enfant naisse avec un handicap.
[633] Voir www.tourette-romandie.ch.

La troisième finalité est aussi eugénésique, mais cette fois, dans une optique altruiste. L'une des conséquences de cette finalité est la naissance d'un enfant qui ne sera que légèrement affecté de la maladie génétique de ses parents. Il est appelé parfois « bébé-médicament » ou du typage HLA : on sélectionne un embryon qui ne souffre pas d'une maladie dont souffrent les parents et dont son frère ou sa sœur vivant a déjà hérité. On obtient ainsi un matériel biologique pour traiter le frère ou la sœur malade. Dans ce contexte, non seulement on élimine les embryons malades, mais aussi les embryons sains qui ne sont pas immunologiquement compatibles à leur frère ou leur sœur malade. La justification de cette pratique est qu'il existe 90 % de possibilités de soigner ledit frère ou ladite sœur. Le typage HLA constitue une instrumentalisation de la vie humaine prénatale qui la transforme et la met au service des préférences plus ou moins justifiées des parents. Le fait de soupeser l'embryon comme un bien évaluable favorise l'instrumentalisation de la vie humaine et l'érosion du sens catégorique inhérent aux recommandations de la loi naturelle. Habermas insiste sur « l'intégrité de la vie humaine en devenir, à laquelle aucune société civilisée ne peut toucher sans que cela entraîne des conséquences »[634]. Dans sa logique interne, le DPI ne respecte pas la dignité humaine. En effet, générer ce fils immunologiquement compatible implique une genèse des autres qui ne le sont pas et qui ont un avenir incertain. Dans le cadre de la Suisse notamment, « les analyses génétiques qui sont concernées par la réglementation (...) ne peuvent servir au diagnostic des malades qui sont déjà déclarés ; ni les gamètes et les embryons *in vitro* ne sont malades. Le résultat de l'analyse ne peut qu'amener à la détection ou non d'une prédisposition génétique déterminée qui pourrait conduire à une maladie dans le futur, avec une certaine probabilité »[635].

La quatrième finalité du DPI est aussi eugénésique, mais dans le but de satisfaire un « désir ». Le but du DPI dans ce cas « est la certitude de ne transférer à la mère que des embryons exempts de tout défaut, ou bien des embryons d'un sexe déterminé ou encore dotés de certaines qualités »[636]. Ce sont les fameux « enfants sur commande ». On sélectionne des embryons en fonction des désirs des géniteurs : sexe, couleur (peau, yeux), beauté physique, intelligence, etc.[637]. Le droit d'avoir des enfants à tout prix devient

---

[634] J.HABERMAS, *L'avenir de la nature humaine, Vers un eugénisme libéral ?*, Gallimard, 2001, p.59.

[635] Conseil Fédéral Suisse, *Rapport 2013*, p.67.

[636] CDF, *Dignitas personae*, n°. 22.

[637] Cf. M. SPRIGGS, *Lesbian couple create a child who is deaf like them, The Journal of Medical Ethics,* 28 :283, 2002 : On connaît le cas de Sharon Duchesnau et Candy McCullouhg, couple de lesbiennes sourdes toutes deux, qui en 2002 voulait avoir un enfant sourd grâce à techniques de reproduction artificielle. Elles cherchèrent alors le sperme d'un individu dont l'histoire de surdité familiale

un moyen pour atteindre ses objectifs. L'enfant devient ici un objet, une propriété privée des géniteurs qui s'octroient la possibilité de pouvoir le sélectionner, le rejeter et le détruire lorsqu'il ne correspond pas à leurs critères.

II.2.2. Les implications éthiques du DPI

Selon une étude de la Human Genetics Commission[638], avec l'hyperstimulation ovarienne, on obtient environ quinze (15) ovules qui produiront dix (10) embryons dans les processus des FIV. Huit (8) seulement sont adéquats pour une biopsie et la réussite du diagnostic car, sur sept (7), seuls deux (2) sont normaux. Un embryon enfin est considéré comme « apte » pour l'implantation et l'autre est considéré comme pauvre. À la fin du processus, un embryon seulement est implanté. Il est connu que ni la déontologie professionnelle commune, ni les autorités sanitaires n'admettraient que, dans le domaine de la médecine, une technique ayant un taux global d'échec si élevé soit pratiquée[639]. Mais, dans la pratique du DPI, ce principe de déontologie médicale est mis entre parenthèses parce que l'enfant à naître ne mérite de respect que dans la mesure où il satisfait un désir. Même un penseur comme Habermas fait remarquer que,

> « nombre d'entre nous paraissent obéir à une intuition, à savoir que nous ne souhaitons pas que la vie humaine, même à son stade le plus élémentaire, soit soupesée pour être mise en balance, ni avec la liberté (ou la concurrentialité) de la recherche, ni avec l'intérêt que présente le maintien d'une industrie nationale, ni même avec le désir des parents d'avoir un enfant en bonne santé, ni enfin avec la perspective (envisagée pour l'instant sur arguments) de nouveaux types de traitement pour les déficits génétiques sévères »[640].

Par ailleurs, il est connu que les femmes porteuses de mutations dans les gènes $BRCA_1$ ou BRCA[641]$_2$ ont entre 50 à 80 % de possibilités d'avoir un cancer du sein héréditaire à l'âge adulte (30-40 ans). Avec le DPI

---

remonterait à cinq générations. Ainsi naissait Gauvin, complètement sourd d'une oreille, mais avec certaines capacités auditives dans l'autre. Elles n'acceptèrent de récupérer l'enfant que moyennant un implant cochléaire.

[638] Cf. Human Genetics Commission, Making Babies: reproductive decisions and genetic technologies, January, 2006, p.45 (www.hgc.gov.uk); Voir aussi P.PATRIZIO, V. BIANCHI, MD. LALIOTI, T.GERASIMOVA, D.SAKKAS, *High rate of biological loss in ART: It is in the seed not in the soil,* Reprod Biomed Online 2007; 14:92-95.

[639] Cf. CDF, *Dignitas personae*, n° 15.

[640] J.HABERMAS, *L'avenir de la nature humaine, Vers un eugénisme libéral ?*, Gallimard, 2001, p.103.

[641] Les $BRCA_1$ et $BRCA_2$ sont des gènes susceptibles de provoquer le cancer du sein ou de l'ovaire.

notamment, on élimine les embryons porteurs de ces mutations génétiques. Mais il faut remarquer que ce ne sont pas toutes les femmes ayant ces mutations génétiques qui développent le cancer : seuls 10 % de celles qui ont hérité de cette mutation connaissent ce problème. En effet, une grande partie des maladies, notamment celles qui sont liées aux tumeurs, ont des causes multifactorielles inhérentes au style de vie et au système sanitaire existants. Le risque d'avoir une maladie diminue par l'amélioration du style de vie et la soumission à un traitement préventif[642]. Nous ne faisons pas une apologie de la souffrance, moins encore la promotion d'une idéologie, mais la reconnaissance téléologique (loi naturelle) qui nous permet de vivre conformément à ce que nous sommes. C'est ce que les techniques de fécondation artificielle veulent masquer comme c'est le cas du DPI.

II.3. La fragmentation de la paternité, de la maternité et de la filiation

Avec les techniques hétérologues, la paternité est anonyme et la maternité peut être génétique si c'est la femme qui apporte son ovule, utérine dans le cas des mères porteuses, sociale lorsque la femme qui élève et éduque l'enfant n'est pas la mère porteuse. Il y a beaucoup de combinaisons sociales : mère porteuse et sociale, mais non génétique, mère génétique et sociale, mais non porteuse, etc. L'une des conséquences en est que les deux parents ne se trouvent pas toujours à égalité devant leur enfant. Pour expliciter cela, voici un exemple :

> « Aurélie se trouve enceinte deux ans seulement après le diagnostic de stérilité de son conjoint. Le spermogramme de son mari effectué au terme d'un an de relations sexuelles inféconde indique une absence totale de spermatozoïdes. Une biopsie pénible réalisée tout de suite après ce premier examen confirme le verdict. L'inscription au Cecos et l'insémination avec le sperme d'un donneur s'opèrent dans la foulée et l'organisme d'Aurélie réagit bien. Elle est enceinte dès la première tentative »[643].

Ce cas apparemment simple comporte certaines difficultés que nous voulons relever. Le donneur de sperme d'Aurélie est anonyme et son mari est mis « hors circuit » dans ce processus de génération. Même s'il ne le manifeste pas, le mari d'Aurélie est frustré en cédant malgré lui un de ses droits fondamentaux en acceptant que sa femme soit enceinte d'un autre homme que lui. Ce droit qu'il est obligé de céder ne dépend pas de sa

---

[642] Cf. M.A.MARTINEZ-GONZÁLEZ, J.DE IRALA, M. DELGADO-RODRIGUEZ, « Determinantes de la salud » in *Conceptos de salud pública y estrategias preventivas, un manual para ciencias de la salud*, *op.cit.* p.3.

[643] D.MEHL, *Enfants du don, Procréation médicalement assistée : parents et enfants témoignent,* Robert Laffont, 2008, pp.59-60.

volonté qu'il peut modifier selon les circonstances. Le mari d'Aurélie est obligé de céder ce droit pour satisfaire le désir d'avoir un enfant. Que se passera-t-il si l'enfant s'avère difficile ou décevant par la suite ? Le mari d'Aurélie n'aura-t-il pas tendance à rejeter cet enfant sous prétexte qu'il n'est pas de lui ? Ceci serait d'ailleurs une grave injustice pour l'enfant. On connaît des procès de désaveu de paternité que certains ont introduits parce que l'épouse avait été fécondée artificiellement[644]. Pour Aurélie, la mère, l'enfant est vraiment le sien. Mais n'aura-t-elle pas tendance à le faire sentir à son mari chaque fois que surgira une crise entre eux. Comment pourra-t-elle s'interdire de fantasmer sur ce donneur anonyme qui a réussi à lui donner ce que son mari n'a pas pu ? Cet exemple pris parmi tant d'autres montre que, dans le domaine de la sexualité et de la génitalité, la confidentialité, le secret « secrète » la perversion [645]. Les techniques hétérologues introduisent au sein du couple un déséquilibre considérable, mais dont la portée est difficile à apprécier avec exactitude. Dans l'immédiat, on se laisse obnubiler et fasciner par les techniques de fécondation. « Souvent la qualification morale (c'est-à-dire la portée humaine véritable) d'un comportement n'apparaît pas dans l'immédiat. C'est en examinant les répercussions sur les autres et les conséquences à long terme qu'on découvre le bien-fondé ou, au contraire, les "effets pervers". Il y faut une grande liberté d'esprit, car on ne s'affranchit pas facilement de la double logique du sentiment technique »[646]. Le Professeur Georges David, après dix années de pratique, disait que les couples chez qui on avait pratiqué l'IAD ne se détruisaient pas plus que les autres ; ils avaient même tendance à se montrer plus résistants. Néanmoins il reconnaissait aussi que peu de familles souhaitaient revoir les praticiens[647].

En dehors des problèmes éthiques, il y a d'autres problèmes d'ordres juridique, psychologique et social : l'inceste biologique, le croisement consanguin, la souffrance liée au mystère de ses origines. Les enfants de pères et mères anonymes n'ont pas accès aux registres pour connaître la biographie paternelle ou maternelle. Par conséquent, ils ne peuvent pas dessiner leur arbre généalogique. Le tribunal européen des Droits de l'Homme a refusé en mars 2006 à une femme le droit de gestation avec des embryons *in vitro* postérieurement congelés toutes les fois que le père s'y opposait. À cause d'un traitement de chimiothérapie, Natalie Evans commença en 2001 un traitement de fertilité avec Howard Johnston, son

[644] Cf. Jugement du tribunal de grande instance de Nice, du 30 juin 1976.
[645] Cf. J.-L. BRUGES, *op.cit.*, p.187.
[646] J.-L. BRUGES, « Vie et mort sur commande » *DC*. 1984, p.1127 in *op.cit.*, p.188.
[647] Cf. G.DAVID cité par J.-L. BRUGES, *op.cit.*, p.187.

prétendant. Mais, dès que la relation s'est rompue, l'homme n'a plus voulu que ces embryons soient utilisés.

II.4. L'altération de la dignité humaine

Dans chaque être humain, il y a une *réalité particulière* qui doit être respectée de façon *inconditionnelle* et *incomparable*[648]. Cette réalité est un *en soi* qui vaut pour ce qu'elle est, et non pour les qualités qu'elle possède, moins encore la valeur ou l'utilité qu'elle peut rapporter au reste de l'humanité. La personne humaine ne peut jamais être utilisée comme un objet ou comme un moyen pour atteindre une fin inférieure à elle-même tout simplement parce que l'être humain a une valeur intrinsèque. Un humanisme intégral nous invite à respecter la vie en toute circonstance parce que « la dignité humaine doit être reconnue à tout être humain depuis sa conception jusqu'à sa naissance »[649]. Le respect de la vie est synonyme du respect de la dignité fondamentale de toute personne. C'est la dignité humaine qui est la base de toutes les valeurs et de tous les droits humains. Ce que nous déplorons ici, c'est la dévalorisation de la vie humaine, une vie appelée à l'existence, une vie non abstraite, mais concrète, expression et manifestation de la réalité d'un nouvel être humain existant. Le respect de cette vie est mis en cause par les techniques de fécondation artificielle. Dans le principe de la FIVETE notamment, « il faut obtenir le plus possible d'ovocytes (gamètes féminins) qui sont mis en présence des spermatozoïdes afin d'obtenir des embryons. Un, deux (très rarement trois) embryons sont alors transférés dans la cavité utérine, les zygotes surnuméraires étant congelés[650]. Ici, on ne se pose pas de question sur le respect que méritent ces embryons. Comme si la dignité humaine, dans cet état antérieur à l'implantation, était mise entre parenthèses. Jiménez Lozano le remarquait déjà lorsqu'il disait que l'humanité ne s'était jamais encombrées discussions pour savoir si certains groupes humains (femmes, esclaves ou noirs) avaient une âme ou étaient simplement humains. Mais lorsque ces groupes ont été maltraités, l'humanité a toujours senti la nécessité de se justifier devant eux[651]. Sans vouloir entrer dans les interminables discussions inhérentes au statut de l'embryon,

---

[648] Cf. E. KANT, *Fondement de la métaphysique des mœurs,* trad. V. Delbos, Paris, Delagrave, 1986, p.162, cité par T. COLLAUD, « Démence et résilience, Mobiliser la dimension spirituelle »*, Lumen vitae*, 2013, p. 59.

[649] CDF, *Dignitas personae*, n. 1.

[650]Centre de Procréation Médicalement Assistée et d'Endocrinologie Gynécologique (CPMA), *Information traitement FIVETE : Cycle antagoniste,* Lausanne, V1 du 10.10.2010, disponible in www.cpma.ch.

[651] Cf. J. LOZANO, cité par J.M. ESCUDÉ, « ¿Ciencia sin con ciencia? Implicaciones… » in FAVALORO R.G., MOSZENBERG A., MAINETTI J.A. KLIMOVSKY G., CIOCCHINI H., *Conversaciones sobre Ética y Salud,* Fundación Favaloro, Buenos Aires, 1996, p.55.

remarquons néanmoins qu'il y a un consensus entre les scientifiques qui reconnaissent que l'on est devant un être vivant (humain) qui, lorsque toutes les conditions sont réunies, se développerait progressivement jusqu'à la mort. Il est possible que son individualité ne soit pas définitivement établie, mais il n'existe pas d'autres données plus sûres que d'accepter ce fait. Le plus important est de prendre conscience de ce que signifie le respect de la vie humaine dès les premiers moments de son existence et de son évolution. Respecter la vie est le signe du respect de l'homme par l'homme. Ceci est la confession la plus ferme et la plus sûre qui fera que la science soit au service de l'humanité. Il s'agit d'une attitude qui nous incombe à tous : les scientifiques, les parents et la société. La science nous apprend que la vie humaine est un processus continu. Cette continuité fondamentale n'empêche pas qu'au long du processus surgissent d'autres caractéristiques qui n'existaient pas avant, telles que la ligne primitive, la capacité de raisonner et de procréer, etc. La question est de savoir si, sans ces caractéristiques, l'être humain ne mérite aucune considération éthique et peut être converti en un sujet d'expérimentation ou un produit mercantile. Il est évident que, dans le processus qui va de la fécondation jusqu'à la mort, il y a des moments importants, tels que l'implantation à partir de laquelle la gémellation et la recomposition ne sont plus possibles. Néanmoins, il serait arbitraire d'en déduire qu'avant cela on peut, par exemple, utiliser ces embryons pour la recherche sous prétexte que l'être humain n'est pas encore totalement constitué.

Par ailleurs, le pourcentage de réussites, comme nous l'avons dit au début, est de 27 %, ce qui signifie que seulement ¼ environ des embryons produits arrivent à naître. Dans les techniques de la FIVETE, le transfert de plus d'un embryon est fréquent pour s'assurer de la réussite en tenant compte de la réduction des embryons par sélection pendant le premier trimestre de la grossesse. En outre, les embryons congelés sont ceux qui sont en surnombre lors des processus de fécondation extracorporelle. En général, on produit entre huit (08) et dix (10) embryons et on les congèle à une température de -196° C. En Espagne notamment, on estime qu'il existe cinquante mille (50 000) embryons congelés et plusieurs millions dans le monde. La cryoconservation est incompatible avec le respect dû aux embryons, parce qu'elle présuppose leur production *in vitro* et les expose à de graves risques de mort et d'atteinte à leur intégrité physique. La cryoconservation prive les embryons, du moins temporellement, de l'accueil et de la gestation maternelle et les met dans une situation susceptible d'offenses ultérieures et de manipulations. Le pourcentage des embryons qui vont naître après avoir subi la cryoconservation varie entre onze et vingt-deux pour cent (11-22 %)[652]. En définitive, les millions embryons qui sont dans cette situation injuste n'ont pas d'avenir ni de valeur éthique.

II.5. Les effets sur la santé de la femme et du bébé

Chez la femme, l'hyperstimulation ovarienne par induction pharmacologique de l'ovulation a un taux de morbidité considérable[653]. Les grossesses extra-utérines et multiples ont des conséquences néfastes. Les dégâts psychologiques sont également considérables. Dans la plupart des cas, les interventions doivent être répétées cinq ou six fois. Le recours à ces techniques fortement stressantes peut déclencher une tendance de dépréciation de la femme et du couple qui se caractérise par des crises régulières de dépression. Le pourcentage élevé d'échecs auxquels la femme doit faire face est un facteur de risque pour son équilibre psychologique et celui du couple[654]. Un petit pourcentage (0,3-5 %) des femmes qui se soumettent à la multi-ovulation (6-10) ont des complications : des douleurs sévères, une insuffisance rénale ou un risque d'infertilité, une forte pression psychologique qui peut déboucher sur la dépression et l'anxiété, ainsi que des pré-éclampsies inhérentes aux grossesses gémellaires. Des problèmes de santé ont été signalés chez les nouveau-nés, tels que la prématurité associée au faible poids à la naissance, des problèmes respiratoires, visuels et des carences cérébrales, sans oublier des tumeurs[655].

---

[652] Cf. J.A. KEENAN, M.GISSLER, R.FINGER, "Assisted reproduction using donated embryos: outcomes from surveillance systems in six countries", *Human Reproduction*, 2012;27(3): 747-752.

[653] Cf.C.BOOTHROYD, S. KARIA et al., « Consensus statement on prevention and detection of ovarian hyperstimulation », 24.11.2015 disponible in Pubmed.gov.

[654] Cf. L.YING et al., « The Experience of Chinese Couples Undergoing In Vitro Fertilization Treatment: Perception of the Treatment Process and Support », 2.10.2015 disponible in Pubmed.gov; A.SERRA, *La riproduzione medicamente assistida, op.cit.*, p.232.

[655] L. I. KELLEY-QUON, CHI-HONG TSENG, C.JANZEN, S.B.SHEW, "Congenital Malformations Associated with Assisted Reproductive Technology: A California Statewide Analysis *(American Academy of Pediatrics*, 2012, October 20)". In vitro fertilization linked to increase risk for birth defect, research suggests disponible in www.sciencedaily.com; M.J.DAVIES, V.M.MOORE, K.J. WILLSON, P.VAN ESSEN, K.PRIEST, H.SCOTT, E.A.HAAN, A.CHAN, "Reproductive Technologies and the Risk of Birth Defects", N.Engl. J.Med. 2012;366:1803-1813; C.DUPONT.C.SIFER, *A Review of Outcome Data concerning Children Born following Assisted Reproductive Technologies, Obstetrics and Gynecology* 2012:405382.Epub 2012 Jun 17.

II.6. Le mercantilisme de la gestation pour autrui (GPA)

En dehors de l'azoospermie, de l'oligospermie [656], du don d'ovocytes, de l'insuffisance ou du dysfonctionnement ovariens consécutifs à une maladie ou à un accident gynécologique qui constituent certaines causes qui amènent les couples à avoir recours aux PMA, il existe d'autres invalidités qui peuvent motiver le recours à un tiers. C'est l'incapacité gestationnelle de la future mère. Ces mères peuvent parfois être fertiles parce que leurs ovaires fonctionnent normalement, mais l'utérus est mal formé ou amputé. Bien qu'elles soient fertiles, elles ne peuvent malheureusement pas amener une grossesse à terme. Elles sont ainsi obligées de recourir à une mère porteuse, à une nounou[657] qui accueillera l'embryon issu du couple pendant les neuf mois de gestation et, juste après l'accouchement, restituera le bébé. D'autres femmes par contre, sans aucun dysfonctionnement physiologique relatif à leur fertilité, appréhendent la grossesse et l'accouchement comme des obstacles à leur épanouissement. Elles veulent être mères sans risques de vergetures, de nausées, moins encore avoir un ventre rond[658] et préfèrent faire appel à une mère porteuse. Avant de revenir sur le mercantilisme de la GPA, signalons en passant qu'une équipe de l'École californienne de psychologie [659] avait confirmé que les mères porteuses sont conscientes du lien affectif qui se noue entre elles et les bébés qu'elles portent. C'est d'ailleurs pour cette raison que « les psychologues, de leur côté, alertent l'opinion sur l'importance de la relation mère-fœtus pendant la grossesse et mettent en garde contre les effets néfastes d'une rupture de ce lien charnel quand l'enfant changera de bras »[660]. Il y a des

[656] Production insuffisante de spermatozoïdes.

[657] Le terme « Nounou » est employé pour désigner la mère porteuse par tous les acteurs de la GPA, donneurs ou receveurs, qui souhaitent éviter les connotations maternelles et/ou commerciales à la gestante. Cf. D. MEHL, *op.cit.*, p.192, note n.1.

[658] Cf. F. OLIVENNES, *Faire un enfant au XXIe siècle,* Flammarion, 2013, p. 147 : « En vingt ans de pratique, je n'ai jamais été consulté pour cela. Jusqu'à l'été 2012. Elle avait 35 ans, se disait "enfin bien avec homme". Elle était prête à avoir un enfant avec lui, mais pas à n'importe quel prix. Elle ne voulait pas être enceinte. Pour une fois que j'avais une telle patiente devant moi, j'ai pu l'interroger et entendre ses arguments. " J'ai vu le corps de mes copines après, je n'ai pas envie de voir le mien se déformer, ma poitrine tomber, mes relations sexuelles ne plus être ce qu'elles étaient. J'ai très envie d'être mère, mais pas de finir comme cela. Et comme l'argent n'est pas un problème"… (…) ça allait effectivement lui coûter une fortune (de l'ordre de 80 000 à 100 000 euros). »

[659] Cf. *Women Birth*, 20 juillet 2012 in F. OLIVENNES, *op.cit.*, p. 151.

[660] D.MEHL, *op.cit.*, p.188.

agences spécialisées pour fournir des mères porteuses. La GPA, là où elle est légalisée, fonctionne comme une véritable industrie[661].

Dans certains pays comme le Canada, la légalisation de la filiation de l'enfant s'établit seulement après la naissance, ce qui signifie qu'au départ la mère porteuse qui accouche est la mère légale. Après un test d'ADN pratiqué conjointement sur les parents génétiques et l'enfant, un tribunal confirme que l'enfant est bien celui des parents intentionnels qui deviennent parents à part entière. On établit irréversiblement l'acte de filiation. Hormis le fait que le fonctionnement de l'arsenal administratif et juridique exige un personnel qualifié qui doit être bien payé, « la nounou est payée 18 000 dollars pour un embryon et 23 000 dollars pour deux. C'est bien payé »[662]. Les agences des « nounous » exigent également leur part comme nous le fait découvrir Emma :

> « Moi ce qui me plaisait dans cette agence, c'était de donner d'abord 250 dollars, d'avoir la liste et de payer une fois que l'on avait la nounou. Mais en fait, quand je me suis rendu compte que la liste était bidon, j'avais déjà payé. Elle doit se faire du fric, cette agence, parce que, si elle prend dix idiots comme nous à 6000 dollars, elle doit bien gagner sa vie. Parce que la liste était vraiment bidon. Disons que sur les dix nounous présentées, il doit y en avoir une disponible. Donc c'est une fausse liste.»[663]

Aux États-Unis par contre, un contrat est signé entre les partenaires (mère porteuse, parents génétiques) et l'acte de naissance est rédigé au nom des parents intentionnels à qui on assure indiscutablement la filiation du bébé dès sa naissance. Le recours aux mères porteuses est devenu extravagant à la limite. On se souvient de certains acteurs/actrices américains qui annoncent par voie de presse qu'une femme qui n'est pas leur compagne est enceinte de leur enfant[664]. Bref, la GPA est un véritable mercantilisme[665]. La mère porteuse reçoit une rémunération et ses frais médicaux sont payés. L'agence reçoit une somme d'argent coquette sans oublier les médecins et

---

[661] Pour ce développement Cf. a los. D. MEHL, *op.cit.*pp.194ss ; F. OLIVENNES, *op.cit.*, p. 147ss.

[662] Témoignage d'Emma qui évalue financièrement le coût de ce qu'elle a dépensé entre 65 000 et 70 000 dollars avec les voyages pour la GPA. Cf. D. MEHL, *op.cit.*, p.206.

[663] Témoignage d'Emma. Cf. D. MEHL, *op.cit.*, p.206.

[664] Cf. F. OLIVENNES, *op.cit.*, p. 148, note n.1. : C'est le cas du Chanteur Elton John, des acteurs Robert De Niro et Dennis Quaid, des actrices Nicole Kidman et Sarah Jessica Parker….

[665] Cf. F. OLIVENNES, *op.cit.*, p. 148 note 2 : « Aux Etats-Unis, le ventre d'une mère porteuse peut atteindre 120 000 euros pour neuf mois. La grande majorité de cette somme va aux officines impliquées dans le processus (agence de recrutement et avocats) ».

les avocats. Le coût financier qui varie d'un pays à l'autre représente toujours pour les candidats un sacrifice financier énorme.

Le mercantilisme de la GPA semble être le moindre mal pour certains. C'est le cas de la Commission nationale d'éthique pour la médecine humaine (CNE) de la Suisse qui, en décembre 2013, a publié une prise de position sur la PMA. Même si certains aspects de ce document ont été relevés antérieurement, nous sentons l'obligation de revenir sur la partie qui traite de l'*Évaluation éthique de l'interdit touchant la maternité de substitution*[666]. Après avoir donné certaines informations générales sur la maternité de substitution (maternité de substitution traditionnelle et gestationnelle), la CNE conclut qu'« il faut encore avoir à l'esprit que la maternité de substitution peut être envisagée sur une base altruiste, c'est-à-dire sans contrepartie financière, ou qu'elle peut faire l'objet d'une rémunération »[667]. L'impression qui se dégage ici est l'oubli, l'ignorance ou la réduction du mercantilisme inhérent à la GPA au moindre mal. Envisager une GPA par pur altruisme actuellement dans un contexte où tout se valorise en fonction du gain et du bénéfice est une utopie. Sans revenir sur les limites des éthiques évolutives que nous avons relevées antérieurement [668], soulignons néanmoins que c'est ce qui arrive généralement lorsqu'on veut supplanter les « éthiques mystiques » fondées sur la raison ouverte à transcendance par les « éthiques scientifiques » ou procédurales fondées quant à elles sur une raison close à l'immanence ; c'est ce qui arrive lorsqu'on prétend fonder une morale sans tenir compte du « dénominateur commun »[669] de tous les hommes indépendamment de leur culture, de leur race et de leurs orientations métaphysiques, bref ce qui arrive lorsqu'on veut fonder une morale qui sépare la *vérité-bien-liberté* de la personne humaine. On ne sait plus pourquoi la vie est une valeur suprême et on tombe dans le sophisme naturaliste qui extrait le corps de la nature humaine pour le soumettre à toutes sortes de manipulations et d'expérimentations scientifiques.

Nous ne voulions pas mettre la fécondation artificielle à l'index, moins encore manquer de charité envers les couples qui souffrent de la stérilité. Notre voix, si faible soit-elle, est une voix qui s'inscrit dans le

---

666 NEK/CNE. COMMISSION NATIONALE D'ETHIQUE POUR LA MEDECINE HUMAINE, *La procréation médicalement assistée, considérations éthiques et propositions pour l'avenir*, prise de position n° 22/2013, Berne, décembre 2013, pp.43ss.

667 COMMISSION NATIONALE D'ETHIQUE POUR LA MEDECINE HUMAINE, *op.cit.*, p.43.

668 Cf. Première partie, Chapitre III, III. Loi naturelle et émergence de la bioéthique, III.1.2. Les éthiques évolutives.

669 Le *dénominateur commun* de la morale est la loi naturelle qui est la source de toute moralité et devrait être le fondement de toute rationalité publique.

chœur des voix qui participent aux débats sur les enjeux éthiques inhérents aux techniques de procréation médicalement assistée : « Nous sommes des magiciens du bonheur à court terme. Nous sommes des magiciens. Et même des magiciens très sympathiques, car nous procurons du bonheur aux gens. Les couples sont-ils stériles ? (…) L'homme est-il stérile ?» [670]. Ainsi s'exprime et en même temps s'interroge le professeur Jean-Philippe Wolf. Face aux positions si fermes dans « le jusqu'au-boutisme » (à quoi bon en parler puisque ça va se faire ?), nous voulons avec l'aide de la grâce de celui qui est l'*Évangile de la vie et l'accomplissement de la loi naturelle*[671], ouvrir quelques perspectives susceptibles de nous aider à « prendre soin de toute vie et de la vie de tous »[672].

---

[670] J-P WOLF, *Espoirs et limites de l'assistance médicale à la procréation. Prendre soin de l'enfant à naître,* Odile-Jacob, 2015, pp.223-224.
[671] Cf. L. ONAMBELE, *op.cit.* pp. 142-157.
[672] JEAN-PAUL II, EV, n.87.

CHAPITRE III
PERSPECTIVE, *VOICI L'HOMME !*

« Ecce homo » -Voici l'homme, telle est la perspective que nous voulons ouvrir au terme de cet itinéraire. Nous reconnaissons certainement les paroles de Pilate qui, probablement, ne soupçonnait pas lui-même la portée de cette vérité, mais fut le porte-parole devant les grands prêtres et la foule dans l'Évangile de Jean[673]. La résonance que nous ressentons et que nous voulons partager trouve son origine dans les paroles de Jean-Paul II à Paris au siège de l'UNESCO le 2 juin 1980 :

> « C'est en pensant à toutes les cultures que je veux dire à haute voix ici, à Paris, au siège de l'Unesco, avec respect et admiration : *Voici l'homme !* Je veux proclamer mon admiration devant la richesse créatrice de l'esprit humain, devant ses efforts incessants pour connaître et affermir l'identité de l'homme : de cet homme qui est présent toujours dans toutes les formes particulières de culture »[674].

Face aux résultats inquiétants des techniques de reproduction artificielle, dont l'homme sort fondamentalement instrumentalisé, nous voulons que ces paroles retentissent dans les consciences des hommes de sciences, des responsables politiques, des couples qui souffrent de l'infertilité et de la stérilité, des âmes de bonne volonté, de tous les acteurs des techniques d'aide à la fertilité, dans toutes les cultures. Par ces paroles resurgit la nécessité d'une réflexion sur la responsabilité éthique de la science en général et singulièrement des techniques d'aide contre la stérilité. « L'homme de science, dit Jean-Paul II, aidera vraiment l'humanité s'il conserve "le sens de la transcendance de l'homme sur le monde et de Dieu sur l'homme" (...). Déployons surtout nos efforts pour instaurer et respecter, dans tous les domaines de la science le primat de l'éthique »[675]. Nous reconnaissons tout le travail réalisé par l'Unesco sur le plan éthique, notamment la création de la Commission mondiale d'éthique des sciences et des technologies et tous les programmes de recherche concernant la bioéthique, les problèmes d'eau, d'environnement, d'économie et de développement durable. Néanmoins, l'éthique développée par ces programmes est une éthique appliquée et procédurale, une éthique du

---

[673] Cf. Jn 19,5.
[674] Cf. JEAN-PAUL II, *Discours à l'UNESCO,* Paris, 02.VI.1980, n.9.
[675] Cf. Ibid., n.22.

consensus dont l'objectif principal est de privilégier les arguments rationnels admissibles par tous, tandis que sont exclues du débat public les orientations métaphysiques et les valeurs morales qui déterminent la vérité sur l'homme. Ceci a comme conséquences la séparation entre les valeurs et les normes, l'immanence et la transcendance, la nature et la grâce, la foi et la raison. Cette différenciation des morales sectorielles favorise la fragmentation de la vie et rend impossible une appréciation juste de ce qui est réellement humain. Aussi, rejoignant Geneviève Médevielle[676], nous pensons que l'une des faiblesses de ces morales sectorielles est la réduction des problèmes moraux aux aspects éthico-techniques laissant de côté la question de l'humanisation. On ne peut pas parler de la procréation médicalement assistée sans avoir une compréhension préalable de ce que sont l'homme, la vie, la sexualité et de la fécondité. Certains aspects de cette problématique ont été déjà abordés. Mais, en y revenant, nous pensons que, si la loi naturelle est la loi de Dieu à laquelle l'homme participe par sa raison[677], une compréhension authentique de cette loi naturelle comme fondement éthique de la procréation médicalement assistée exige au préalable une saisie globale des « chemins d'humanisation » susceptibles de nous aider à penser « le caractère interhumain et social de l'existence humaine »[678] et la vérité intérieure de l'homme[679]. Ce n'est que dans cette vérité intérieure, le *nèm ntògò* ou petit cœur (tradition beti), la syndérèse (Thomas d'Aquin), l'*ergon* propre (Aristote),... que se révèle la responsabilité morale. Telle est la résonance que nous ressentons et que nous voulons partager. Pour ce faire, partant de la vérité intérieure de ce que nous sommes, nous verrons comment la restitution de la procréation dans l'éthique des vertus nous permet de sauver tous les acteurs des PMA. Ceci nous fera découvrir que le recours aux techniques des PMA n'est pas l'unique alternative susceptible de résoudre efficacement les problèmes de stérilité et de fertilité. La prévention de la stérilité et de l'infertilité est l'alternative efficace qui peut réduire considérablement leur incidence dans la société.

---

[676] Cf. G. MÉDEVIELLE, « Les deux discours comme provocation pour le moraliste » in F.FOLLO et al., *Jean-Paul II et la culture contemporaine*, Cerf, 2005, p.192ss.

[677] Cf. JEAN-PAUL II, *VS* nn 40-41 : « La loi morale vient de Dieu et trouve toujours en lui sa source : à cause de la raison naturelle qui découle de la Sagesse divine, elle est en même temps loi propre de l'homme. (...) Certains parlent de *théonomie*, ou de *théonomie participée*, parce que l'obéissance libre de l'homme à la Loi de Dieu implique effectivement la participation de la raison et de la volonté humaines à la sagesse et à la providence de Dieu ».

[678] Cf. JEAN-PAUL II, *Discours à l'UNESCO,* Paris, 02.VI.1980, n.6.

[679] Cf. Ibid., n.14.

I. LA VÉRITÉ INTÉRIEURE DE L'HUMAIN : THÉRÈSE D'ÁVILA (1515-1582) ET HUI-NENG (637-713)

Le défi éthique de la société moderne se trouve séquestré dans la crise de la métaphysique. Hans Jonas disait à ce propos que la dégradation métaphysique de la personne menée à terme par les sciences modernes et la croissance de son pouvoir font que la nature de l'homme se réduit aux atomes et aux choses qui n'ont pas de sens[680]. Dans ce contexte global où le vrai se réduit au vérifiable, penser une vérité intérieure de l'humain, source de l'universel éthique, semble être une vaine prétention. Le chemin le plus facile est la réduction de l'existence de cette vérité à une apologie d'un universel théorique qui est difficilement vécu dans la pratique. Pour retrouver cette exigence éthique, il faut partir de l'intérieur de l'expérience morale inhérente à toute personne, indépendamment de la culture, de la race. C'est ce dénominateur commun, interne à tous les hommes, qui soutient l'existence des valeurs universelles telles que la dignité humaine, la sacralité de la vie, etc. Pour nous faire comprendre et surtout pour élargir la réflexion, nous partirons, cette fois, d'une étude comparative entre la mystique carmélitaine (Thérèse d'Avila) et le zen[681].

En 1579, Thérèse d'Avila commença à écrire avec peu d'intérêt *Les demeures ou le Château intérieur. Le livre de la vie* (1562-1565) a été retenu par l'Inquisition et même si déjà avant, et comme toujours, sur l'ordre de son confesseur, elle avait écrit *Le chemin de la perfection* (1566-1567), le père Gracián, cette fois, a dû insister pour qu'elle écrive encore un autre livre. Lorsqu'elle commence donc la rédaction du *Château intérieur*, livre qui, selon nous, illustre son itinéraire spirituel, elle a déjà atteint une maturité spirituelle et psychologique. Au début de ce livre, voici ce qu'elle dit :

> « Tandis que j'étois (sic) aujourd'hui à supplier Notre-Seigneur de parler à ma place, parce que je ne savois (sic) ni que dire, ni par où commencer le travail que l'obéissance m'impose, voici ce qui s'est présenté à mon esprit, et qui servira comme fondement à tout ce que je vais dire.
>
> J'ai considéré notre âme comme un château, fait d'un seul diamant, ou d'un cristal très-pur, dans lequel il y a, de même que dans le ciel, diverses demeures. Et en effet, mes sœurs, l'âme du juste, si l'on y veut bien réfléchir, n'est point autre chose qu'un paradis, où Dieu, comme il le dit lui-même, prend ses délices. S'il en est ainsi, que dire, et quelle idée doit-on se former de la demeure où un Monarque si puissant, si sage, si pur, si magnifique, se plaît à habiter ! (...) Non, quelque vive que soit la

---

680 H.JONAS cité par F. LINARI, « Antropologia medica » in *Diccionario San Pablo*, *op.cit.* p. 79.

681 Cf. A.M.SCHLÜTER RODES, « Santa Teresa y Zen » in *Pasos* (131), 2015, pp.4-13.

pénétration de nos esprits, ils ne peuvent parvenir à s'en former une idée parfaite. Et faut-il s'étonner, lorsque ce grand Dieu, que nos entendements sont si loin de comprendre, déclare lui-même qu'il nous a créés à son image et à sa ressemblance ? »[682].

L'idée fondamentale ici est que l'âme est considérée comme un château constitué d'un seul diamant ou d'un cristal très pur, à l'intérieur duquel il y a plusieurs demeures. Au centre se trouve la demeure principale où habite sa Majesté (Dieu). Le cristal ou le diamant auquel Thérèse se réfère ici est pur, indestructible et incorruptible. Si le diamant est exposé en pleine lumière, il est difficile de percevoir sa beauté parce qu'il ne brille pas ; si ce diamant est couvert de poussière ou d'une autre saleté, il ne brille pas non plus. L'entendement ne parvient pas à se faire une idée parfaite de cette réalité. L'homme est, selon Thérèse d'Avila, dans l'intimité de son être, quelque chose qu'on ne peut ni voir, ni toucher, ni comprendre. Nous reviendrons sur ces mots de Thérèse d'Avila pour préciser nos propos. Pour le moment, voyons une autre vision de l'homme dans une tradition et culture non chrétiennes.

De la même manière que Thérèse se réfère au château intérieur dans la mystique carmélitaine, dans un autre contexte culturel, le septième patriarche zen de la Chine, Hui-Neng (637-713), compare l'être humain à une ville :

> « Le corps physique est la ville ; nos yeux, nos oreilles, notre nez et notre langue sont les portes. Il y a cinq portes extérieures : les yeux, les oreilles, le nez, la langue et le corps ; puisque la porte intérieure est la capacité de former les idées. Le cœur (*shin*) est le sol et la nature (*sho*) est le roi qui habite l'intérieur du cœur. Lorsque la nature (*sho*) y est, le roi règne, et notre corps et notre esprit fleurissent ; lorsque le roi ou la nature (*sho*) n'y est pas, le corps et l'esprit se détériorent. »[683]

Le roi (*sho*) habite toujours dans le cœur de l'homme (*shin*). Ce roi, malgré le fait qu'il existe toujours, peut ne pas gouverner s'il est séquestré par autre chose. Il faut vivre selon notre nature (*sho*) et quiconque vit dans

---

[682] THÉRÈSE D'AVILA, « Le château intérieur ou les demeures de l'âme », I Demeure 1, 1, in *Œuvres de sainte Térèse,* Traduites d'après les manuscrits originaux par Marcel BOUIX, IIe édition, Tome III, Paris, 1859, pp.291-292.

[683] A.M.SCHLÜTER RODES, « Santa Teresa y Zen » in *Pasos* (131), 2015, p.5 : « El cuerpo físico es la ciudad; nuestros ojos, nuestras orejas, nuestra nariz y nuestra lengua son sus puertas. Hay cinco puertas exteriores: ojos, oídos, nariz, lengua y cuerpo; mientras que la puerta interior es la facultad de formar ideas. El corazón (*shin*) es el suelo y la naturaleza (*sho*) es el rey que habita el suelo del corazón. Cuando np hay la naturaleza (*sho*), no hay el rey, nuestro cuerpo y nuestro espíritu se deterioran. »

l'ignorance de la nature est un être ordinaire. Celui qui se laisse illuminer par sa nature propre (*ji sho*) éveille les autres[684].

Tout bien considéré, lorsque notre véritable nature n'est pas couverte de poussière, lorsque *Sa Majesté règne dans son château*, il y a la paix, l'harmonie en nous-mêmes. Il y a une réalité dans chaque être humain, indépendamment de la culture, de la race, qui est incorruptible, qui nous gouverne, nous permet de nous accomplir véritablement en tant qu'humains. « L'humain véritable » présent dans tous les hommes est une réalité connexe à la transcendance. La dimension religieuse est intrinsèque à l'homme. Dieu n'annule pas les sens. Il ne demande jamais à l'homme ce qui est contraire à sa nature, moins encore ce qui s'opposerait à son bonheur ou à son épanouissement. C'est pourquoi nous disions dès le départ que l'opposition entre la foi et la raison est factice. Le roi de sainte Thérèse est une personne avec qui elle parle. L'être humain, dès le premier jour de sa conception, est déjà ouvert à la transcendance parce qu'il ne se réduit pas à un amas de cellules. Toute rationalité immanente fermée à la transcendance aurait une vision anthropologique qui ne tiendrait pas compte de *l'humain véritable.* Il n'y a pas d'humanisme intégral sans Dieu. Tout message sur l'homme, si pertinent et si profond soit-il, ne peut se comprendre sans Dieu en général, et singulièrement sans le Dieu incarné en Jésus-Christ. Certes, le christianisme n'est pas la norme exclusive de toutes les cultures et religions ; mais le christianisme ne rejette pas toute autre interprétation des manifestations de l'esprit. La foi chrétienne délivre sur l'homme un message accessible à toute l'humanité. « La prétention à la *catholicité* ne signifie pas d'abord une appartenance, mais indique une convergence : celle qui, tendant vers Dieu, tend aussi vers l'homme et, manifestant le divin, fait voir en même temps l'humain. »[685] « L'humain intégral », dont nous parlons, n'est pas une substance, parce que, quelle que soit sa subtilité, la substance finit toujours par se diluer. Mais cet « humain intégral » est un dénominateur commun à tous les hommes qui existe indépendamment des aléas liés au temps, à l'espace et à la connaissance. C'est ce que nous sommes intrinsèquement. La vérité sur l'homme ne se réduit pas à celle des sciences expérimentales. C'est une vérité fondamentale qui transcende celle des sciences expérimentales et qui doit être prise en compte par tout homme qui, désireux de se distinguer au sein de la création, se qualifie comme homme et, précisément, se « connaît lui-même » : *voici l'homme*.

L'une des conséquences de cette évidence métaphysique de « l'humain intégral » est que, dans sa vraie nature, la personne humaine peut

[684] A.M.SCHLÜTER RODES, *Atrévete con el dragón vivo*, Zendo Betania, Brihuega, 2009, 38.
[685] E. FALQUE, « Les deux discours comme provocation pour le philosophe » in *Jean-Paul II et la culture contemporaine*, *op.cit.* p.158.

se réaliser comme une totalité unifiée[686]. « Le corps humain ne peut plus être considéré seulement comme un ensemble de tissus, d'organes et de fonctions ; il ne peut plus être évalué de la même manière que le corps des animaux, mais il est partie constitutive de la personne qui se manifeste et s'exprime à travers lui. »[687] Toute intervention sur le corps, quel que soit l'âge, ne se limite pas aux tissus, aux organes et à leurs fonctions, mais elle engage toute la personne, ce qui, implicitement et explicitement, comporte une responsabilité morale. Car,

> « chaque personne humaine, dans sa singularité absolument unique, n'est pas constituée seulement par son esprit, mais par son corps. Ainsi, dans le corps et par le corps, on touche la personne humaine dans sa réalité concrète. (...) C'est sur la base de cette vision anthropologique que l'on doit trouver des critères fondamentaux pour les décisions à prendre s'il s'agit d'interventions non strictement thérapeutiques, par exemple des interventions visant à l'amélioration de la condition biologique humaine. »[688]

La conséquence axiologique de cette évidence métaphysique est que c'est la loi naturelle qui exprime et prescrit les finalités, les droits et les devoirs fondés sur la nature corporelle et spirituelle de la personne[689]. Aussi ne se réduit-elle pas à la normativité biologique. Bien plus, elle se définit comme l'ordre rationnel selon lequel l'homme est appelé par le Créateur à diriger et à régler sa vie et ses actes, en particulier à user et à disposer de son propre corps[690]. Étant le fondement de toute la rationalisation publique, la loi naturelle nous permet de resituer la procréation médicalement assistée dans son milieu vital et dans une vision intégrale de l'homme ; elle nous permet de sortir des alternatives binaires et de voir comment les techniques de procréation médicalement assistée peuvent être compatibles avec la foi, la justice, la charité, la tempérance, l'espérance, le courage, bref, avec les vertus. La loi naturelle, dans la perspective d'une *théonomie participée*[691], articule les vertus morales et surnaturelles et rend l'homme plus disposé non seulement à accueillir la vie comme un don de Dieu, mais aussi à avoir une vision globale et objective de la fécondité. La fécondité de l'homme n'est pas seulement physiologique, elle a d'autres dimensions, notamment les dimensions spirituelle et sociale.

---

[686] Cf. JEAN-PAUL II, *Familiaris Consortio*, 1982, n.92. El

[687] CDF, *Donum vitae*, n.3.

[688] JEAN-PAUL II, *Discours aux participants à la 35e Assemblée Générale de l'Association Médicale Mondiale,* 20.X.1983.

[689] CFD. *Donum vitae*, n.3.

[690] Cf. PAUL VI, *Humanae vitae*, n.10.

[691] Cf. JEAN-PAUL II, VS. nn.40-41.

II. LA PROCREATION DANS LE CADRE DE L'ÉTHIQUE DES VERTUS

L'une des grandes difficultés de compréhension de la loi naturelle est son effet performatif sur le plan pratique. On reconnaît unanimement que la vie est un bien, que la dignité humaine doit être reconnue par tous et à tous, que l'ordre social et politique doit promouvoir le bien-être des citoyens. Mais les difficultés commencent dès lors qu'on veut mettre cet « universel commun » en pratique. Dans le cadre de la procréation médicalement assistée, même si les praticiens de ces techniques reconnaissent être des « magiciens très sympathiques d'un bonheur à court terme »[692], l'industrie de la fertilité demeure en pleine croissance[693]. Le tourisme procréatif[694] devient un moyen pour contourner ce que les législations nationales ne concèdent pas. Le problème de fond ici est de savoir comment harmoniser cet « universel-commun du bien de la vie » avec les particularités et singularités de chaque personne, comment promouvoir, sans niveler les particularités sous des principes abstraits, un chemin de réalisation de l'humain dans toute personne en général et singulièrement chez les acteurs de la procréation médicalement assistée. Ce travail de réalisation de l'humain suppose, à la fois, la reconnaissance de la place de tous les intervenants dans les techniques d'aide à la fertilité (couples, enfants, praticiens, pouvoirs publics,…) et les exigences auxquelles chaque acteur doit renoncer.

> « La pensée chrétienne met en avant la réalité du péché comme cause ultime du paradoxe qui rend parfois l'efficacité performative de la loi

---

[692]Cf. J-P WOLF, *op.cit.*, p.223.

[693] C'est le cas notamment des « cliniques espagnoles » qui ont dix-huit standardistes qui répondent vingt-quatre heures sur vingt-quatre aux patients qui appellent de n'importe quel pays et dans toutes les langues possibles ; chaque salle de consultation a un échographe et une infirmière qui enregistre sur une base de données les constatations et les prescriptions médicales. Dès que la consultation est terminée, le médecin passe dans une autre salle à côté où le couple suivant l'attend déjà. C'est le genre d'installation et de service qu'on rêverait avoir dans des établissements publics. L'organisation en question a un réseau avec une vingtaine de cliniques à travers le monde. La banque d'ovocytes est efficacement mondialisée. Les donneuses sont accueillies dans un endroit exempt de visites, mais qui probablement a des installations ultra design. Les donneuses sont payées 800 euros par don.

[694] Le tourisme procréatif consiste à aller dans un autre pays afin de pouvoir bénéficier des services de certaines techniques de procréation médicalement assistée qui ne sont pas autorisées dans le nôtre. En France, notamment, l'AMP n'est prise en charge à 100% par la sécurité sociale que jusqu'à 43 ans, âge de la femme. Une femme qui a plus de 43 ans peut facilement contourner cette législation en se rendant dans un autre pays, même si elle est consciente qu'elle ne sera pas remboursée.

naturelle très difficile. (...) Même si la loi naturelle est l'expression de la raison commune à tous les hommes et qu'elle peut être présentée de façon cohérente au plan philosophique, elle n'exclut pas l'ordre de la grâce. (...) Ce n'est que par la grâce que ses recommandations deviennent performatives sur le plan pratique»[695].

Tout discours relatif à la promotion de la vie en général et sur la procréation médicalement assistée, dans ce sens, va au-delà des catégories humaines. La défense et la promotion de la vie ne peuvent être vécues pleinement que comme fruits d'un don de Dieu qui guérit et transforme le cœur par la grâce[696]. C'est pour cette raison que l'Eglise a toujours enseigné que, sans l'aide de la grâce rédemptrice, on ne peut pas répondre convenablement aux exigences de la loi naturelle, puisque la réalité du péché a introduit un désordre dans la nature humaine. Cette grâce guérit les faiblesses de la nature humaine. Il peut arriver que la vérité soit dure, mais les moyens qu'offre l'Eglise pour solutionner cette carence sont extrêmement efficaces. Ces moyens permettent à l'homme non seulement de tendre vers la sainteté, mais aussi de se réaliser dans la plénitude de son être-homme. Cette tendance permanente vers la sainteté est le sceau d'une authentique vie chrétienne qui lui permet de défendre les biens terrestres, comme la sexualité, l'amour humain, le mariage, la procréation, afin que, dans un monde marqué par le péché et la fragilité humaine, surgisse l'espérance chrétienne[697].

Dans ce contexte, l'urgence de resituer la procréation dans le cadre de l'éthique des vertus devient un truisme. Le concept de vertu est important dans la mesure où il sauve l'originalité de l'effort humain dans sa temporalité, d'une part, et où, grâce à la priorité des vertus surnaturelles d'autre part, il intériorise la loi morale naturelle[698]. La vertu aide à évaluer adéquatement une éthique orientée vers la recherche d'une vie bonne et nous conduit à la sanctification, à l'union avec Dieu dans le Christ, non principalement dans l'accomplissement des normes morales, mais dans la pleine réalisation de ce que nous sommes. Les puissances opératives de la personne doivent être purifiées par les vertus qui octroient à l'homme une certaine promptitude et une facilité dans la réalisation du bien. Grâce aux vertus, l'homme a une vision réaliste sur des sujets moraux et sur les acteurs de la procréation médicalement assistée. Pour nous faire comprendre, nous

---

[695] L. ONAMBELE, *op.cit.*, pp.151-152.
[696] Cf. JEAN-PAUL II, VS, n. 23.
[697] Cf. JEAN-PAUL II, VS, nn. 23ss.
[698] T.TRIGO, « El concepto de virtud en la tradición filosófica y teológica», in A.SARMIENTO, E.MOLINA, T.TRIGO, *Teología moral fundamental, op.cit.* p.275.

nous proposons de partir de la fable du romancier français Vercors[699] évoquée ci-dessous.

L'auteur dans cette fable présente une conscience humaine angoissée, inquiète sur l'être en devenir que les hommes ont en commun. Selon lui, « l'humanité n'est pas un état à subir, c'est une dignité à conquérir. Dignité douloureuse. On la conquiert sans doute aux prix des larmes »[700]. Nous sommes selon lui des animaux dénaturés parce que l'animal « ignore sa propre ignorance tandis que l'homme se voit seul, abandonné, mortel, ignorant tout-unique animal sur terre qui ne sait qu'*une chose, c'est qu'il ne sait rien- même pas ce qu'il est* »[701]. La conscience qui, sans cesse, s'interroge, s'inquiète et vit une certaine douleur par rapport aux relations qu'elle entretient avec le monde, impose à l'homme le chemin du devenir homme : « on naît humain, il reste à le devenir »[702] ; la vérité intérieure, le *nèm ntògò ou petit cœur* qui nous révèle la responsabilité morale est en perpétuel devenir : c'est la dimension dynamique et historique de la loi naturelle. Dans ce processus du devenir humain, l'homme a besoin de dispositions morales internes qui lui permettent de se réaliser quotidiennement. C'est le rôle des vertus qui prédisposent l'homme à prendre de bonnes décisions pour sa pleine réalisation et son « humanité intégrale ». Toutefois, c'est lorsque la vie morale est comprise comme une réponse à l'appel de l'amour de Dieu que le « devenir humain » ou travail pour acquérir les vertus a un sens. Par contre, si on réduit la vie uniquement à la coexistence pacifique, les vertus perdent leur véritable valeur, ou alors, lorsqu'on vit, si l'unique chose importante est le succès économique, l'efficacité ou le bien-être matériel, les vertus sont remplacées par les habiletés[703]. Il faut donc une harmonisation entre les vertus morales et les vertus surnaturelles pour que la raison et la volonté puissent agir adéquatement[704]. La raison peut se tromper dans la détermination d'une action dont l'objectif est une fin bonne. La volonté, quant à elle, malgré tous les efforts possibles, peut parfois ne pas être en harmonie avec la raison. La bonne disposition de la volonté est nécessaire pour connaître la vérité

---

[699] Cf. VERCORS, *Les Animaux dénaturés,* Paris, Le Livre de Poche, 1952. Nous nous inspirons de la synthèse faite par F. CHEBEAUX, « Les deux discours comme provocation pour le pédagogue : une éducation humaniste, une éducation au sujet », in *Jean-Paul II et la culture contemporaine, op.cit.* pp.122-123.
[700] VERCORS, *Les Animaux dénaturés,* Paris, Le Livre de Poche, 1952, p.212.
[701] VERCORS, *op.cit.*, p.196.
[702] F. CHEBEAUX, « Les deux discours comme provocation pour le pédagogue : une éducation humaniste, une éducation au sujet », *op.cit.*, p.122.
[703] Cf. T.TRIGO, « El concepto de virtud en la tradición filosófica y teológica», in A.SARMIENTO, E.MOLINA, T.TRIGO, *Teología moral fundamental, op.cit.* p. 285.
[704] Cf. *S.Th.*, I-II, q. 49, a.4.

morale. La volonté n'est pas éloignée du jugement de l'intelligence[705]. Lorsque la volonté est connectée au bien, la dignité humaine revêt une connotation spéciale. On n'acquiert pas la vérité sans l'aimer au préalable ; on ne connaît la vérité que si on veut la connaître[706]. Les biens délectables pour l'affectivité ne sont pas toujours convenables à la personne et prédisposent l'homme à faire un mauvais usage de sa liberté. Les vertus, par contre, prédisposent l'homme à choisir le bien et à le réaliser. Autrement dit, les vertus introduisent une rationalité dans l'appétit. La tempérance notamment introduit la rationalité dans l'attraction que nous expérimentons par les biens sensibles ; la justice introduit la rationalité dans notre volonté afin que nous puissions désirer le bien de nos semblables et non uniquement le nôtre[707].

En outre, les circonstances dans lesquelles une personne peut agir dans la vie sont très diverses et exigent pour cela une réponse alerte, imprévisible et difficile. La dignité humaine comme universel abstrait, étant toujours une évidence dans les consciences, ne garantit pas toujours des choix adéquats dans sa particularité. Les vertus seules procurent la capacité habituelle de juger dans chaque situation particulière. C'est ce qu'Elisabeth Anscombe et MacIntyre[708] ont démontré dans la renaissance de l'éthique des vertus dans le cadre de la philosophie contemporaine.

En 1958, Anscombe notamment publia un article qui peut être considéré comme le point de départ du dépassement du débat contemporain sur l'opposition entre les éthiques déontologiques et utilitaristes, et la redécouverte des vertus dans la philosophie anglo-américaine. Dans cet article et dans ses études antérieures, Anscombe critique les théories morales modernes de l'utilitarisme et du déontologisme et pense que le développement de la philosophie morale exige une redécouverte du concept de vertu[709]. « L'intention »[710] d'Anscombe ou l'objet moral[711] consiste à savoir si l'acte posé est cohérent avec la justice, la charité, la compassion, la tempérance ou avec le courage. Dans le cadre de l'avortement notamment, le

---

705 Cf. P. DELHAYE, *La conciencia moral del cristiano,* Herder, Barcelona, 1969, p.68 cité par T. TRIGO, « Disposiciones morales de la persona y valoración de la acción concreta » in *En busca de una ética universal: un nuevo modo de ver la ley natural. op.cit.*, p.129.
706 JEAN-PAUL II, *Audience générale*, 24.IIX.1983.
707 Cf. THOMAS D'AQUIN, *De Virt.,* q.I.a.5.
708 Nous nous référons respectivement aux études de G.E.M.ANSCOMBE, *Modern Moral Philosophy,* 33, 1958, 1-19 et de A.MACINTYRE, *After Virtue : A Study in Moral Theory*, 1981.
709 Cf. G.E.M.ANSCOMBE, *Modern Moral Philosophy,* 33, 1958, 1-19.
710 G.E.M.ANSCOMBE, *L'intention, op.cit.*§ 25 : « en gros, l'intention d'un acte, c'est son action ».
711 JEAN-PAUL II, VS, n.78.

fait de reconnaître le statut humain de l'embryon et du fœtus, si important soit-il, n'est pas la seule connaissance nécessaire pour bien agir vis-à-vis d'une femme qui envisage l'avortement. En nous limitant sur ce point, nous voilons ce qui constitue le tissu réel de la procréation humaine, tel que la rencontre amoureuse entre l'homme et la femme, les relations sexuelles, la stérilité, la grossesse, la naissance, etc.[712] C'est de tout cela dont il doit être question et dont l'éthique des vertus, par un questionnement différencié, aide à mieux comprendre les lois de la vie . Elle peut ainsi sauver tous les acteurs de la procréation médicalement assistée. C'est l'éthique des vertus qui rend compréhensible et praticable toute la morale sexuelle et familiale de l'Eglise. Notamment, « le caractère vertueux de l'attitude qui s'exprime dans la régulation *naturelle* de la fertilité est déterminé *non pas tant* par la fidélité à une *loi naturelle* impersonnelle *qu'à la personne du Créateur*, source et Seigneur de l'ordre qui se manifeste dans cette loi.»[713] Les vertus permettent à tous les intervenants de la procréation médicalement assistée d'acquérir les vraies valeurs de la vie et de la famille. La tempérance notamment aide les époux à acquérir une maîtrise parfaite de leurs instincts sexuels, « afin que les manifestations affectives de la vie conjugale soient selon l'ordre juste, en particulier pour l'observance de la continence périodique. »[714] La façon de se comporter des époux correspond à la vérité de la personne et donc à sa dignité, qui par nature appartient à l'homme en tant qu'être raisonnable et libre[715]. La vertu de l'humilité aura ici un rôle capital dans la mesure où elle implique l'acceptation de ses propres limites non comme une résignation, mais plutôt comme une reconnaissance de sa condition de créature, incapable d'épuiser et de sonder tous les mystères inhérents aux mécanismes de la procréation, de la vie et du corps humain.

III. POUR UNE POLITIQUE DE PRÉVENTION DE LA STÉRILITÉ ET DE L'INFERTILITÉ

Une partie de la médecine et des techniques biologiques inhérentes à la procréation médicalement assistée existe et se développe grâce une volonté déterminée de vaincre la stérilité et l'infertilité. Cette volonté, d'une part, répond chez le médecin biologiste à un devoir professionnel et au défi de lutter contre ce qu'il perçoit comme un handicap ou un dysfonctionnement des facultés naturelles de la procréation ; d'autre part, cette détermination du professionnel de la santé voudrait répondre à la

[712] G.E.M. ANSCOMBE citée par T. COLLAUD, « La procréation dans le cadre de l'éthique sociale » in *La joie d'accueillir la vie*, Colloque à l'Université de Fribourg, 12-13.IX.2014.
[713] JEAN-PAUL II, *La théologie du corps*, Cerf, 2014, p.559.
[714] PAUL VI, *Humanae vitae*, n. 21,
[715] JEAN-PAUL II, *La théologie du corps, op.cit.*, p.560.

demande des couples dont la stérilité et l'infertilité constituent des obstacles pour leur épanouissement. Mais on constate paradoxalement que trop peu d'efforts sont fournis pour réduire l'incidence de la stérilité et de l'infertilité. Même si le nombre de naissances annuelles par ces techniques au niveau mondial augmente considérablement, les problèmes d'infertilité et de stérilité demeurent. Nous ne sommes, reprenant le professeur Wolf, dans la majorité des cas, qu'au niveau palliatif. Les hommes et les femmes ayant recours à ces techniques restent physiquement stériles ou infertiles. En outre l'infertilité et la stérilité semblent augmenter avec la baisse de la qualité du sperme et des ovocytes chez les femmes désirant procréer après 40-43 ans. La facilité apparente avec laquelle l'ICSI, notamment, permet d'obtenir un enfant semble avoir renvoyé la véritable solution curative aux calendes grecques[716]. Les programmes de prévention de la stérilité et de l'infertilité sont mis hors circuit dans la *médecine préventive*[717] et dans les programmes nationaux et internationaux de *santé publique*[718]. Face à tout cela, la perspective que nous soutenons modestement dans cette partie s'énonce fondamentalement comme indiqué ci-dessous.

L'infertilité et la stérilité constituent certes de dures épreuves pour les couples, mais elles ne sont pas pour autant des maux absolus. Comme la plupart des pathologies médicales, la solution la plus efficiente contre l'infertilité et la stérilité est la prévention et non le recours aux techniques de procréation médicalement assistée. Cette prévention, en norme générale, consiste à décrypter l'intelligibilité somatique inhérente à la nature humaine. Le corps humain possède une intelligibilité, un ordre, une finalité, bref une dimension téléologique qui constitue son bien propre ou sa loi naturelle. Lorsqu'on obéit aux *langages du corps*[719], c'est-à-dire lorsqu'on vit conformément à cette loi naturelle, on a moins de problèmes d'infertilité et de stérilité. Nous réaffirmons que « par *loi naturelle* nous entendons ici *l'ordre de la nature* dans le champ de la procréation, en tant qu'elle est comprise par la droite raison : cet ordre est l'expression du plan du Créateur

[716] Cf. J.-P. WOLF, *op.cit.* p.216.

[717] On peut définir la médecine préventive comme la spécialité de la pratique médicale dédiée à la santé de populations et d'individus déterminés pour protéger, promouvoir et maintenir la santé et le bien-être et prévenir les maladies, les incapacités et les morts prématurées. Cf. *American Board of Preventive Medicine* in M.A. MARTÍNEZ GONZALEZ, *op.cit.* p.11.

[718] La santé publique peut se définir comme ce que l'ensemble de la société fait collectivement pour assurer les conditions dans lesquelles la population peut jouir d'une bonne santé. Cf. INSTITUTE OF MEDICINE, *The future of the Public's Health in the 21st century,* Washington, DC, The National Academic Press, 2003. in M.A. MARTÍNEZ GONZALEZ, *op.cit.* p.11.

[719] JEAN-PAUL II, *La théologie du corps, op.cit.*, p.560.

sur l'homme. »[720] Nous ne revenons pas sur la critique des éthiques évolutives avec leur inversion téléologique ou leur monisme épistémologique ; nous ne mettons pas à l'index l'ensemble des techniques de procréation médicalement assistée. Nous voulons juste dire qu'en tant qu'être raisonnable l'homme peut et doit examiner avec perspicacité le rythme biologique qui appartient à l'ordre naturel[721], afin de réduire considérablement l'incidence de l'infertilité et de la stérilité. Concrètement, il s'agit d'intégrer dans les programmes de prévention de santé publique des États et Nations-Unies des politiques et des systèmes de prévention de la stérilité et de l'infertilité. L'heure des grandes prouesses est révolue ; il ne suffit pas de savoir micro-injecter un spermatozoïde dans un ovocyte pour qu'il y ait fécondation. Même si celle-ci se réalise, cette grossesse ne peut pas évoluer normalement si on ne tient pas compte d'un certain nombre de paramètres tels que la qualité des gamètes, la santé physique, psychique et spirituelle des parents géniteurs, etc. S'intéresser à tout cela, c'est prévenir la stérilité et l'infertilité. Reconnaissons déjà que c'est un programme qui va au-delà des lignes qui vont suivre. Conscient du fait que « dans la vie, il n'y a pas de solutions. Il y a des forces en marche. Il faut les créer et les solutions suivent »[722], nous proposons les éléments qui peuvent être amplement développés et mis en pratique ultérieurement à tous les niveaux de la société. Nous suivons les trois étapes de prévention en médecine préventive proposées par Leavel et Clark appliquées en santé publique[723]. Ces trois étapes de prévention se comprennent mieux lorsqu'on les met en relation avec les trois étapes de l'histoire naturelle de la maladie[724]. Mais ces différentes étapes de prévention devraient se baser sur le principe du *don de la vie* qui, selon nous, est le fondement éthique de la procréation médicalement assistée.

III.1. Le don de la vie, principe de compréhension de tout programme de prévention de la stérilité et de l'infertilité

III.1.1. La dynamique du don

Toute réflexion sur la procréation médicalement assistée en général et conjointement sur la stérilité et l'infertilité exige une compréhension

[720] *Ibid.*, p.559.

[721] Cf. JEAN-PAUL II, *La théologie du corps, op.cit.*, p.560.

[722] A.DE SAINT-EXUPÉRY cité par D. BELPOMME, *Ces maladies créées par l'homme. Comment la dégradation de l'environnement met en péril notre santé,* Albin Michel, Paris, 2004, p.325.

[723] Cf. M.A. MARTÍNEZ GONZALEZ, *op.cit.* p.11ss.

[724] Dans l'histoire naturelle de toute maladie, on distingue trois étapes : la période pré-pathogénique avant que n'apparaisse la maladie, la période pathogénique (pré-symptomatique et clinique) et la résolution ou dénouement final.

précise du don de la vie. Une telle réflexion donne accès à une compréhension supérieure de la vie qui transcende la conscience élémentaire de l'homme et sa capacité de décider. Le don fait sortir l'homme de son enfermement individualiste afin qu'il se réalise pleinement[725]. La dynamique de base du don, telle qu'elle a été démontrée par ceux qui l'ont étudiée en profondeur, est la suivante.

Dans sa compréhension la plus simple, la situation dans laquelle le don est offert et reçu contient trois éléments ontologiques : le *donneur*, le *don* et le *receveur* ; quelque chose est donné par quelqu'un à une autre personne[726]. La caractéristique fondamentale du don est la gratuité de *l'intention*[727] ou l'*objet moral*[728] du donneur.

Selon la tradition chrétienne, le contenu de base que nous apporte tout don est qu'il provient toujours d'un amour. Le don est un acte d'amour de celui qui donne à celui qui reçoit. Alexandre de Halès nous éclairait à propos quand il disait :

> « Il n'y a pas de don sans amour. Car si on donne par crainte, ce n'est pas proprement un don, mais une rémunération ; si on donne aussi par désir, ce n'est pas un don, mais une réponse à une demande ; le don proprement dit est fait par amour et liberté sans coercition ; par conséquent, dans tout don, ce qui se donne premièrement c'est l'amour, et ainsi on appelle l'Esprit Saint la grâce, parce qu'Il est un don, et on l'appelle don parce qu'Il est amour »[729].

La chose principale dans l'intention de celui qui aime est de se sentir aimé par celui qu'il aime[730]. L'amour se partage et, en se partageant, il établit une relation interpersonnelle de donation réciproque ayant une importance vitale. La conscience du don et de la donation dans cette

---

[725] Cf. J.J. PEREZ-SOBA, « El don de la vida. Principio de reflexión teológica » in E. MOLINA y J.M. PARDO, *Sociedad contemporánea y cultura de la vida. Presente y futuro de la bioética,* EUNSA, Pamplona, 2006, p.122.

[726] Cf. K.L. SCHMITZ, *The Gift: Creation*, Marquette University Press, Milwaukee, 1982, p.57 cité par J.J. PEREZ-SOBA, *op.cit.*, p.122.

[727] G.E.M.ANSCOMBE, *L'intention, op.cit.*§ 25 : « en gros, l'intention d'un acte, c'est son action ».

[728] JEAN-PAUL II, VS, n.78.

[729] A. DE HALES, *S.TH.,* I.3.q.2, a.2. « nihil est donum nisi ratione amoris. Nam si aliquid detur ex timore, non est donum proprie, immo redemptio; similiter, si detur ex cupiditate, non est donum, sed quaestus; sed donum proprie est ex amore et liberalitate et sine coactione ; unde in omni dono primo donatur amor, et sic Spiritus Sanctus dicitur gratia, quia donum, et dicitur donum quia amor ».

[730] THOMAS D'AQUIN, *Contre les gentils,* 1.3, c.151 (3235) : « Hoc enim est praecipuum in intentione diligentis, ut a dilecto redametur ».

perspective est fortement inscrite dans l'image biblique de la création de l'homme et de la femme : « Homme et femme, il les créa » (Gn1, 26-27). Il donna réciproquement l'un à l'autre, à l'homme la féminité de cet être humain et à la femme, la masculinité[731]. Il ne s'agit pas dans l'absolu d'égoïsme, mais de la plénitude du don qui doit être reçu. Sans cette réception, il n'existe pas de don. Il revient à l'intention du donneur de s'assurer de la réception de la personne à qui le don est destiné. Le don comporte une loi de réciprocité très importante. « Le Dieu de l'alliance a confié la vie de tout homme à l'autre, à son frère, selon la loi de la réciprocité de donner et de recevoir, du don de soi et de l'accueil de l'autre »[732]. L'amour établit une relation de connaissance réciproque entre le donneur et le receveur. L'ardeur de la charité approfondit la connaissance de la vérité. À cette connaissance amoureuse s'ajoute l'altérité. La logique du don se base sur cet échange d'autant plus que l'amour est source de connaissance. Il y a d'ailleurs une forte tradition théologique chrétienne fondée sur l'importance décisive de la connaissance mystique comme connaissance amoureuse. Saint Grégoire le Grand y revient dans ses homélies en disant que « lorsque nous aimons ce que nous écoutons sur les choses célestes, nous connaissons déjà ce que nous aimons, car le même amour est connaissance »[733]. Cette connaissance amoureuse a comme origine l'union affective et ses caractéristiques particulières constituent le principe d'attraction vers l'être aimé. L'intérêt pour ce type de connaissance nous rend conscient de la spécificité du don.

Parler du don comme analogie, c'est proposer un principe de compréhension nouveau qui va au-delà des analogies classiques d'attribution ou de proportionnalité qui se basent sur la différence entre les grades ou sur les connaissances parallèles[734]. Dans le don par contre, il se donne une certaine connaissance du donneur à partir de ce qui est donné et de son action de donner. Dans la qualité du don comme expression de l'amour qui se donne, il y a quelque chose de plus, à qui on peut accéder par une relation de réciprocité propre à toute donation. Ceci est plus visible lorsqu'il s'agit du don de soi qui établit une communion entre le donneur et le récepteur. Cette communion entre le donneur et le récepteur, fondement de toute donation, est une manière spéciale d'accéder à une connaissance de la personne qui se donne, non par des moyens, mais au-delà de ses qualités et de ses manifestations. C'est ce genre de connaissance que Thomas d'Aquin, en se

[731] Cf. JEAN-PAUL II, *Méditation sur le don désintéressé,* 8.II. 1994.
[732] JEAN-PAUL II, EV, n.76.
[733] GREGOIRE LE GRAND, *XL Homiliarum in Evangelio libri duo,* 1.2, hom.27,4 (PL,76,1207): « Dum enim audita super coelestia amamus, amata jam novimus, quia amor ipse notitia est ».
[734] Cf. J.J. PEREZ-SOBA, *op.cit.* pp.125-126.

référant de la présence de la grâce dans l'âme, appelait « *quasi experimentalis* »[735]. Concrètement, cette donation a quelque chose à voir avec les missions divines. Avec elles, l'histoire humaine, dans la profondeur à la donation divine qui a comme centre le don du Christ, requiert une grande signification. C'est ce sens que nous révèle la profondeur théologique du don et elle le situe comme centre de la vie chrétienne. De l'étude phénoménologique du don que nous venons de faire, nous voulons tirer certaines considérations qui nous serviront de fil d'Ariane dans l'élaboration du programme de prévention de la stérilité et de l'infertilité.

III.1.2. La vie comme don

Toute personne est capable de recevoir un don d'une autre personne. Lorsque le don offert à une autre personne parvient à sa destination, il atteint son sens plénier. Tout don est gratuit : « Qu'as-tu que tu n'aies reçu ? Et si tu l'as reçu, pourquoi en tirer fierté comme si tu ne l'avais pas reçu ? »[736]. Ce serait une erreur d'envisager la vie humaine comme un *don* sans tenir compte de la gratuité qui caractérise tout don. En le faisant, on séparerait la vie du lien établi par le don dans lequel la vie en elle-même est porteuse de signification. Cette perspective du don nous permet d'affirmer que la valeur absolue de la vie réside dans la gratuité de la donation qui, implicitement et explicitement, nous invite à prendre soin de toute vie indépendamment de sa « qualité » et de tout prédicat. La vie est un don avant tout, et comme tel, elle n'obéit pas à la logique des prédicats. L'incompatibilité de la logique des prédicats inhérente à la gratuité du don de la vie révèle son mystère et son caractère absolu. «Tout ce qu'on peut faire de l'extérieur c'est de constater et très souvent d'être émerveillés de la manière dont la Vie continuellement vient au jour et s'exprime. L'important n'est pas dans un jugement qualitatif sur cette vie, mais dans la capacité de la reconnaître et de l'accueillir, c'est-à-dire d'être des observateurs des naissances continuelles et inattendues constitutives d'une existence vraiment humaine »[737]. Le professeur Frydman, tout en reconnaissant que la vie peut se définir en termes scientifiques, reconnaît spécifiquement cette dimension de la gratuité du don de la vie :

> « Pour nous autres scientifiques, la vie peut éventuellement se définir en termes physico-chimiques ; mais sommes-nous capables de dire quand elle commence ? Rien n'est moins sûr. Dès la conception, comme on le dit souvent ? Mais la vie existe déjà dans le spermatozoïde et dans l'ovule, tout comme elle existe dans les deux organismes qui ont produit les

---

[735]Cf. THOMAS D'AQUIN, *In I Sententiarum,* d.14, q. 2, a.2 cité par J.J. PEREZ-SOBA, *op.cit.*, p. 128: « *Cognitio ista est quasi experimentalis* ».

[736] 1Co 4.7.

[737] T.COLLAUD, « La qualité de vie, une notion (trop) ambiguë » in T. COLLAUD. V.GAY-CROSIER, M.BURLACU (Eds), *Alzheimer, une personne quoi qu'il arrive,* Fribourg-Academic Press, 2013, p.43.

gamètes. En ce sens, la vie ne se crée pas, elle continue, elle se transmet de génération en génération. C'est là tout son mystère »[738].

Si la vie ne se crée pas scientifiquement, c'est parce qu'elle se donne, se reçoit, se transmet gratuitement sans prédicat de génération en génération. La valeur absolue de la vie humaine comme référence morale est dans ce que l'homme est appelé à être, sa participation à la vie avec Dieu. Ceci appartient à l'homme non par sa volonté, ni par le fait qu'il soit conscient de cet appel, mais comme une réalité antérieure à toutes les décisions qui le guident intérieurement. C'est le sens propre de ce qu'on appelle les « absolus moraux » ou normes morales universelles. Ils ne sont pas absolus parce qu'ils sont des réalités ontologiquement absolues, mais parce qu'ils apparaissent dans l'action humaine avec une valeur incomparable à aucune autre, susceptible de traiter le bien de la personne, non comme un absolu ontologique, mais comme la fin propre d'une action[739]. La vie humaine qui est un don a comme fin la communion avec le donneur qui est Dieu, non comme quelque chose d'ajouté, mais comme la vérité interne de la donation elle-même. On voit la différence essentielle et pas seulement la différence de degré entre la vie humaine et n'importe quel autre type de vie. L'existence historique ou terrestre de la vie humaine est en relation avec la vie éternelle. Si la vie est un don, cela signifie qu'elle est inséparable de l'Évangile de celui qui *est venu pour que nous ayons la vie en abondance*. On ne peut pas séparer l'Évangile de toute réflexion relative à la vie[740] parce que « L'Évangile de vie est le centre du message de Jésus »[741]. La vie de Jésus donne sens à toutes les dimensions de la vie morale et spirituelle de l'homme.

III.2. Prévention primaire de la stérilité et de l'infertilité

La prévention primaire en général est celle qui intervient avant que ne commence la maladie pour éviter son apparition. Elle consiste surtout à mettre en place un système de contrôle des facteurs de risque de la maladie. Dans les cas de la stérilité et de l'infertilité, il s'agit de voir quelle politique éducative, sanitaire, économique et sociale mettre en place afin de réduire

---

[738] R. FRYDMAN, *Dieu, la médecine et l'embryon, op.cit.* p.68.

[739] Cf. J. FINNIS, *Moral Absolutes. Tradition, Revision and Truth,* The Catholic University of America Press, Washington, D.C., 1991.

[740] Même si cela paraît étrange, ce fut l'itinéraire particulier de *l'autonomie théonomique* ou morale autonome, qui, par son empressement à séparer les contenus moraux « le catégorial » d'une réflexion proprement théologique, déplaça tout ce qui affecte proprement le respect et la protection de la vie humaine dans l'Evangile. Pour une connaissance approfondie de ce que nous évoquons, nous recommandons T. TRIGO, *El debate sobre la especificidad de la moral cristiana,* EUNSA, Pamplona, 2003.

[741] JEAN-PAUL II, EV, n° 1.

leurs incidences. C'est un programme vaste qui peut à peine être abordé ici. Par réalisme, nous nous limiterons à l'éducation ou à la formation de consciences familiales et sociales.

III.2.1 La formation des consciences sur la vérité et la signification de la sexualité humaine

L'influence des facteurs culturels et idéologiques provoque au sein de la société civile et séculière une confusion, ayant comme conséquence la perte des fondements originels inhérents à l'humain. La conception positiviste du droit en vogue attribue à la majorité des citoyens la source ultime de la légitimité. Dans ce contexte, le relativisme éthique devient l'une des conditions d'une démocratie qui garantit la tolérance, le respect réciproque des personnes. Les exigences fondamentales de l'humain, telles que la dignité, la vie, la famille et la justice sont sujettes à la manipulation idéologique. À partir du gouvernement de la nation, on prétend imposer certains programmes éducatifs qui véhiculent certaines idéologies au nom de la démocratie. Le pouvoir législatif minimise l'autorité des parents afin de manipuler librement les consciences des enfants et de leur inculquer une certaine vision du monde et des choses [742]. Pour lutter contre cet obscurcissement, qui est à la base de la crise de la civilisation humaine, avant même qu'elle ne soit chrétienne, il faut commencer par mobiliser toutes les consciences des hommes de bonne volonté, laïcs et ceux qui appartiennent à des religions différentes du christianisme, pour qu'ensemble et de manière concrète ils s'engagent à créer, dans la culture et dans la société civile et politique, les conditions nécessaires pour une pleine conscience de la valeur inaliénable de la loi morale naturelle[743], dont la procréation est une expression essentielle. L'éducation qui présuppose une conception de l'homme et de la vie dans ce cas n'est pas neutre[744]

L'éducation devrait être ouverte à toutes et à tous, et consisterait à faire fonctionner à taille humaine des structures avec des effectifs raisonnables, afin qu'on ne perde pas de vue l'humain en l'homme. À la différence des écoles, des lieux de gardiennage et des bureaucraties professionnelles où sont déterminés les protocoles de fonctionnement (emploi du temps, congés,…), ces lieux seront dédiés à l'éducation aux valeurs relatives à la vie, au mariage, à la famille, à la sexualité, à la chasteté, bref à la valeur de l'amour humain et de la sexualité comme un

---

[742] En Espagne par exemple, l'âge du consentement est de treize ans selon le code pénal articles 181(2) et 183. Donc à partir de treize ans on peut déjà avoir des relations sexuelles en Espagne.

[743] BENOÎT XVI, *Discours aux membres de la commission théologique internationale*, 5.X.2007.

[744] Cf. F. CHEBEAUX, *op.cit.*, p.129.

comportement fondamental de la personne humaine[745]. L'éducation sexuelle permet de prévenir les cas de stérilité dus aux avortements provoqués, aux grossesses précoces, aux maladies sexuellement transmissibles. Il ne s'agit pas seulement d'un programme de prévention des grossesses indésirables et des maladies sexuellement transmissibles (MST) chez les adolescents. Ce modèle d'éducation met en garde contre une vision exclusivement biologiste de la sexualité basée sur l'information, sur l'anatomie et la physiologie de la reproduction. Ce modèle a comme unique finalité la prévention des grossesses indésirables par la contraception. Plusieurs études ont montré qu'il existe certes une relation entre la connaissance, les attitudes et les comportements, mais cette relation est négligeable. La connaissance est nécessaire, mais elle n'est pas suffisante pour déclencher un changement de comportement. L'éducation sexuelle exclusivement préoccupée d'éviter les grossesses n'est pas une véritable éducation parce qu'elle n'aborde pas tous les aspects de la sexualité. L'éducation dont nous parlons consiste à traiter la sexualité comme une clé fondamentale dans la formation d'une personnalité intégrale et responsable, capable d'aimer véritablement et de donner la vie de façon responsable. En effet, la différence entre informer et former est grande. Lorsqu'une personne s'informe, elle ne sait rien de plus en dehors de l'information reçue ; par contre, lorsqu'elle se forme, elle connaît non seulement les conséquences de ses actes, mais aussi et surtout l'influence que ses actes ont sur sa vie et celle des autres. L'éducation correcte consiste donc à faire prendre conscience que la sexualité n'est pas un jeu ou un passe-temps, mais un lieu où entrent en jeu les sentiments et la dignité de la personne. Les motivations, les vertus et les facteurs sociaux y jouent un rôle important. Un des cas que nous pouvons citer est la nouvelle loi sur l'avortement en Espagne[746] qui a introduit un nouveau cours dans les collèges sur la santé sexuelle et reproductive à partir de l'âge de onze ans. Le but du gouvernement est de former tous les Espagnols scolarisés à une vision de la sexualité purement idéologique qui met l'accent sur la perspective hédoniste[747]. À cet âge, l'intérêt pour la sexualité ne se manifeste pas encore

[745]Le 23 septembre 2009, la Fondation Espagnole de Contraception (FEC) présentait les résultats d'une étude réalisée sur la base de deux mille (2000) interviews. La population juvénile ayant déjà une vie sexuelle active est de 81,4 % pour les garçons et de 80,5% pour les filles et ce pourcentage croit spécialement pour la tranche d'âge de 15-19 ans dans les derniers quatre ans. L'âge moyen du début des rapports sexuels est 16,3 ans chez les garçons et 16,5 ans chez les filles.

[746] Cf. Loi de la santé sexuelle et reproductive et de l'interruption volontaire de grossesse du 5 juillet 2010.

[747] Le Parlement de l'Andalousie présentait un feuillet "Sexualité humaine" destiné aux jeunes à partir de 10 ans. Voici ce qui est dit entre autres : « La sexualité n'est pas seulement la pénétration du pénis dans le vagin, dans l'anus ou dans la bouche. C'est la capacité de profiter de notre corps, du corps de l'autre personne de même sexe ou de sexe différent. (….) La sexualité, nous pouvons la vivre de multiples

dans la majorité de la population des jeunes. L'introduction de ces programmes peut causer un déséquilibre entre la maturité des sentiments et une précocité indésirable de recherche sur internet des contenus érotiques.

III.2.2. L'éducation à l'amour véritable

L'éducation à l'amour véritable dans un processus de maturité sans cesse croissante consiste à apprendre à accueillir l'autre comme un don. L'amour véritable a des étapes, des caractéristiques et des manifestations appropriées. Si on ne respecte pas ce rythme naturel de l'amour, il est fort probable qu'on le regrettera dans le futur[748]. Désirer une personne ne signifie pas l'aimer. Le désir, dans la plupart des cas, tend à utiliser l'autre et à s'en servir. Actuellement, l'impulsion des messages érotiques fait que l'imagination, la sensibilité, la mémoire de l'homme sont conditionnées par des désirs morbides. La découverte de la richesse propre de l'autre personne, qui nous convainc de pouvoir l'aimer véritablement, est le fruit d'un effort et non d'un simple désir. Lorsque l'amour se limite à la dimension corporelle, l'avenir de la relation devient moins sûr parce que le corporel est la partie la plus éphémère de l'humain, la partie la plus volatile, celle qui souffre beaucoup lorsque les forces déclinent, lorsque survient une maladie ou un accident. L'amour véritable conduit toujours à une dilatation de la personnalité qui consiste à se réjouir plus avec le bonheur de l'autre qu'avec le bonheur de soi ; il considère l'autre comme protagoniste fondamental de notre projet de vie ; il demeure toujours engagé dans la dynamique de notre liberté ; il agit comme une cave où se tempèrent nos égoïsmes, nos désirs parfois bons et légitimes, mais qui lui sont incompatibles. Dans n'importe

---

manières: seuls, avec une autre personne, avec des personnes de même sexe (homosexualité), avec des personnes de sexe différent (hétérosexualité). (…) Le moment d'avoir la première relation sexuelle avec pénétration n'est pas absolument lié avec l'âge. Pour certaines personnes, avoir cette expérience à 16 ans a été trop tôt, mais pour d'autres non. Nous pouvons dire que le bon moment est lorsque les deux membres du couple sont capables de jouir et de parvenir à l'orgasme seuls ou ensemble » : « La sexualidad no es sólo la penetración del pene en la vagina, el ano o la boca. Es la capacidad de disfrutar de nuestro cuerpo, del cuerpo de la otra persona, del mismo o de distinto sexo. (…) La sexualidad la podemos vivir de múltiples maneras: a solas, con otra persona, con personas del mismo sexo (homosexualidad), con personas de distinto sexo (heterosexualidad). (…) El momento de tener la primera relación sexual con penetración no está en absoluto relacionado con la edad. Para algunas personas tener esa experiencia a los 16 años ha sido demasiado pronto, pero para otras, no. Podemos decir que un buen momento es cuando los dos miembros de la pareja son capaces de disfrutar y de llegar al orgasmo, tanto solos como juntos ».

[748] Pour un développement approfondi de nos propos, cf. J.IRALA, M.HANLEY, C.LOPEZ. *Propóntelo, propónselo. Evitar el Sida*, Ediciones internacionales universitarias, Pamplona 2006.

quel amour, une fois passé le temps de l'éblouissement, la clé de la réussite est dans ce douloureux processus de purification des désirs. Il s'agit d'une dure épreuve qui contribue à la maturation de la relation et qui met en lumière la qualité et la détermination du couple à s'améliorer. Si on ne traverse pas cette épreuve, c'est qu'on n'aime pas encore véritablement. Lorsqu'on interroge un groupe représentatif de jeunes adultes sur leurs premières relations sexuelles, seulement treize pour cent (13 %) affirment que la raison principale de cette relation était l'amour. La motivation la plus fréquente était la curiosité (50 % des hommes affirmaient que ce fut le fruit d'un ravissement). D'autres motifs furent notamment le fait de se laisser entraîner par l'alcool, les compagnies et le désir de perdre sa virginité. Soixante-seize pour cent (76 %) affirment que cette première relation sexuelle a eu lieu lors de la première rencontre avec leur partenaire. Soixante et un pour cent (61 %) affirmèrent que cette première relation ne dura pas plus de trois mois[749].

C'est pour cela que l'éducation à l'amour véritable, l'éducation à un amour qui est « fécondité, créativité, libération du flot de la vie pour inonder le monde, chant de victoire de la vie sur la mort »[750] est capitale. On devrait organiser des rencontres avec les parents pour les conforter dans leurs doutes sur l'éducation des enfants, y anticipant les problèmes futurs. Les parents sont les premiers éducateurs et jouent un rôle primordial dans l'éducation de leurs enfants et non les salles de cinéma, les moyens de communication, la cybernétique,... Ceux qui ont donné et accueilli la vie dans l'amour ont un potentiel éducatif sans aucune comparaison. « Ils connaissent d'une manière unique leur enfant, dans son unique singularité et, par expérience, possèdent les secrets et les ressources de l'amour vrai »[751]. Ces modèles de parents savent que, lorsque l'amour humain est vécu comme don de soi, c'est à ce moment qu'il est capable de générosité et engendre la communion personnelle parce que chacun considère le bien de l'autre comme son bien propre. Un amour vécu comme don de soi libère l'homme des tendances égoïstes et lui apprend la valeur d'aimer et d'être aimé. C'est dans ce cadre que s'inscrit « l'amour des parents et de ceux qui tiennent leur place, et, en définitive, l'amour de Dieu, de qui procède tout amour vrai, et dans l'amour duquel l'homme découvre seulement jusqu'à quel point il est aimé. Là se

---

[749] Cf. N. DICKINSON, C.PAUL, C. HERBISON, P. SILVA, P., "First sexual intercourse: age, coercion, and later regrets reported by a birth cohort": *British Medical Journal* 1998, 16: 29-33.

[750] E.MVENG, *L'Afrique dans l'Eglise : paroles d'un croyant,* Paris, L'Harmattan, 1985, p.18 in R.MIKA, M. FITZSCHE, *Enjeux éthiques de la régulation des naissances en Afrique. Sexualité. Fécondité, Développement,* Actuel, Louvain, 1998, p.82.

[751] CONSEIL PONTIFICAL POUR LA FAMILLE, *Vérité et signification de la sexualité humaine : Des orientations pour l'éducation en famille,* 8.XII.1995, n. 7.

trouve la racine de la force éducatrice du christianisme : « *L'homme est aimé de Dieu !* »[752].

> « Les chrétiens, tirant parti du temps présent et discernant bien ce qui est éternel de ce qui change, devront promouvoir les valeurs du mariage et de la famille : ils le feront par le témoignage de leur vie professionnelle et par une action concertée de tous les hommes de bonne volonté… les spécialistes des sciences, notamment biologiques, médicales et psychologiques peuvent beaucoup pour la cause du mariage et de la famille. »[753]

III.3.Prévention secondaire de l'infertilité et de la stérilité

III.3.1.Quelques données épidémiologiques

La prévention secondaire s'applique au diagnostic et au traitement précoce d'une maladie. Son but est le dépistage précoce de la maladie. Dans le cadre de l'infertilité et de la stérilité, c'est la mise en place d'un système de prévention qui aidera les couples à mieux vivre leur fertilité par la promotion notamment des méthodes naturelles de la procréation. L'efficacité théorique et pratique de ces méthodes a été démontrée[754] .

Dans le cadre de la fécondité, les contrôles réalisés se réfèrent toujours aux notions d'efficacité théorique et d'efficacité pratique. L'efficacité théorique consiste à apprécier la fiabilité de la méthode elle-même en tenant compte du pourcentage d'échecs lorsque la méthode a été rigoureusement suivie. L'efficacité pratique inclut à la fois le pourcentage d'échecs de la méthode et les imprévus. C'est le cas des grossesses imprévues dues aux relations sexuelles pendant les périodes agénésiques. L'efficacité pratique est liée au facteur humain. Avant de revenir sur l'importance de ces méthodes, rappelons certaines études susceptibles de nous aider à avoir d'autres considérations sur la stérilité et l'infertilité.

Selon Troude[755], seulement 1 % des couples est stérile, 15 % des couples souffrent d'infertilité, 17 % de femmes, qui sont arrivées à être mère à travers la FIV[756], ont pu concevoir naturellement plus tard. Donc, 24 % des femmes qui n'ont pas eu de succès par les techniques de reproduction assistée ont réussi à être mères sans recourir à ces techniques. Le

[752]*Ibid.*, n.9.

[753] *Gaudium et spes*, n. 43§§3-4.

[754] Cf. FIDELITE, *Planification familiale naturelle, un mode de vie,* (61) Namur, 1998, pp.19-23.

[755] Cf. P.TROUDE, E. BAILLY, J.GUIBERT, J. BOUYER, E. DE LA ROCHEBROCHARD, « Spontaneous pregnancies among couples previously treated by in vitro fertilization » in *Fertility and Sterility*, 2012;98 (1), p.63-68

[756] Voir signification Annexe IV.

pourcentage de maternités est plus élevé lorsque la femme est plus jeune. Moins d'entre elles ont recours à la FIV surtout lorsque la cause de l'infertilité est inconnue. L'infertilité de la femme a un rapport étroit avec son âge. Dans les pays dits industrialisés, on a aujourd'hui tendance à retarder l'âge de la primiparité. En Espagne, elle est passée de 23,3 ans en 1998 à 31,779 ans en 2014. Certaines communautés autonomes dépassent 30 ans, notamment celles de Malaga (31,8), de Navarre (32,), de Madrid (32)[757].

Lorsqu'on tient compte de ces circonstances, le pourcentage de femmes qui ont eu naturellement des enfants après plusieurs tentatives sans succès de la FIV est monté à 45 %, ce qui montre qu'après ce changement de style de vie plusieurs femmes ne sont pas totalement infertiles et font recours précipitamment aux techniques des PMA. Le problème de la fertilité et de la stérilité ne doit pas être résolu par le recours précipité aux techniques de PMA, mais par la prévention : en évitant les maladies sexuellement transmissibles, en s'abstenant de prendre la pilule ou en prenant des hormones le moins longtemps possible ; une alimentation saine est primordiale. D'ailleurs, la tendance actuelle de la médecine s'oriente vers la médecine préventive[758]. Il faut examiner tous les obstacles liés à la stérilité et à l'infertilité : le stress, la contamination, le fait de reporter la maternité à un âge avancé, la promiscuité, les infections sexuellement transmissibles, l'usage de la contraception, les malformations anatomiques, les motifs religieux, etc. La possibilité de contrôler chimiquement la fertilité avec les contraceptifs a poussé la femme à oublier ses réalités biologiques, de telle sorte que, subtilement sans faire de bruit, ces méthodes chimiques de contraception sont devenues la principale cause de l'infertilité féminine[759]. La pilule notamment « n'intervient pas seulement dans le contrôle de la fonction sexuelle, mais elle agit aussi sur les hormones qui régularisent le stress, la croissance, l'activité thyroïdienne, ainsi que la division et le métabolisme de notre alimentation : hydrates de carbone, protéines, graisses, sels minéraux, vitamines et notre équilibre hydrosodé » [760] . Dans les conditions idéales, seulement 1/20 des coïts sont féconds et 77 % des ovulations peuvent donner lieu à une fécondation. La nature humaine assure

---

[757] Cf. Institut National de Statistique d'Espagne, Données disponibles htt//www.ine.es

[758] Cf. M.A. MARTÍNEZ-GONZALEZ, F. GUILLEN-GRIMA, M. DELGADO-RODÍGUEZ, *op.cit.* pp.9-11 : « La médecine préventive inclut les trois niveaux de la prévention (primaire, secondaire, tertiaire) et est une des 24 spécialisations médicales reconnues par l'Union Européenne et par le Conseil de Spécialités Médicales ».

[759] Cf. Reportage « Waking Up From the Pill », *New York Magazine,* (28), 2010.

[760] E.GRANT, *Amère pilule,* Paris, Œil, 1988, préface, p.8 in R.MIKA, M.FITZSCHE, *Enjeux éthiques de la régulation des naissances en Afrique. Sexualité. Fécondité, Développement,* Actuel, Louvain, 1998, p.75

elle-même la sélection dans l'ordre de la survie de l'espèce. La plupart des pertes ne concernent pas à proprement parler des embryons, car, dans la plupart des cas, le processus de la fécondation qui dure 12 heures n'était pas achevé. Ce sont plutôt des activations d'ovules plus que des fécondations[761]. On perd spontanément autour de 20 % des présupposés embryons avant leur implantation. Les avortements précoces spontanés dans les premières heures post-implantatoires se situent entre 20 et 25 %. Le pourcentage des grossesses ectopiques [762] est de 2 % approximativement du total des grossesses.

Rapport entre âge de la femme et avortement spontané[763]

Âge de la femme	Avortement spontané
< 30 ans	10 %
30-39 ans	18 %
>40 ans	34 %

III.3.2. Promotion des méthodes naturelles de procréation

Subjectivement, les couples qui ont recours à ces méthodes se trouvent dans la même situation que les couples qui utilisent les méthodes artificielles de contraception, dans la mesure où les deux veulent, soit éviter des grossesses, soit espacer les naissances. Mais objectivement, les méthodes naturelles de la procréation sont différentes des méthodes artificielles. Au taux de fiabilité important des méthodes naturelles de procréation[764] s'ajoute

[761] Le processus de la fécondation dure environ 12 heures. Pendant ce temps, le spermatozoïde pénètre l'ovule et les deux noyaux cellulaires se rapprochent. Ensuite, il y a union des charges génétiques apportées par les deux cellules (23 chromosomes femelles+23 chromosomes mâles = 46). Le mélange des contenus génétiques de l'ovule et du spermatozoïde peut être considéré comme la fin de la fécondation et le commencement d'un nouvel organisme : le zygote. La fin du processus de la fécondation se caractérise par la présence des pronucléus mâle et femelle et des deux corpuscules polaires (restes de l'ADN maternel). Avec la fin de la fécondation se constitue le substrat biologique nécessaire ou zygote qui est un embryon unicellulaire.

[762] On parle de grossesse ectopique lorsque l'ovule embryonnaire fécondé se développe hors de la cavité utérine, soit dans les trompes de Fallope (grossesse tubaire), soit dans l'ovaire (grossesse ovarienne), soit dans la cavité péritonéale (grossesse abdominale).

[763] Cf. P.TROUDE, *op.cit.* p.67.

[764] Cf. M.D. MANHART, P.M. DUANE. (et al.)., « Fertility awareness-based methods of family planning: A review of effectiveness for avoiding pregnancy using SORT», *Osteopathic Family Physician (ACOFP)*, 2013, 5, 2-8.; I. SINAI, R.LUNDGREN, J.N. GRIBLE, « Continued use of the Standard Days Method » in *J. Fam. Plann. Reprod. Health Care,* 2012. 38:150-156 ; E.BILLINGS.

le fait que ces méthodes n'inscrivent pas au cœur de l'union sexuelle le refus de l'enfant non désiré. Une grossesse qui arrive malgré toutes les précautions prises n'est pas considérée comme une catastrophe. Leur moralité ne se limite pas à la régulation naturelle de la fécondité considérée comme un moyen de limitation des naissances qui cause moins de désordre métabolique. C'est parce que les méthodes naturelles «ne recherchent pas l'efficacité en dehors des motivations des époux, en dehors de la juste relation entre eux et de la liberté de chacun d'eux vis-à-vis d'une chasteté conjugale moralement bien comprise »[765]. Le fondement personnaliste sur lequel reposent les méthodes naturelles rend les époux capables de prévenir les grossesses en observant naturellement les signes et symptômes qui interviennent dans les périodes fertiles et infertiles du cycle menstruel[766]. Ceci éduque le couple à vivre la sexualité sans la perspective utilitariste et hédoniste. D'ailleurs, la possibilité de contrôler chimiquement la fertilité par les méthodes artificielles peut parfois porter atteinte à la santé, au bien-être physique et psychologique de la femme [767].
Le stérilet, notamment, peut nuire à la santé de la femme compromettant sa maternité avec des risques d'augmenter les avortements spontanés et les accouchements prématurés jusqu'à 50 %[768]. C'est d'ailleurs pour cette raison qu'il est vivement déconseillé dans bien des cas[769].

A.WESTMORE, *La méthode Billings,* Paris, Médiapaul, IIe Ed., 1991 ; A. CAPELLA, *La méthode Billings. Une méthode simple et sûre pour régler la fécondité,* Torino BBE IIe Ed., 1988 ; R.MIKA, M.FITZSCHE, *Enjeux éthiques de la régulation des naissances en Afrique. Sexualité. Fécondité, Développement,* Actuel, Louvain, 1998, p.83.

765 R.MIKA, M.FITZSCHE, *Enjeux éthiques de la régulation des naissances en Afrique. Sexualité. Fécondité, Développement,* Actuel, Louvain, 1998, p.82.

766 Cf. J. RÖTZER, *L'art de vivre sa fertilité. Méthode sympto-thermique de régulation naturelle des naissances,* Godiz-film, 2012, pp. 12ss. Parmi ces signes, il y a la *glaire cervicale* qui, au fur et à mesure que l'ovulation approche, devient de plus en plus fluide. La femme a la sensation que son vagin est mouillé. Après l'ovulation, sous l'influence de la progestérone, la glaire redevient épaisse et donne une sensation de sécheresse. La *température* qui atteint un niveau plus élevé et s'y maintient pendant trois jours est aussi un signe comme la *palpation du col :* sous l'influence des estrogènes, le col devient mou. La sensibilité des seins et la douleur ovulatoire confirment les indicateurs ci-dessus mentionnés.

767 Sur les effets des méthodes artificielles de la contraception, cf. R.MIKA, M.FITZSCHE, *Enjeux éthiques de la régulation des naissances en Afrique. Sexualité. Fécondité, développement,* Actuel, Louvain, 1998, pp.73-86.

768Cf. R.MIKA, M.FITZSCHE, *Enjeux éthiques de la régulation des naissances en Afrique. Sexualité. Fécondité, Développement,* Actuel, Louvain, 1998, p.74.

769 Le stérilet est vivement déconseillé à toutes les femmes qui ont souffert de fibromyomes, de cancers gynécologiques, de règles douloureuses, à celles qui ont un

Par contre, il y a plusieurs études qui établissent l'évidence scientifique de l'efficacité des méthodes naturelles de procréation. Ces études déplorent en même temps l'ignorance des professionnels de la santé de l'évidence scientifique inhérente aux méthodes naturelles de procréation [770]. L'efficacité théorique et pratique des techniques de procréation naturelle a été démontrée dans les traitements d'infertilité et de fausses couches. Certains médecins gynécologues obstétriciens pensent qu'il est opportun d'entreprendre des études multicentriques plus larges pour une grande vulgarisation dans la pratique des méthodes naturelles de procréation[771]. La promotion des méthodes naturelles de procréation n'a pas la prétention de mettre les couples à l'écart des contraintes, ni de solutionner à cent pour cent les problèmes de fertilité et de stérilité. Mais, les méthodes naturelles permettent au couple de vivre solidairement la parenté responsable. Si l'amour est un don réciproque des époux, le respect mutuel, le dialogue véritable et l'ouverture à la vie sont les mobiles de base de toute relation amoureuse. Par ces méthodes, le couple peut bien vivre sa sexualité en corrélation avec son projet de paternité. C'est un rythme de vie qui exige de chaque partenaire qu'il respecte la période fertile ou infertile de la femme. Ces méthodes valorisent l'union conjugale et l'union du couple. Les deux tableaux ci-dessous synthétisent l'efficience et l'efficacité des méthodes naturelles de procréation.

---

utérus cicatriciel, une anomalie utérine congénitale, des antécédents de grossesse extra-utérine, des maladies vénériennes, une inflammation pelvienne, etc.

[770]Cf. M.DUANE, R.MOTLEY, A.WITHE, « Fertility Awareness based methods correct use effectiveness rates range from 95.2-99.6% » in *Natural womanhood,* Copyright 2015; E. JEMELKA, D.W.PARKER, R.MIRKES, « State of the art and science NaProTECHNOLOGY and Conscientious OB/GYN Medicine » in *Virtual Mentor*, Vol. 15(3), march 2013, pp-213-219 ; J.M. MURCIA-LORA, M.L.ESPARZA-ENCINA, « Ventajas de la reproducción humana natural » in *Persona y bioética* n° 1 (32), enero-junio 2009, pp.85-93.

[771] Cf. E.THAM, K. SCHLIEP, J. STANFORD, « Natural procreative technology for infertility and recurrent miscarriage », *Outcomes in a Canadian family practice. Le Médecin de famille canadien*, vol.58, mai 2012, e267-274.

Efficacité des méthodes naturelles de procréation

METHOD	PREGNANCY RATE (%) CORRECT USE	PREGNANCY RATE (%) TYPICAL USE	EVIDENCE LEVEL (SORT)	CITATION
Billings	1.1	10.5	1	Indian Medical Task Force
Creighton	0.5	3.2*	1	Hilgers(1998)
	0.14	3.6*	1	Howard & Stanford (1999)
Sympto-Thermal	0.4	1.6	1	Frank Hermann (2007)
	0.6	2.2	1	Frank Hermann (2007)
Marquette	2.1	14.2	1	Fehring (2007)
	0	7	1	Fehring, et all (2012)
Two-Day	3.5	13.7	1	Arevalo (2004)
Standard Days	4.75	11.96	1	Arevalo (2002)
Lactation Amenorrhea**	1.5	1.7	1	Labbok (1997)

Source : M.DUANE. R.MOTLEY. A.WITHE, « Fertility Awareness based methods correct use effectiveness rates range from 95.2-99.6% » in *Natural womanhood,* Copyright 2015.

Efficacité des méthodes naturelles de contraception[772]

Étude	Année	Méthode	Nombre de femmes	Cycles ou mois	GNP (nombre de grossesses par période)	Taux d'échecs par 100 années/femmes Indice Pearl Méthode pratique
Rice multinationale	1970-1977	Symptothermique Ogino+T	1022	20573m	128	1 7,5
OMS Multinationale	1976-1980	Billings (glaire seule)	725	7514c	130	2,6 20,9
Düsseldorf étude europ. 1ère phase	1989-1992	Symptothermique Double contrôle	620	7404c	15	<1 2,4

772 Tableau disponible in FIDELITE, *op.cit.*, p.22.

III.4. Prévention tertiaire de la stérilité et de l'infertilité, pour une vision parfaite de la fécondité

La prévention tertiaire intervient après la maîtrise de la maladie. Elle vise spécialement la réhabilitation physique et psychique de la personne y compris sa réinsertion sociale dans le monde du travail. Dans le cadre de la stérilité et de l'infertilité, c'est une étape qui vise surtout l'accompagnement et le suivi des couples face à l'infertilité et à la stérilité afin de les aider à vivre avec cette réalité. Les causes de cette situation, comme nous l'avons dit, sont multiples : le régime alimentaire inadéquat, l'activité industrielle et agricole qui pollue l'environnement et l'alimentation, l'évolution des comportements sociaux qui retardent l'âge de la primiparité, l'obésité, l'alcool, le tabagisme, la caféine, les facteurs génétiques, le stress, etc. Bref, quelle que soit la cause, l'infertilité et la stérilité demeurent pour les couples une situation dramatique. Elles peuvent même altérer les relations avec les membres de la famille. L'ouverture à la vie est essentielle dans le mariage. Les couples sont souvent désespérés, déstabilisés, fréquemment dépourvus de repères psychosociologiques et spirituels. Leurs préoccupations et leurs états à ce moment-là débordent largement le cadre médical. Les chrétiens catholiques peuvent sentir une douleur très profonde en écoutant comment l'Eglise valorise la vie familiale et enseigne que les enfants sont le don suprême du mariage. Chez les couples dits « stériles », c'est-à-dire auxquels il n'est pas donné de voir le fruit charnel de leur amour, la souffrance devient l'envers du désir. Cette situation est vécue par eux à la fois comme un manque et une épreuve. Malgré tout cela, la plupart de ces couples durent et vieillissent ensemble. Et comme nous le savons, ce n'est pas sans vaincre les difficultés spécifiques. C'est en découvrant les formes de fécondité qu'on se rend compte que la fécondité charnelle est certes une dure épreuve, mais elle n'est pas pour autant la seule forme de fécondité des amants ou des conjoints. C'est pour cela qu'il est urgent pour nous de redécouvrir les autres formes de fécondité[773].

III.4.1. La fécondité interpersonnelle

La fécondité interpersonnelle naît de l'amour qui existe dans une relation interpersonnelle. Même si l'amour habite le présent, l'amour ne s'enferme pas au présent. « Le dynamisme de l'amour le mène au-delà de

[773] Xavier LACROIX distingue quatre autres formes de fécondité (interpersonnelle, sociale, spirituelle, éducative). Cf. X. LACROIX, « Quelles sont les diverses fécondités d'un couple ? » in *Alliance, couples d'aujourd'hui,* n° 112-113, juillet octobre 1997, pp.5-7. Nous pensons que les fécondités (interpersonnelle, sociale, spirituelle) intègrent l'éducation.

l'instant présent et même au-delà de la personne aimée »[774]. L'amour est une vie nouvelle qui jaillit entre deux personnes, une vie dans laquelle chacune d'entre elles pourra naître ou renaître, manifester certaines richesses cachées en elle et guérir de ses blessures. « L'amour authentique est comme un engendrement mutuel. La paix et la joie que donne la certitude d'être aimé inconditionnellement, non seulement sont déjà des fruits, mais sont elles-mêmes porteuses de fruits »[775]. L'amour vrai qui est la source de toute fécondité se résume dans l'hymne de la charité de saint Paul :

> « La charité est patiente ; la charité est serviable ; elle n'est pas envieuse ; la charité ne se fanfaronne pas, elle ne se gonfle pas ; elle ne fait rien d'inconvenant, elle ne cherche pas son intérêt, ne s'irrite pas, ne tient pas compte du mal ; elle ne se réjouit pas de l'injustice, elle met sa joie dans la vérité. Elle excuse tout, croit tout, espère tout, supporte tout »[776].

Synthétiquement, les caractéristiques de cet amour sont la patience, le service, l'amabilité, le détachement, le pardon, la paix intérieure, la confiance, etc.[777]. Toute relation interpersonnelle fondée sur la charité ainsi présentée est féconde et peut se vivre tant dans le mariage que dans les autres relations interpersonnelles (relations familiales, sociales, professionnelles,…). Par contre, dans les relations interpersonnelles où ne se vit pas l'amour, ces relations sont fondées sur la base d'une autre logique et sont par conséquent stériles et défectueuses. Le mariage dans ces conditions ne peut plus être accepté et vécu comme un défi qui exige une remise en cause quotidienne favorisant l'endurance dans les épreuves, la renaissance mutuelle des conjoints jusqu'à la mort[778]. Une relation interpersonnelle qui veut perdurer dans l'espace et le temps doit être fondée sur l'amour.

III.4.2. La fécondité sociale

C'est *l'amour dans la vérité,* « une force extraordinaire qui pousse les personnes à s'engager avec courage et générosité dans le domaine de la justice et de la paix »[779]. C'est cet amour qui est la source de la fécondité sociale. Lorsqu'on parle de la fécondité sociale, celle-ci est toujours en lien avec la famille et la société. La vie d'un couple stable ou d'une famille est celle d'une communauté. Toute société est le fruit des différentes familles qui la constituent. Les valeurs défendues dans les familles sont

---

774 E. LEVINAS, *Difficile la liberté. Essais sur le judaïsme,* Albin Michel, 1984, p.57.
775 X. LA. CROIX, *op.cit.*, p.5.
776 1Co 13,4-7.
777 Pour un développement approfondi des caractéristiques de cet amour, Cf. François, *Amoris laetitia,* 19.III.2016, nn. 91-118.
778 Cf. FRANÇOIS, *Amoris laetitia,* 19.III.2016, n.124.
779 BENOÎT XVI, *Caritas in veritate,* n.1.

communautaires et sociales. C'est pour cela que la vie de certains hommes emblématiques comme Nelson Mandela ont une grande fécondité sociale. En effet, Mandela a gagné le cœur du monde entier. Même s'il a eu des enfants biologiques, sa fécondité sociale et même spirituelle va au-delà de la fécondité biologique. Malgré ses longues années de prison, l'amour débordant de son cœur a fait qu'il a dépassé la justice humaine et prône la réconciliation. Qu'il nous soit permis de citer un extrait de son discours d'investiture qui a constitué une feuille de route de sa fécondité sociale et spirituelle :

> « Nous dédions ce jour à tous les héros et héroïnes de ce pays et du reste du monde qui se sont sacrifiés ou ont donné leur vie pour que nous puissions être libres. Leurs rêves sont devenus réalité. La liberté est leur récompense. Nous nous sentons à la fois humble et fier de l'honneur et du privilège que le peuple d'Afrique du Sud nous fait en nous nommant premier président d'un gouvernement d'union démocratique, non raciste et non sexiste. Nous sommes conscients que la route vers la liberté n'est pas facile. Nous sommes conscient qu'aucun de nous ne peut réussir seul. Nous devons donc agir ensemble, comme un peuple uni, vers une réconciliation nationale, vers la construction d'une nation, vers la naissance d'un Nouveau Monde. Que la justice soit la même pour tous ! Que la paix existe pour tous ! Qu'il y ait du travail, du pain, de l'eau et du sel pour tous ! Que chacun d'entre nous sache que son corps, son esprit et son âme sont libérés afin qu'ils puissent s'épanouir ! Que jamais, jamais plus ce pays magnifique ne revive l'expérience de l'oppression des uns par les autres, ne souffre à nouveau l'indignité d'être le paria du monde ! Que la liberté règne ! Que le soleil ne se couche jamais sur une réalisation humaine si éclatante ! Que Dieu bénisse l'Afrique !»[780]

« Que Dieu bénisse l'Afrique ! », par ces mots de Mandela, nous pouvons dire que la fécondité de tout homme, ce sont la vie sociale, la vie politique…, bref la construction de la maison de Dieu, la reconnaissance de « l'humain » qui se révèle en tout homme, l'accueil de la vie indépendamment des prédicats. Les valeurs telles que la paix, la justice, l'accueil de l'autre, le partage, la connaissance de soi-même, le bonheur… la vie selon le désir de Dieu font partie de la fécondité sociale. C'est ce que Jésus, dans l'Evangile de Matthieu, formule magistralement de la manière suivante :

> « J'ai eu faim et vous m'avez donné à manger ; j'ai eu soif et vous m'avez donné à boire ; j'étais un étranger et vous m'avez accueilli ; nu et vous m'avez vêtu ; malade et vous m'avez visité ; en prison et vous êtes venus à moi. Alors les justes répondront : Seigneur, quand nous est-il arrivé

[780] www.re-so.net. Nous ne devons pas perdre de vue nos hypothèses : Vérité-bien-liberté.

de te voir affamé et de te nourrir, assoiffé et de te donner à boire ? Quand nous est-il arrivé de te voir étranger et de t'accueillir, nu te vêtir ? Quand nous est-il arrivé de te voir malade ou en prison et de venir à toi ? Et le roi leur répondra : En vérité, je vous le déclare, chaque fois que vous l'avez fait à l'un de ces plus petits, qui sont mes frères, c'est à moi que l'avez fait ! »[781]

Reprenant ici le livre du Deutéronome, « si tu es fidèle à Yahvé, béni sera le fruit de tes entrailles »[782], nous voulons dire que le fruit des entrailles n'est pas seulement l'enfant, mais tout ce qui sort de ces entrailles notamment la paix, la justice, le partage, la reconnaissance de l'autre, la connaissance de soi-même, l'accueil de toute vie dépourvue de toute *qualité*… le bonheur, la vie selon la volonté de Dieu. C'est de tout cela dont il est question lorsqu'on parle de la fécondité sociale.

III.4.3. La fécondité spirituelle

Celle-ci est au cœur des autres fécondités. La paternité et la maternité sont authentiquement vécues lorsqu'elles unissent les âmes à Dieu, source et médiateur de toute fécondité. Cela signifie que la parentalité transcende la phénoménalité charnelle et ouvre à l'homme le chemin vers sa réalisation pleine. Xavier Lacroix l'exprime en ces termes : «Par paternité ou maternité spirituelle, j'entends une relation dans laquelle une personne donne à une autre de naître à une part d'elle-même, lui communiquant non seulement un savoir-faire, mais une vie. »[783] La vie qui jaillit d'une relation interpersonnelle fait rayonner cette relation tant dans le couple que dans la vie religieuse. Il n'y a pas de fécondité individuelle et isolée. Si le religieux ne peut pas être fécond indépendamment de la vie de sa communauté, les marié(e) s non plus, ne le seront pas indépendamment de leur couple. Sainte Thérèse de l'Enfant Jésus, Mère Teresa de Calcutta, Jacques et Raïssa Maritain, …sont des exemples parmi tant d'autres de fécondité spirituelle. Être fécond spirituellement signifie consentir à la mort de son égoïsme naturel afin de pouvoir porter des fruits. La source de la fécondité spirituelle est le mystère pascal, mystère de la mort et de la résurrection. Raison pour laquelle toutes les fécondités que nous venons de mentionner trouvent leur accomplissement dans le Christ. « Si le grain de blé ne tombe en terre et ne meurt, il reste seul ; s'il meurt, il porte beaucoup de fruit »[784]. Le Christ, paradoxalement, n'a pas eu de descendance selon la chair. En revanche, il a une descendance et une postérité spirituelles. « Il est Celui en qui se manifeste et s'accomplit la fécondité, Celui qui donne la vie à tous, ceux qui ont précédé comme ceux qui suivent, Celui qui donne sens à toute vie, au-

---

[781] Mt 25,31ss.
[782] Dt. 28, 4.
[783] X. LACROIX, *op.cit.*, p.5.
[784] Jn 12,24.

delà des limites que sont le péché et la mort, Celui en qui la vie trouve sa plénitude, à travers la résurrection »[785].

Somme toute, la prévention tertiaire de la stérilité et de l'infertilité consisterait concrètement à penser et à faire fonctionner des structures (association/fondation) dont la mission sera l'accompagnement et le suivi de toutes les personnes qui sont victimes de la stérilité ou de l'infertilité, en approfondissant avec elles toutes les autres formes de fécondité ci-dessus mentionnées. Car si «*L'enfant n'est pas celui du géniteur, mais celui de tous ceux qui contribuent à son éducation* »[786] (*Mòn asë aïe nguò, mòn anë ai ntòn*), les notions de parenté, paternité, maternité revêtent d'autres dimensions qui transcendent la pure physiologie du corps. C'est le sens radical de la signification de la fécondité notamment chez le Beti[787]. En effet, lorsqu'on pousse ce concept dans ses retranchements jusqu'à en faire une question existentielle (peut-on véritablement parler d'homme ou de femme stériles ?), on comprend que la force génératrice de l'amour ne peut pas s'épuiser dans la relation sexuelle. L'amour ici est « fécondité, créativité, libération du flot de la vie pour inonder le monde, chant de victoire de la vie sur la mort »[788]. Tout homme est fécond même s'il n'a pas eu d'enfant biologique, et cela dans la mesure où il contribue explicitement et implicitement à la construction d'un ordre social juste. La fécondité est inhérente à la prodigalité de l'amour, à son dynamisme créateur qui libère les énergies pour se donner et faire mûrir l'autre en l'aidant à se réaliser dans sa singularité. C'est pour cela que, dans l'Ancien Testament notamment, la stérilité, là où elle est mentionnée, constitue un état provisoire qui est dépassé ensuite par la grâce de Dieu. La stérilité « constitue un état provisoire, appelé à être dépassé, grâce auquel Dieu manifestera sa toute-puissance et se montrera capable de vaincre les infirmités et limites de la nature »[789]. Dieu réalise toujours le dessein qu'Il a envers son peuple malgré les obstacles. « La stérilité se trouve sans aucun doute majorée quant à son importance et à son caractère dramatique en raison de ses enjeux par rapport au destin même du peuple de Dieu. Elle est envisagée à un niveau qui dépasse celui du couple et qui se situe au niveau de la collectivité élue dont elle met en jeu l'avenir ». Zacharie et Élisabeth, grâce à leur prière, engendrèrent un fils dont la mission était de préparer la venue du messie. On

---

785 J.-L. RAGONNEAU, « Recevoir et donner du bonheur » in *Alliance*, *op.cit.*, p.17.
786 Proverbe Beti in L. MESSI, *Milan mi fëk Beti,* OREA, 18 juin 1959, p.5.
787 Pour un développement approfondi de la signification de l'amour chez le Beti, nous recommandons E.MVENG, *L'Afrique dans l'Eglise : paroles d'un croyant*, Paris, L'Harmattan, 1985.
788 E.MVENG, *L'Afrique dans l'Eglise : paroles d'un croyant*, Paris, L'Harmattan, 1985, p.18.
789 J.-C. LARCHET, *op.cit.*, p.18.

peut aussi interpréter dans la même logique la naissance de Louis XIV en France[790]. La chaîne fécondité spirituelle-sociale-interpersonnelle réintroduit l'espérance dans les cœurs meurtris par la stérilité et l'infertilité biologiques.

Le désir d'avoir une descendance en recourant aux techniques que procure la médecine est légitime pour surpasser l'épreuve de l'infertilité. Ce désir exprime la vocation à la paternité et à la maternité inscrite dans l'amour conjugal. L'infertilité est une dure épreuve, mais elle n'est pas un mal absolu. Les époux qui se trouvent dans cette situation sont appelés à se joindre à la Croix du Christ, source de toute fécondité spirituelle. Ils peuvent manifester leur générosité en adoptant des enfants ou en réalisant des services d'abnégation au profit du prochain[791]. L'action pastorale de l'Eglise dans ce sens consiste à aider ces couples à assumer et à vivre cette souffrance en les aidant à redécouvrir le sens plénier de la vie conjugale et les autres aspects de la fécondité. Si le Christ, bon pasteur, est venu pour que nous ayons la vie en abondance, cette vie en abondance va au-delà de la fécondité biologique. « L'homme vit de la vérité et du fait d'être aimé, d'être aimé par la vérité »[792], d'être aimé par Dieu qui interprète pour lui le sens de la vie, lui indiquant ainsi le chemin de la vie. La fécondité d'une vie donnée pour les autres transcende la fécondité biologique et permet à l'homme de se réaliser pleinement. Évidemment, l'homme a des besoins et ses désirs physiologiques parmi lesquels la fécondité biologique. Mais plus profondément, une vie donnée pour les autres a une fécondité infinie et universelle. C'est de cette vie que témoigne la passion du Christ et c'est elle qui manifeste son visage sur la croix. C'est cette vie qui est véritablement au service de la dignité humaine et nous rappelle incessamment que tout être humain a droit au respect inconditionnel parce qu'il est fils de Dieu en Jésus-Christ. C'est cette vie qui, s'inscrivant au cœur même de la passion du Christ, ne tient pas compte de la différence culturelle, raciale,

[790] Cf. J.MIGUEL, P.LIN, *Le couple face à l'infertilité,* Albin Michel, 2013, pp.15-16 : « L'histoire du couple royal Louis XIII et Anne d'Autriche en témoigne. Mariés en 1615, à juste 14 ans, ils étaient toujours sans enfants vingt-trois ans plus tard. Or, sans dauphin pour la succession, le royaume était menacé ; aussi le couple royal multipliait-il neuvaines et pèlerinages. Le 5 décembre 1637, alors que se terminait une série de trois neuvaines ordonnées par la reine sur les conseils d'un frère de l'Église de Cotignac, en Provence, le vent se mit à souffler fortement, contraignant le roi à venir partager le lit de la reine, ce qui n'arrivait plus depuis longtemps. Fût-ce l'orage, l'amour ou les prières ? La reine tomba enceinte. Le peuple sauta de joie et pria pour que la grossesse se passe bien. Le roi fit vœu de consacrer la France à la Vierge Marie. C'est ainsi que, neuf mois plus tard exactement, vint au monde l'enfant donné par Dieu : Louis Dieudonné, futur Louis XIV ».

[791] Cf. *Catéchisme de l'Église catholique*, n. 2379.

[792] J. RATZINGER/BENOÎT XVI, *Jésus de Nazareth. Du baptême dans le Jourdain à la transfiguration,* Flammarion, 2007, p.305.

géographique,… pour se donner en *abondance*. Jésus-Christ, homme parfait, est le paradigme de tout homme. La plénitude totale de toute l'humanité qui se manifeste dans sa personne est une vie humaine conforme à la loi naturelle[793]. À partir de Lui, se constituent les critères des désirs naturels authentiques. L'humanité de chaque homme fut recréée dans le Christ, de telle sorte qu'à partir de l'incarnation l'homme est appelé à être et à vivre dans le Christ. Il n'y a pas une autre perfection, un autre bonheur possible pour l'homme que l'identification au Verbe Incarné[794]. Autrement dit, l'identification au Christ est source de fécondité. L'œuvre divine de la rédemption qui culmine dans le Christ à travers sa passion, sa mort et sa résurrection rend toute l'humanité féconde d'une vie qui transcende la vie biologique et nous invite à participer à la vie divine. Avec le Christ, la fécondité divine qui semblait être réservée au peuple élu atteint tous les hommes, de tous les temps, de tous les lieux et de toutes les conditions. Avec le Christ, « tout homme découvre la grandeur de sa vie et le potentiel qu'elle recouvre, tout homme apprend qu'il faut continuer l'œuvre de Dieu, tout homme perçoit ce qu'il est fondamentalement, un être fait pour la vie et pour la donner »[795]. Dans le Christ, la génération ne se transmet plus par la chair, mais par l'Esprit : Être fécond c'est donner une vie parce qu'on l'accueille, partager une vie parce qu'on la reçoit, bref c'est la vie de l'homme comme sacrement de vie en Dieu, dont le signe visible est la joie de vivre.

---

[793] C.I.T., *op.cit.* n.105.

[794] Cf. E. MOLINA, « Cristo, norma del cristiano. Ley de Cristo y ley natural» in T. TRIGO (Ed.), *op.cit.* p.202.

[795] J-L RAGONNEAU, *op.cit.*, p.17.

RÉFLEXIONS CONCLUSIVES

Loi naturelle et procréation médicalement assistée. Risques d'une science sans conscience : Questions fondamentales de bioéthique et d'éthique biomédicale. Tel était le thème de notre recherche. Conscient du fait que plusieurs réflexions approfondies ont été menées sur le thème de la loi naturelle, nous voulions rappeler qu'elle fut et demeure l'origine de l'éthique biomédicale et de la bioéthique. La nature humaine possède une intelligibilité morale indépendamment de la race, de la culture qui recommande à chacun d'entre nous de prendre soin de lui-même et des autres indépendamment des prédicats. C'est ce qui justifie la méthodologie que nous avons adoptée dans notre compréhension et notre présentation de la loi naturelle. Même si cette méthodologie sort des canons officiels de la présentation classique de la loi naturelle, c'est grâce à elle que nous pouvions exprimer réellement ce que nous sentions. La redécouverte de la loi naturelle comme source de la rationalité publique non seulement ouvre une issue aux dilemmes éthiques que posent les techniques d'aide à la fertilité, mais aussi nous fait entrer au cœur du mystère de notre corps qui se manifeste à travers une sexualité ouverte à la procréation. La sexualité étant l'une des manifestations de l'amour qui existe entre l'homme et la femme, il n'y pas de sexualité véritable sans procréation implicite. Si la loi naturelle au départ fut l'origine de l'éthique biomédicale avant l'avènement du christianisme avec Hippocrate, puis de la naissance de la bioéthique avec Potter, toute réflexion éthique sur les débuts de la vie devrait s'appuyer sur ce dénominateur commun afin que la science soit toujours au service de l'homme : « Ce n'est pas l'arbre de la science qui tue, mais la désobéissance. Il n'y a pas de vie sans science, ni de science sûre sans vie véritable »[796]. Voilà ce que nous rappelait Benoît XVI, citant l'auteur inconnu de la *Lettre à Diognète* :

« Nous avons voulu penser dialectiquement l'idée du progrès dans le domaine des sciences biomédicales en général et singulièrement des techniques de PMA. La science et le progrès sont au service de l'homme. Nous constatons malheureusement que le scientifique ne partage pas toujours cet objectif dans ses recherches et se laisse parfois entraîner par l'illusion d'une liberté de découvertes, déconnectée de la vérité et du bien de la personne. Au nom d'une prétendue liberté ou autonomie, l'homme de science recherche une vérité qui n'est pas en relation avec le bien de

---

[796] BENOIT XVI, *Discours au congrès organisé par l'Université Pontificale de Latran sur le dixième anniversaire de l'encyclique « Fides et ratio »,* 16. 10. 2008.

l'homme rompant ainsi respectivement les chaînes *vérité-bien-liberté* et *foi-raison*. La conséquence de tout ceci est la négation de l'existence d'une vérité objective et des actes intrinsèquement mauvais. Il s'agit là d'un développement dangereux de la science qui a des conséquences néfastes sur l'humanité. Cela ne signifie pas qu'il faudrait limiter la recherche scientifique concernant les débuts de la vie humaine, ou rejeter en bloc toutes les techniques de la PMA. Mais, cette recherche devrait prendre en compte à la fois la triade *vérité-bien-liberté* comme fondement de la recherche scientifique et le sens de la responsabilité que le binôme *foi-raison* donne aux sciences, afin qu'elles demeurent au service de l'homme. Dans cette optique, l'homme de science reconnaîtrait que l'essence du corps ne se trouve pas dans le corps scientifiquement explicable, parce le corps tout comme la vie humaine constituent des *mystères* inépuisables par la recherche et l'expérimentation scientifiques. La *vérité-bien-liberté* inhérente au *mystère* du corps et de la vie humaine n'est pas vérifiable par les sciences expérimentales. »

La différence qu'établit Gabriel Marcel entre un problème et un mystère est très éclairante à ce propos[797] :

Le problème selon Gabriel Marcel est une difficulté objective ayant une solution technique. Pour résoudre un problème de la physique ou de la mathématique, il suffit d'avoir une technique adéquate. Le mystère par contre, n'ayant pas de solution rationnelle, ne peut pas être résolu comme un problème parce que l'être lui-même y est impliqué et fait partie prenante. Face au mystère, on peut adopter plusieurs attitudes possibles. Nous relevons deux d'entre elles qui sont relatives à notre thème et que nous avons voulu éviter :

La première consiste à dégrader le mystère en le ramenant au problème. C'est une attitude « technicienne » qui, selon Gabriel Marcel, est « une procédure vicieuse dont les sources doivent être cherchées dans une sorte de corruption de l'intelligence »[798]. La société se trouve hypnotisée par les progrès techniques et prétend résoudre même les questions existentielles par la science. Cette confiance démesurée dans la science et la technique éloigne l'homme de sa pesanteur parce que la science et la technique offrent à l'homme des solutions partielles. Dans cette paupérisation anthropologique, l'homme actuel devient incapable d'affronter ses propres limites et tous les efforts qu'il fournit se réduisent à l'obtention de résultats évidents. Dans la plupart des cas, ces résultats s'identifient aux

---

[797] Cf. G. MARCEL, *Être et avoir*, Paris, Aubier, 1935, pp.145-147, 162, 170.
[798] *Ibid.*, p.170.

conséquences matérielles quantifiables imbibées des sentiments d'insatisfaction. La conséquence de cette attitude est que, devant le mystère de la vie naissante, on substitue d'une part *l'inviolabilité de la vie* par la *qualité de vie* et, d'autre part, la *procréation médicalement assistée* par la reproduction assistée. La sexualité est enseignée, pratiquée et vécue selon les canons de l'hédonisme moderne. La bioéthique devient un terrain de conflit. Certains de ces conflits se réduisent à la reconnaissance juridique de l'embryon humain et à l'existence de vides juridiques inhérents à certaines questions qui restent ouvertes à la discrétion des agents individuels. Le sujet moral, par manque d'une législation positive, doit recourir dans ce cas à son sens naturel de justice. D'autres problèmes surgissent à cause de l'excès du légalisme qui menace la relation de confiance réciproque qui est censée exister entre le médecin et le patient.

La deuxième attitude que l'on peut adopter devant le mystère et que nous voulions également éviter est celle de nous en détourner à tout prix en restant dans les alternatives binaires du *permis* et du *défendu*, du *licite* et de l'*illicite*, du *subjectivisme* et de l'*objectivisme*. La conséquence ici est que, dans le cadre des procréations médicalement assistées, l'essentiel du message de Celui qui est *Évangile de vie et accomplissement de la loi naturelle*[799] est oublié ou réduit aux normes et aux obligations. La lecture notamment des textes officiels de l'Église[800] qui traitent le sujet dans ce cas est réduite aux *interdits* et aux *permis* laissant de côté toute la quintessence de l'enseignement de ces documents magistériels. En effet, l'un des objectifs de la théologie morale est de prêter attention à l'éthique de la vie intellectuelle, aux dispositions requises pour la recherche des vérités scientifique, philosophique et théologique. Elle doit considérer sérieusement l'importance de cultiver l'intelligence comme une responsabilité inhérente à la condition de toute personne et non seulement de ceux qui, professionnellement, se dédient à la recherche et à l'enseignement. Les vertus intellectuelles doivent être l'objet d'une étude plus approfondie sans les séparer de la vie pratique[801].

---

[799] Pour une compréhension approfondie de « Jésus-Christ, Évangile de vie et accomplissement de la loi naturelle », Cf. L. ONAMBELE, *op.cit.*, pp.142-157.

[800] Parmi ces documents officiels, nous pouvons citer entre autres : Lettre encyclique *Humanae vitae,* sur le mariage et la régulation des naissances, 25 juillet 1968, Lettre encyclique *Evangelium Vitae,* sur la valeur et l'inviolabilité de la vie humaine, 25.3.1995, *Donum vitae,* sur le respect de la vie humaine naissante et de la dignité de la procréation, *Réponses à quelques questions d'actualités*, 22.II.1987, Déclaration *Dignitatis humanae,* 8.12.2008.

[801] Cf. T. TRIGO, « El bien de la verdad », in A. SARMIENTO, T. TRIGO, E. MOLINA, *Moral de la persona, op.cit.*, p. 298.

Nous ne voulons pas dire qui a raison ou qui a tort, mais éveiller les consciences en invitant les hommes politiques, les législateurs, les scientifiques, ainsi que les personnes qui souffrent de stérilité et d'infertilité et toutes celles qui, librement, recourent à ces techniques, soit par curiosité, soit par pur narcissisme, à écouter leur *nem ntògò*, c'est-à-dire la lumière naturelle que Dieu a mise en l'homme. « Science sans conscience n'est que ruine de l'âme » disait déjà Rabelais ou, selon la petite Eyenga, « science sans *nem ntògò* n'est que ruine de l'âme ».

Éveiller les consciences des médecins, des biologistes, des laborantins..., de tous ceux qui, comme acteurs directs et indirects, interviennent techniquement dans ce domaine conformément à la Déclaration de Genève de l'Association Médicale Mondiale[802]. La santé des patients étant leur premier souci[803], les médecins doivent, au nom de cette préoccupation, intégrer la chaîne *vérité-bien-liberté* sans en isoler une partie, par peur de la rompre et de se retrouver dans des situations embarrassantes sur les plans éthique, juridique et social. Car il n'y a pas une science qui soit véritablement au service de l'homme et ne sente pas la nécessité de se laisser guider par une éthique qui s'appuie sur les valeurs de *vérité-bien-liberté.* S'appuyant sur elles, le médecin, le biologiste... étudierait et affronterait les questions sur l'homme, le considérant comme une personne *sui iuris*, sommet de l'univers et porteur de valeurs éternelles et qui se situe méthodologiquement au centre de la réalité. Il pourrait alors œuvrer pour cet homme, servir sa santé avec une totale abnégation et une rectitude morale et scientifique.

Éveiller les consciences des couples et de toutes les personnes qui, atteintes d'infertilité ou de stérilité, veulent coûte que coûte avoir un enfant par les techniques des PMA, afin qu'ils comprennent que la fécondité, « c'est la vie donnée parce qu'on accueille, c'est la vie partagée parce que reçue, c'est la vie de l'homme parce que sacrement de la vie en Dieu, donc signe visible de la joie de vivre »[804]. La fécondité d'une personne, d'un couple ne se limite pas à la fécondité biologique.

Éveiller la conscience de tous ces couples ou personnes qui, sans être infertiles ou impuissants, souffrent du « syndrome de l'enfant parfait » ou ont choisi délibérément une orientation sexuelle qui ne leur permet pas

---

[802] DECLARATION DE GENEVE DE L'ASSOCIATION MEDICALE MONDIALE, in AMM, *op.cit.* p.18 : « Au moment d'être admis comme membre de la profession médicale : (...) J'exercerai ma profession avec conscience et dignité ; ».

[803] Ibid. : « Je considérerai la santé de mon patient comme mon premier souci ; »

[804] J.-L. RAGONNEAU, *op.cit.*, p.18.

d'avoir naturellement des enfants. Ils sont alors obligés de recourir aux techniques des PMA pour en avoir. En effet, selon la sagesse Beti, sagesse dans laquelle nous avons grandi et qui, de surcroît, fut l'origine de cette réflexion, il faut assumer dans la vie les conséquences inhérentes à la vérité[805]. C'est le message central de ce récit de la sagesse traditionnelle Beti que nous sentons le devoir de partager textuellement :

> « Il était une fois un chasseur traditionnel qui en visitant ses pièges, avait trouvé une antilope vivante. Comme la peau de l'antilope l'émerveillait beaucoup, il décida de récupérer d'abord la peau de l'antilope avant de la tuer et de dépecer la viande. Aussi, lui et ses enfants attrapèrent l'antilope et commencèrent à enlever la peau de cet animal vivant. Lorsqu'ils eurent terminé, il prit la peau de l'animal dans ses deux mains et se mit à l'admirer. Subitement, l'animal se leva brusquement et prit la fuite. Notre chasseur, sur un ton qui faisait pitié commença à supplier l'antilope en lui disant : Prends pitié ! Prends pitié ! Ne fuis pas ! Ne fuis pas ! Deux nouvelles risquent d'être propagées :
>
> Honteux tu seras lorsque les autres animaux te verront sans ta peau ! Ils diront certainement que, si tu voulais fuir, pourquoi as-tu d'abord accepté qu'on enlève ta peau ?
>
> Honteux je serais lorsque les gens du village me verront seulement avec la peau de l'animal sans la viande. Ils me diront certainement que si je ne pouvais pas ramener l'animal, je n'aurais pas dû enlever seulement la peau. Reviens et obéissons tous deux à ce qui est intelligible. L'antilope fut convaincue et accepta de mourir et de se laisser dépasser afin qu'une seule nouvelle soit répandue : l'antilope est morte. »[806]

Éveiller la conscience des pouvoirs politiques qui, parce que chargés de la rationalité publique, déterminent les lois nationales et internationales qui réglementent les techniques de PMA. Ce sont les États nationaux qui définissent légalement ce qu'est une famille, le bien de l'enfant à naître, légifèrent sur les pratiques déterminées des PMA telles que le don de sperme et d'ovules, la maternité de substitution, le diagnostic prénatal préimplantatoire (DPI), etc. En effet, comme nous le rappelle François,

---

[805] Cf. L.MESSI, *op.cit.*, p.31.

[806] *Ibid.* p.31. : « Mod koba anga kòb Nkòk otii nye a olam, ovëë. Mbol anga seme aben ekob Nkòk, ndò anga tidi Nkòk akol a kin bòn beyemë ai Nkòk a mimbia. Ndò mod anga tari na atun Nkòk ekob otala ! Aman hm anga man tun Nkòk ekob, ndò anga ndandi ekob Nkòk mò asemene aben ekob Nkok nala. Naa, ndò Nkòk onga bumi a si, oyëme zen ai mbil ai afan asë ! Ndò e mòd nyò anga boe sëm, nye na: " A Nkòk, kudu ngòl! Obë tub nsò nyòl, foe eza kë ebè : Nkök owu, Nkòk okë! Osòn eyòn Batsidi bayi wò yen tegë ai ekob dzoe! Osòn eyòn bod bayi ma yen ai ekob Nkòk! Tege ai tsid Nkòk a moa ! Kudu te me ngòl, za te dugan bombo asi ! Mod anga bè Nkòk ai memun anyu, asu yë na foé ekë dzidzia: Nkòk owu ».

« nous avons besoin de renforcer la conscience que nous sommes une seule famille humaine. Il n'y a pas de frontières ni de barrières politiques ou sociales qui nous permettent de nous isoler, et pour cela même il n'y a pas non plus de place pour la globalisation de l'indifférence »[807]. Les avancées scientifiques dans le domaine des PMA imposent à l'homme de choisir entre deux types de rationalité, celle de la raison-foi ouverte à la transcendance et celle de la raison sans foi, close à l'immanence technologique[808]. Chaque acteur des PMA se trouve ainsi devant un "ou bien, ou bien" décisif oubliant que toute rationalité technoscientifique centrée sur elle-même s'avère irrationnelle tout simplement parce qu'elle comporte un refus décisif du sens et de la valeur.

Cet éveil des consciences, l'écoute du *nem ntògò,* s'inscrit dans la délicate fonction d'enseignement qui revient à l'Église, mission qu'elle a reçue du Christ d'être servante de la Vérité : « Allez et enseignez-leur tout ce que je vous ai prescrit[809]». Il ne s'agit pas d'une conception légaliste du magistère comme autorité de l'Église qui effraie, définit, conçoit et change à sa guise les normes morales selon une volonté arbitraire, mais d'une reconnaissance et d'une vénération de la splendeur de la Vérité[810]. Cette reconnaissance ou vénération de la vérité consiste à poser la priorité objective des valeurs de *vérité-bien-liberté* sur l'opinion. La redécouverte de la loi naturelle comme Loi de Dieu et loi de l'homme[811], principe d'accord universel, nous dispose à l'accueil de la Vérité qui se révèle à tout homme. Le magistère de l'Église ne peut et ne doit pas intervenir sur chaque nouveauté de la science, moins encore au nom d'une compétence particulière dans le domaine des sciences expérimentales[812]. Néanmoins, face aux nouvelles questions importantes, elle a la tâche d'affirmer les grandes valeurs qui sont en jeu et de proposer aux fidèles et aux hommes de bonne volonté les principes et les orientations éthico-morales.

Dans tous les cas, toute la préoccupation pastorale de l'Eglise reçoit sa mesure de la vérité sur l'homme. Peut-être que les exigences pratiques qui surgissent de cette vérité sur l'homme sont difficiles à vivre. Mais les alternatives par rapport au respect de cette vérité sur l'homme sont plus dures encore et non désirables. La théologie morale devrait non seulement

---

807 FRANÇOIS, *Laudato si,* 15.V.2015, n. 52.
808 Cf. BENOÎT XVI, *Caritas in veritate,* 29.VI.2009, n.74.
809 Mt 28, 20.
810 JEAN-PAUL II, Enc. *Veritatis splendor*, sur quelques questions fondamentales de l'enseignement moral de l'Eglise, 08.6.1993.
811 T.TRIGO, « Ley natural, ley de Dios y ley del hombre », in E. MOLINA, T. TRIGO, *Verdad y libertad, op.cit.*, p. 89.
812 Cf. CDF, *Donum vitae, op.cit.*, n.1.

respecter toutes les connaissances que les sciences humaines ont de l'homme, mais aussi les intégrer dans sa propre perspective[813].

La mission de l'Eglise ne consiste pas à condamner, mais, fidèle à la mission du Christ envoyé par le Père afin que nous ayons la vie en abondance, l'Eglise doit éclairer la conscience des hommes et, en même temps, offrir la miséricorde de Dieu et sa grâce qui guérit[814]. L'Eglise enseigne une morale dont la réalité même appartient à la communauté des croyants qui vivent dans l'espérance et l'amour. L'Eglise est présence de la miséricorde, du pardon et du salut divin. Cette présence rédemptrice fait partie essentiellement d'une réalisation chrétienne de la paternité et de la maternité responsables, respectées par les méthodes naturelles de procréation. Il serait inhumain de nier les difficultés inhérentes à la morale matrimoniale et sexuelle annoncée par l'Eglise et de condamner les hommes, voire de les juger à la légère. Cependant, « ce serait une très grave erreur que d'en conclure que la règle enseignée par l'Eglise est en elle-même seulement un *idéal* qui doit ensuite être adapté, proportionné, gradué, en fonction, dit-on, des possibilités concrètes de l'homme, selon un *équilibrage des divers biens en question* »[815]. L'ouverture à la miséricorde divine n'est rien d'autre que la compréhension envers la faiblesse humaine, ce qui ne signifie pas qu'on relativise le bien et le mal ou qu'on les adapte aux circonstances. L'Eglise ne parle pas à la légère de l'homme ; il s'agit de l'homme racheté dans et par le Christ. La morale et la grâce ne s'opposent pas. Le retour à la loi naturelle comme fondement éthique de la procréation médicalement assistée ne soumet pas l'homme aux exigences excessives du magistère de l'Eglise. Les valeurs défendues par la loi morale naturelle ne sont pas des valeurs seulement religieuses ; elles sont authentiquement humaines et assumées par la raison[816]. C'est là la vérité de notre rédemption, la rédemption de tout homme : « Le Christ nous a rachetés ! Cela signifie : il nous a donné la possibilité de réaliser l'entière vérité de notre être ; il a libéré notre liberté de la domination de la concupiscence »[817]. Dans le Christ, se dévoile pleinement le mystère de l'homme[818].

---

[813] Cf. JEAN-PAUL II, VS, n.110ss.
[814] Cf. JEAN-PAUL II, VS, n.102.
[815] JEAN-PAUL II, VS, n.103.
[816] Cf. E. MOLINA, « Cristo, norma del cristiano», *op.cit.*, p. 194.
[817] JEAN-PAUL II, VS, n.103.
[818] Cf., *Gaudium et Spes*, n. 22.

ANNEXES

Annexe I

GRAND SÉMINAIRE NOTRE DAME DE L'ESPÉRANCE DE BERTOUA-CAMEROUN

Introduction à la philosophie morale de Kant

Troisième Année de philosophie

ANNÉE ACADEMIQUE 2009/2010

Question : « Nous sommes en Afrique, dans un contexte de pauvreté et de misère matérielle. Les revenus annuels de la famille n'atteignent pas deux cent mille francs CFA. Et voilà que subitement, vous êtes face à une proposition qui consiste à gifler votre mère et à avoir un milliard de francs CFA. Que feriez-vous ? »

Remplissez objectivement cette fiche sans mettre vos nom et prénom afin de préserver l'anonymat de votre point de vue. Après avoir coché sur le choix, vous justifierez votre choix.

Choix	*Réponse*	*Justification*
	Affirmative	
	Négative	
	Neutre	

Annexe II

« (...), nos dio tal golpe de agua que nos mojó a todos; y como íbamos desnudos y el frío que hacía era muy grande, soltamos los remos de las manos, y a otro golpe que la mar nos dio, trastornó la barca; el veedor y otros dos se asieron de ella para escaparse; mas sucedió muy al revés, que la barca los tomó debajo y se ahogaron. (...) Los que quedamos escapados, desnudos como nascimos y perdido todo lo que traíamos, y aunque todo valía poco, para entonces valía mucho. Y como entonces era noviembre, y el frío muy grande, y nosotros tales que con poca dificultad nos podían contar los huesos, estábamos hechos propia figura de la muerte. (...) y ansí, estuvimos pidiendo a Nuestro Señor misericordia y perdón de nuestros pecados, derramando muchas lágrimas, habiendo cada uno lástima, no sólo de sí, mas de todos los otros, que en el mismo estado vían.

(...) mas cuando ellos nos vieron ansí (...) se volvieron atrás. Yo salí a ellos y llámelos, y vinieron muy espantados; hícelos entender por señas cómo se nos había hundido una barca y se habían ahogado tres de nosotros. (...) Los indios, de ver el desastre que nos había venido y el desastre en que estábamos, con tanta desventura y miseria, se sentaron entre nosotros, y con el gran dolor y lástima que habieron de vernos en tanta fortuna, comenzaron a llorar recio, y tan de verdad, que lejos de allí se podía oír, y esto les duró más de media hora; y cierto ver que estos hombres tan sin razón y tan crudos, a manera de brutos, se dolían tanto de nosotros, hizo que en mí y en otros de la compañía cresciese más la pasión y la consideración de nuestra desdicha. Sosegado ya este llanto, yo pregunté a los cristianos, y dije que, si a ellos parescía, rogaría a aquellos indios que nos llevasen a sus casas; y algunos de ellos que habían estado en la Nueva España respondieron que no se debía hablar en ello, porque si a sus casas nos llevaban, nos sacrificarían a sus ídolos. (...) ...llevándonos asidos y con mucha priesa, fuimos a sus casas; y por el gran frío que hacía, y teniendo que en el camino alguno no muriese o desmayase, proveyeron que hobiese cuatro o cinco fuegos muy grandes puestos a trechos, y en cada uno de ellos nos escalentaban; y desque vían que habíamos tomado alguna fuerza y calor, nos llevaban hasta el otro tan apriesa, que casi los pies no nos dejaban poner en el suelo; y de esta manera fuimos hasta sus casas, donde hallamos que tenían hecha una casa para nosotros, y muchos fuegos en ella; y desde a una hora que habíamos llegado, comenzaron a bailar y hacer grande fiesta, que duró toda la noche, aunque para nosotros no había placer, fiesta ni sueño esperando cuándo nos habían de sacrificar; y la mañana nos tornaron a dar pescado y raíces, ya hacer tan buen tratamiento, que nos aseguramos algo y perdimos algo el miedo del sacrificio ».

A.N. CABEZA DE VACA, *Naufragios y Comentarios,* Edición de Roberto Fernando, Madrid, 2000, pp.64-66.

Annexe III

Le code Nuremberg

1. Le consentement volontaire du sujet humain est absolument essentiel. Cela veut dire que la personne intéressée doit jouir de la capacité légale totale pour consentir : qu'elle doit être laissée libre de décider, sans intervention d'éléments de force, de contraintes ou de coercition quels qu'ils soient. Il faut aussi qu'elle soit suffisamment renseignée et connaisse toute la portée de l'expérience pratiquée sur elle, afin d'être capable de mesurer l'effet de sa décision. Avant que le sujet expérimental accepte, il faut donc le renseigner exactement sur la nature, la durée et le but de l'expérience, ainsi que sur les méthodes et les moyens employés, les dangers et les risques encourus ainsi que les conséquences pour sa santé ou sa personne, qui peuvent résulter de sa participation à cette expérience.

2. L'expérience doit avoir des résultats pratiques pour le bien de la société, impossibles à obtenir par d'autres moyens : elle ne doit pas être pratiquée au hasard et sans nécessité.

3. Les fondements de l'expérience doivent résider dans les résultats d'expériences antérieures faites sur des animaux et dans la connaissance de la genèse de la maladie ou des questions de l'étude, de façon à justifier par les résultats attendus l'exécution de l'expérience.

4. L'expérience doit être pratiquée de façon à éviter toute souffrance et tout dommage physique et mental non nécessaires.

5. L'expérience ne doit pas être tentée lorsqu'il y a une raison a priori de croire qu'elle entraînera la mort ou l'invalidité du sujet, à l'exception des cas où les médecins qui font les recherches servent eux-mêmes de sujets d'expérience.

6. Les risques encourus ne devront jamais excéder l'importance humanitaire du problème que doit résoudre l'expérience envisagée.

7. On doit faire en sorte d'écarter du sujet expérimental toute éventualité, si mince soit-elle, susceptible de provoquer des blessures, l'invalidité ou la mort.

8. Les expériences ne doivent être pratiquées que par des personnes qualifiées. La plus grande aptitude et une extrême attention sont exigées tout au long de l'expérience, de tous ceux qui la dirigent ou y participent.

9. Le sujet humain doit être libre, pendant l'expérience, de faire interrompre l'expérience, s'il estime avoir atteint le seuil de résistance, mentale ou physique, au-delà duquel il ne peut aller. L'obligation et la responsabilité d'apprécier les conditions dans lesquelles le sujet donne son consentement incombent à la personne qui prend l'initiative et la direction de ces expériences ou qui y travaille. Cette obligation et cette responsabilité s'attachent à cette personne, qui ne peut les transmettre à nulle autre sans être poursuivie.

10. Le scientifique chargé de l'expérience doit être prêt à l'interrompre à tout moment, s'il a une raison de croire que sa continuation pourrait entraîner des blessures, l'invalidité ou la mort du sujet expérimental.

Annexe IV

Cadre résumé des différentes techniques de reproduction assistée

Nous fournissons la liste des multiples techniques qui sont plus ou moins utilisées dans le cadre de la reproduction assistée. Cette liste n'est pas complète et est presque incompréhensible. Cependant elle révèle toute la complexité relative à ces techniques[819]. Les sigles dérivent habituellement d'une dénomination anglaise.

Civ	Culture intravaginale
Difi	Insémination intrafolliculaire directe
Fivet	Fécondation in vitro avec transfert d'embryons
Gift	Transfert intratubaire des gamètes
Gipt	Transfert intraperitonéale des gamètes
Giut	Transfert intrautérin des ovocytes et du sperme
Ia	Insémination artificielle
Ici	Insémination intracervicale
Ipi	Insémination intrapéritonéale
Iti	Insémination intratubaire
Iui	Insémination intra-utérine
Ltot	Transfert de l'ovocyte dans le tube
Mesa	Aspiration des spermatozoïdes de l'épididyme et test successif
Opt	Capture des ovocytes et Transfert intra-utérin
Prett	Transfert intratubaire du pré-embryon
Prost	Transfert intratubaire dans l'état pro-nucléaire
Suzi	Insémination sous-zonale de l'ovocyte
Tc-gift	Gift transcervical
Tc-test	Test transcervical
Test	Transfert intratubaire de l'embryon
Viti	Insémination intratubaire via vagin
Zift	Transfert intratubaire du zygote

[819] Cf. E.SGRECCIA, *Manuale di bioetica* cité par L. CICCONE, *Bioetica, op.cit.*, p.102

ANNEXE V : Coût Economique des techniques de fécondation artificielle de la clinique Eugin Barcelone disponible in www.eugin.fr

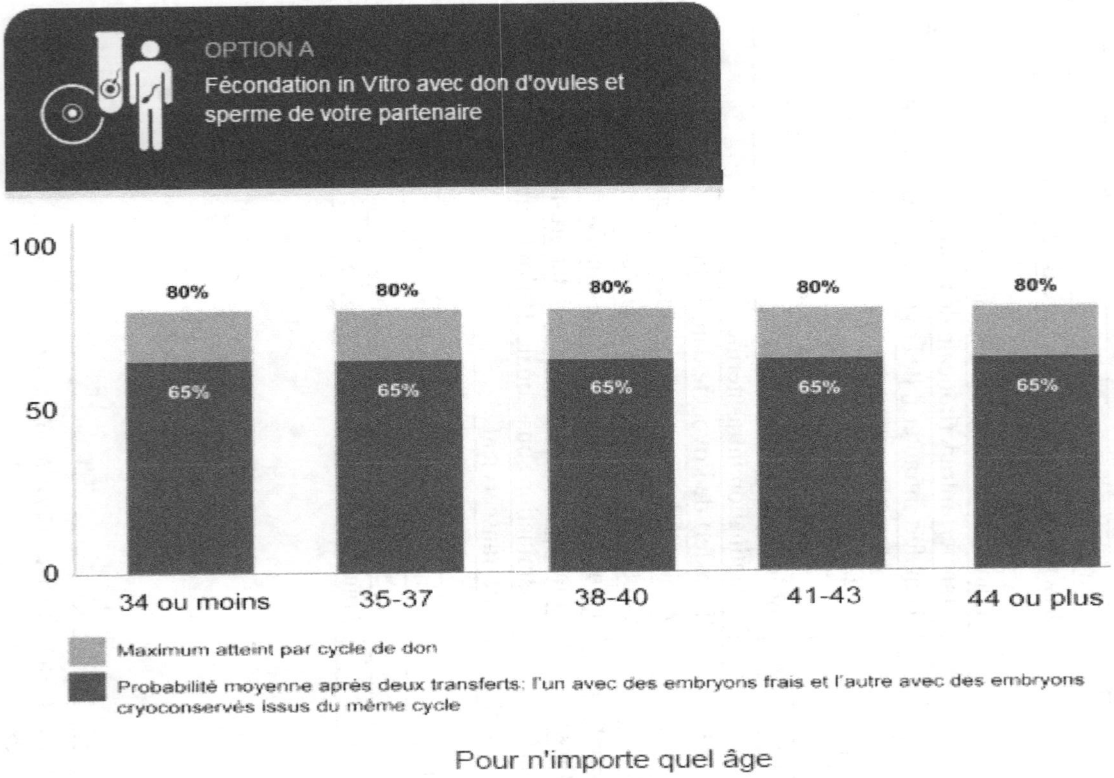

Coût du traitement

Le coût total de votre traitement, fixé d'avance, sans surprises, est de

5.765 € *

Les traitements médicaux en Espagne sont exonérés de TVA

Ce montant **inclut** tous les actes médicaux nécessaires pour réaliser le traitement, de la première visite jusqu'à la fin du traitement.

Ce montant **N'inclut pas** :

Les tests médicaux préalables nécessaires: ceux-ci sont différents pour chaque personne en fonction de son dossier médical, c'est pourquoi nous ne pouvons pas les inclure dans un devis ferme.
Nous savons que ces analyses peuvent être très chères et, dans certains cas, difficiles à obtenir. Si vous le souhaitez, nous pouvons nous en charger à un prix réduit, avec l'avantage que vous ne devrez vous occuper de rien.

La médication: pendant votre première visite, votre médecin vous indiquera les doses dont vous avez besoin selon votre cas. Le prix de la médication est déterminé par le laboratoire qui la produit.
À titre indicatif, le coût moyen de la médication pour votre traitement oscillera **entre 500 et 800 €**.

Le coût de la médication pour la donneuse sera de **1500€** (si vous ne nous l'avez pas apportée au préalable).

Voyages et séjour: chez EUGIN, tous les traitements sont réalisés à Barcelone. Vous pouvez commencer immédiatement et, dès le moment où vous le commencez jusqu'à ce que vous le terminiez, en général, il faut un mois.

Étant conscients que les déplacements supposent un coût supplémentaire important, chez EUGIN nous faisons tout notre possible pour les réduire au minimum indispensable.

OPTION A

Insémination Artificielle avec don de sperme

Probabilités de grossesse

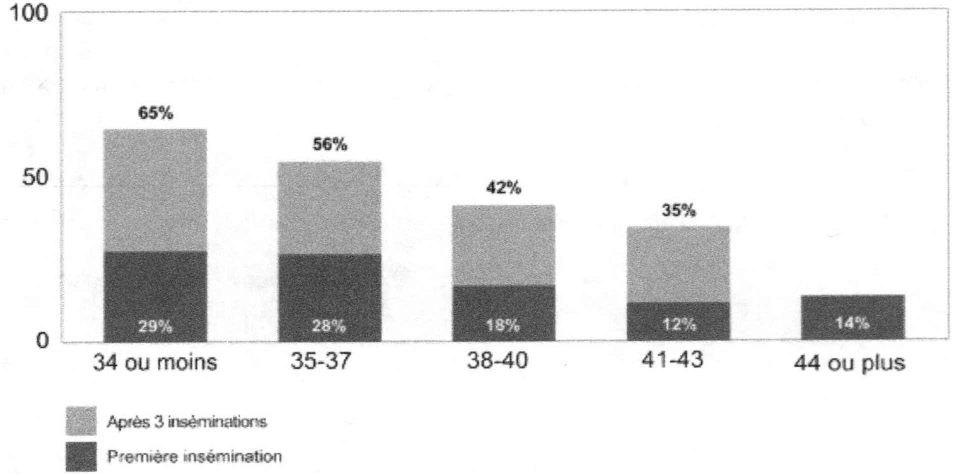

Coût du traitement

Le coût total de votre traitement, fixé d'avance, sans surprises, est de

1.490 € *
*Les traitements médicaux en Espagne sont exonérés de TVA

Ce montant **inclut** tous les actes médicaux nécessaires pour réaliser le traitement, de la première visite jusqu'à la fin du traitement.

Ce montant **N'inclut pas** :

Les tests médicaux préalables nécessaires: ceux-ci sont différents pour chaque personne en fonction de son dossier médical, c'est pourquoi nous ne pouvons pas les inclure dans un devis ferme.
Nous savons que ces analyses peuvent être très chères et, dans certains cas, difficiles à obtenir. Si vous le souhaitez, nous pouvons nous en charger à un prix réduit, avec l'avantage que vous ne devrez vous occuper de rien.

La médication: pendant votre première visite, votre médecin vous indiquera les doses dont vous avez besoin selon votre cas. Le prix de la médication est déterminé par le laboratoire qui la produit.
À titre indicatif, le coût moyen de la médication pour votre traitement oscillera **entre 800 et 1.100 €**.

Voyages et séjour: chez EUGIN, tous les traitements sont réalisés à Barcelone. Vous pouvez commencer immédiatement et, dès le moment où vous le commencez jusqu'à ce que vous le terminiez, en général, il faut un mois.

Étant conscients que les déplacements supposent un coût supplémentaire important, chez EUGIN nous faisons tout notre possible pour les réduire au minimum indispensable.

Annexe VI

Cadre résumé des différents diagnostics prénataux

Les techniques de diagnostic prénatal se distinguent selon l'objet à atteindre. On distingue ainsi les *diagnostics prénataux génétiques* dont la finalité est de vérifier s'il existe des pathologies de type génétique, c'est-à-dire dans le patrimoine héréditaire du sujet ; *les diagnostics prénataux* somatiques vérifient s'il existe des malformations simplement organiques notamment des malformations cardiaques, renales, pulmonaires, etc.

Une autre différenciation nécessaire entre ces techniques de diagnostics prénataux est celles qui sont invasives et celles qui sont non invasives. Les techniques non invasives ne comportent aucun risque ni pour la mère gestante, ni pour l'embryon ou le fœtus, comme c'est le cas avec l'échographie.

Amniosynthèse : C'est la technique la plus ancienne (1877). Elle consiste à introduire dans la cavité amniotique une aiguille éco-guidée, par voie transabdominale, de sorte qu'on puisse suivre le parcours et éviter de percer le placenta. On distingue les amniosynthèses très précoces (réalisées entre 12 et 14 semaines de grossesse), précoces (réalisées entre 15 et 18 semaines), tardives (réalisées à partir du deuxième trimestre 20-26 semaines ou du troisième trimestre après la 26e semaine).

La cordosynthèse, quant à elle consiste à extraire à l'aide d'une aiguille le sang fétal des cellules du cordon ombilical.

La villosynthèse consiste à à extraire le sang des villosités choriales.

BIBLIOGRAPHIE

I. ENSEIGNEMENT MAGISTÉRIEL

BENOÎT XVI, *Discours aux membres de la C.I.T.*, 1.12.2005

-Lettre Encyclique *Deus caritas es,* 25 décembre 2005

-*Discours aux participants du Congrès international organisé par l'Académie pontificale pour la Vie sur le thème « L'embryon humain dans la phase préimplantatoire »*, 27.2.2006

-*Discours aux participants du IVe Congrès ecclésial national italien,* Vérone, 19.10.2006

-*Message pour la XLe Journée Mondiale de la Paix*, 1.1.2007

-*Discours aux participants de la session plénière de la C.I.T.*, 5.10.2007

-*Discours au congrès organisé par l'Université Pontificale de Latran sur le dixième anniversaire de l'encyclique « Fides et ratio »*, 16. 10. 2008

-Lettre Encyclique *L'amour dans la vérité*, Présentation et commentaire du Collège des Bernardins, sous la direction de Mgr Jérôme Beau, France : Lethielleux/Parole et silence, octobre 2009, 221 pp., 14 x 21, ISBN 978-2-283-61070-1

Catecismo de la Iglesia Católica, Nueva Edición conforme al texto latino oficial, Bilbao (España) : Asociación de Editores del Catecismo, 15 agosto 1997, 982 pp., 15 x 21, ISBN 84-288-1111-3

CDF, *Déclaration « IURA ET BONA sur l'euthanasie et sur l'observation d'un usage thérapeutique droit et proportionné des médicaments analgésiques,* Rome, 5 mai 1980.

CDF, *Donum vitae,* sur le respect de la vie humaine naissante et de la dignité de la procréation. Réponses à quelques questions d'actualité, 22.II.1987

CDF, Déclaration *Dignitatis humanae,* 8.12.2008

COMPENDIO DE LA DOCTRINA SOCIAL DE LA IGLESIA, Madrid : Editorial Planeta, 2005, 420 pp., 15 x 23, ISBN 84-08-06023-6

CONCILIO VATICANO II, *Constituciones. Decretos. Declaraciones Legislación posconciliar*, Madrid : Biblioteca de Autores Cristianos, diciembre 1965, 1129 pp., 12 x 20

CONGREGATION POUR L'ÉDUCATION CATHOLIQUE, *Orientations éducatives sur l'amour humain,* 1.11.1983

CONSEIL PONTIFICAL DE LA PASTORALE POUR LES AGENTS DE LA SANTE, *Lettre aux agents de la santé*, 25.3.1995

FRANÇOIS, *Amoris laetitia,* 19.III.2016

-Lettre encyclique *Laudato si*, 24.V.2015

JEAN XXIII, Lettre encyclique, *Pacem in terris,* 11.4.1963

JEAN-PAUL II, Lettre encyclique *Redemptor hominis*, 04.3. 1979

-« Discours à l'Académie pontificale des sciences », 10.11.1979

- *Allocution*, 16.1.1980

-*Discours à l'UNESCO,* Paris, 02.6.1980

Discours aux jeunes, Parc des Princes, Paris, 1980.

-*Les tâches de la famille chrétienne dans le monde d'aujourd'hui,* Exhortation apostolique *Familiaris consortio*, 22.11.1981.

-*Discours au Congrès Mondial des Médecins Catholiques*, 3.3.1982

-Lettre Apostolique *Salvifici doloris,* 11.2.1984

-*Sollicitudo rei socialis*, 30.12.1987

-*Mulieris dignitatem*, 15.8.1988

-*Discours aux Représentants des Médecins Catholiques Italiens*, 4.4.1989

-Lettre Encyclique *Centesimus annus*, 1.5.1991

-Lettre à tous les Evêques concernant « L'Évangile de la vie », 19.5.1991

-Lettre encyclique *Veritatis splendor,* sur quelques questions fondamentales de l'enseignement moral de l'Eglise, 6.8.1993

-Méditation sur le don désintéressé, 8.2. 1994

-Lettre aux familles, 2.1994

-Lettre encyclique *Evangelium Vitae,* sur la valeur et l'inviolabilité de la vie humaine, 25.3.1995

-Lettres aux femmes, 19.6.1995

-Allocution, 24.3.1997

-Lettre encyclique *Fides et ratio,* 14.9.1998

-Message du 8.12.1989

Audience générale, 17.1.2001

-Message pour la Journée Mondiale de la paix, 1.1.2003

-Discours aux membres de la C.I.T., 7.10.2004

-Mémoire et identité, Conversations au passage entre deux millénaires, Traduction par François Donzy, Paris : Flammarion, 2005, 217p., ISBN 2-08-210502-4

-Homme et femme Il les créa. Une spiritualité du corps, Cerf, Paris, 2012, 694 p., ISBN 978 2 204 075

-La théologie du corps, Trad. Y. SEMEN, Cerf, 2014, 784p. ISBN 9782204102131

PAUL VI, Lettre encyclique *Populorum progressio,* Introduction de Vincent COSMAO, Paris : Centurion, 26 mars 1967, 124 pp.

PAUL VI, Lettre encyclique *Humanae vitae,* sur le mariage et la régulation des naissances, 25 juillet 1968

SAINT-SIEGE, *Charte des Droits de la Famille,* 1983

II. LIVRES, ARTICLES

ABEL F. y FABRE, *Bioética : orígenes, presente y futuro,* MAPFRE, 2001, 226p., ISBN 84 7100 799 1

AHEDO, Josu, El conocimiento de la naturaleza humana desde la sindéresis. Estudio de la propuesta de Leonardo Polo, *Cuadernos de Anuario Filosófico*, 223, 2010, 96p.

ANSCOMBE G.E.M., *L'intention,* Trad. Mathieu Maurice et Cyrille Michon, Gallimard, 2002, 158p. ISBN 9782070765942

ARENDT H., *Les origines du totalitarisme. Eichmann à Jérusalem,* Quarto/Gallimard, 2002

ARISTOTE, *Ethique à Nicomaque*, Traduction par J. TRICOT (1893-1963), Les Echos du Maquis, 2014, 275p.

IDEM, *La morale et la politique*, vol II., trad. J.F. THUROT, 1823-1824

ASSOCIATION MÉDICALE MONDIALE (AMM), *Manuel d'Éthique Médicale,* 2ème édition, Paris, 2009, 144p

AUGUSTIN Saint, *De civitate Dei,* Livres XI-XXII c.1, n.3, Trad. Raoul Presles, 1316 ou 1382

IDEM, *Les Confessions,* Trad. M. Moreau, 1864

IDEM, *La doctrine chrétienne* (*De doctrina christiana)*, Institut des études augustiniennes, Paris, 2014

IDEM, « La foi chrétienne (De vera religione, De utilitate oriendi, De fide rerum quae non videntur, De fide et operibiis) », Introduction, traduction et notes par J. PEGON, *Revue des sciences religieuses*, 1953, vol 27 n.3 1953.

BEAUCHAMP T.L. CHILDRESS J.F., *Principios de Ética Biomédica,* Masson, 2002, 522p. ISBN 8 445 804 804

BELPOMME D., *Ces maladies créées par l'homme. Comment la dégradation de l'environnement met en péril notre santé,* Albin Michel, Paris, 2004, 378p. ISBN 9 782 226 142 238

BONHOEFFER D., *Résistance et soumission. Lettre et notes de captivité*, Labor et Fides, 2006, 630p. ISBN 9782830911985

BRUGUÈS J.-L., *La fécondation artificielle au crible de l'éthique chrétienne,* Communio/Fayard, Paris, 1989, 302p. ISBN 9782213022956

CABEZA DE VACA A.N., *Naufragios y Comentarios,* Edición de Roberto Fernando, Madrid, 2000, 300p. ISBN 8449202043

CAFFARRA, Carlos, *Vida en Cristo*, Tercera edición, Pamplona : EUNSA, 2010, 236p., ISBN 978-84-313-1064-6

CAMPS V., *Una vida de calidad, Reflexiones sobre bioética*, Ares y Mares, 2001, 249p. ISBN 8484322912

CASTAGNET F., *Sexe de l'âme et sexe du corps,* Centurion, Paris, 1981

COLLAUD T., « La procréation dans le cadre de l'éthique sociale » in *La joie d'accueillir la vie*, Colloque à l'Université de Fribourg, 12-13.IX.2014

IDEM, *Démence et résilience, Mobiliser la dimension spirituelle,* Lumen vitae, 2013, 99p. ISBN 9782873244484

COLLAUD T., GAY-CROSIER V., BURLACU, M. (Eds), *Alzheimer, une personne quoi qu'il arrive,* Fribourg-Academic Press, 2013, 195p. ISBN 978 282

COMMISSION NATIONALE D'ÉTHIQUE POUR LA MÉDECINE HUMAINE (CNE), *La procréation médicalement assistée. Considérations éthiques et propositions pour l'avenir,* Prise de position n° 22/2013, Berne, décembre 2013

COMPOSTA D., *La nuova morale e i suoi problemi. Esame sistematico alla luce del pensiero di s. Tommaso*, Studi tomistici, 1990 196p. ISBN 978 8820944902

D'ORNELLAS P. et al. *Bioéthique, Propos pour un dialogue*, Desclée de Brouwer, 2009, 152p. ISBN 9782 283 61060 2 (chapitre 4)

DE BEAUVOIR S., *Le deuxième sexe I et II,* Gallimard, 1949 et 1964.

DELHAYE P., *La conciencia moral del cristiano,* Herder, Barcelona, 1969, 308p.

DURAND G., *Introduction générale à la bioéthique*, *Histoire, Concepts et Outils*, Fides.Cerf, 1999, 564p. ISBN 2 7621 2152 3 (Fides) ; ISBN 2 204 06398 3

FAVALORO R.G. MOSZENBERG A. MAINETTI J.A. KLIMOVSKY G. CIOCCHINI H., *Conversaciones sobre Ética y Salud,* Fundación Favaloro, Buenos Aires, 1996, 78p. ISBN 950 549 358 4

FERNÁNDEZ, Aurelio, *Teología Moral,* I, II, III Moral Fundamental, social económica y política, Burgos : ALDECOA, 1992, 1993

FIDELITE, *La planification familiale naturelle, un mode de vie,* (61), Namur, 1998, 48p, IBSN 9782873561499

FINNIS J., *Moral Absolutes. Tradition, Revision and Truth,* The Catholic University of America Press, Washington, D.C., 1991

FOLLO, F. RIVIERE, F. WREDE, H. OMOLEWA, M. TAURAN, J.-L. BOTTURI, F. GRZYWACZEWSKI, J. CHEBAUX, G. FALQUE, E MEDEVIELLE, G. GAGEY, H.-J., *Jean-Paul II et la culture contemporaine*, Cerf, 2005, 223p. ISBN 9782204077880

FREUD S., « Compendio del psicoanálisis », en *Obras Completas*, XIX (Orbis, Barcelona 1988) 3379-3418

FRYDMAN, R., *Dieu, la médecine et l'embryon,* 2e Ed., Paris : Odile JACOB, 1999, 358p, ISBN 2-7381-0729-X

GADAMER H.G., *Vérité et Méthode, les grandes lignes d'une herméneutique philosophique*, Seuil, 1960, 544p

GARRIDO G. Mª T., *Cuestiones actuales de bioética,* Pamplona : EUNSA, 2006, 147p, ISBN84-313-2392-2

GONZÁLES A. M., *Claves de ley natural,* Madrid : RIALP, 2006, 166p., ISBN 84-321-3580-1

GONZÁLES M.A.M., *Conceptos de Salud Pública y estrategias preventivas,* Elsever, 2013, 509p., ISBN 9788480869041

GONZÁLEZ A.M., *En busca de la naturaleza perdida, Estudios de bioética fundamental*, EUNSA, 2000, 176p. ISBN 84 313 1820 1

GRACIA D., *Fundamentos de bioética,* EUDEMA, 1989, 605p. ISBN 84 77540454

GRISEZ-SHAW, *Ser persona. Curso de ética*, Rialp, 1993, 240p., ISBN 9788432129629

GROBSTEIN C., *External Human Fertilization,* 14.10.1983 in Pubmed

GUENTHOER A., *La moral de situación. Decisiones morales contra la ley,* Paulinas-Madrid, 1971, 183p.

GUILLÉN, D.G., *Ética de la calidad de vida,* Fundación Santa María, 1984, 91.p. ISBN 8434814730

GUZMÁN J.L., *Cuando el hijo no llega. Manuel para parejas infecundas,* Formación Alcalá, 2008, 92p. ISBN 9788496804814

HABERMAS J. RATZINGER J., *Raison et religion. La dialectique de la sécularisation,* Traduction de l'allemand et présentation de Jean-Louis SCHLEGEL, Paris : Salvator, 2010, 84p., ISBN 978-2-7067-0710-0

HABERMAS J., *L'avenir de la nature humaine, Vers un eugénisme libéral ?*, Trad. C. BOUCHINDHOMME, Gallimard, 2001, un 180p. ISBN 9782070765317

KANT E. *Fondements de la métaphysique des mœurs*, Nathan, 1989, 167p. ISBN 9782091881966

LEVINAS E., *Difficile la liberté. Essais sur le judaïsme,* Albin Michel, 1984, 416p, ISBN 9782253034278

LOMBARD J., *Éthique médicale et philosophie, l'apport de l'Antiquité, Hippocrate et Platon, Etudes de philosophie de la médecine*, L'Harmattan, 2009, 130p., ISBN 978 2 296 098 4

LUBAC (de) H., *Catholicisme. Les aspects sociaux du dogme,* Cinquième Edition, Paris : CERF, 1952, 416p.

LLANES J.L., « Presupuestos para una teología del mundo. Análisis del intento teológico de Johann Baptist Metz » *in Scripta Theologica* 3(1971) 425-474.

MAILLARD N., *La vulnérabilité. Une nouvelle catégorie morale ?* Labor et Fides, 2011, 386p., ISBN 9782830914238

MARCEL G., *Être et avoir*, Paris, Aubier, 1935, 357p.

MARCEL G., *Les hommes contre l'humain*, Nouvelle édition sous la direction de J. Parain-Vial, Préface de Paul Ricoeur, Paris, 2009 171p., ISBN 9782951213968

MARÍN-PORGUERES F.J., *La moral autónoma, un acercamiento desde Franz Böckle,* EUNSA, 2002, 285p., ISBN 84 313 1976 3

MATTEI J.-F., *L'homme en quête d'humanité,* Presses de la Renaissance, 2007, 262p. ISBN 978 2 750903725

MEDRÁN J. A. R., *El valor inviolable de la vida humana, la recepción de « Evangelium vitae » en las revistas españolas de Teología*, Tesis de doctorado dirigida por A. SARMIENTO, UNIVERSIDAD DE NAVARRA: Pamplona, 2004, 602p.

MELE D., *Cristianos en la sociedad, Introducción a la Doctrina Social de la Iglesia*, Madrid: Ediciones RIALP, Tercera edición, junio 2000, 239p., ISBN 84-321-3266-7

MESSI L. *Minlan mi fëk Beti*, Orea-Yaoundé, 18 juin 1959, 50p.

MIGUEL J. LIN P., *Le couple face à l'infertilité,* Albin Michel, 2013, 201p. ISBN 978 222 6245618

MIKA MFITZSCHE R., *Enjeux éthiques de la régulation des naissances en Afrique. Sexualité. Fécondité, Développement,* Actuel, Louvain, 1998, 165p. ISBN 2873020210

MOLINA E. y PARDO J.M., *Sociedad contemporánea y cultura de la vida. Presente y futuro de la bioética,* EUNSA, Pamplona, 2006, 293p., ISBN 8431323701

MOLINA E. y TRIGO T. (Eds), *Verdad y libertad. Cuestiones de moral fundamental,* Madrid: EDICIONES UNIVERSITARIAS, 2009, 184p., ISBN 978-84-8469-268-3

MUÑOZ R., J.S. CANIZARES y G. GUITIAN, *Religión, sociedad moderna y razón práctica,* Pamplona : EUNSA, mayo 2012, 284 pp., ISBN 978-84 313-2855-9

OLIVENNES F., *Faire un enfant au XXIe siècle,* Flammarion, 2013, 204p., ISBN 978208129512

ONAMBELE L., *Loi naturelle et euthanasie*, *apport* d'Evangelium vitae *à la réflexion morale contemporaine*, L'Harmattan, Paris, avril 2014, 178p., ISBN 9 782 343 032 672

PALUMBIERI S., *Antropologia e sessualità. Presupposti per un'educazione permanente,* Turin, 1996, 408p., ISBN 97 888 050 566 200

PASCAL B., *Pensées,* Edition Léon Brunschvicg, Paris, 1897, 282p.

PINCKAERS S., *Ce qu'on ne peut jamais faire. La question des actes intrinsèquement mauvais. Histoire et discussion*, Ed. Universitaires/Fribourg, Cerf/Paris, IIe édition, 1995, 139p. ISBN 282703427/2 204 023 787

PINCKAERS S., *Las fuentes de la moral cristiana. Su método, su contenido, su historia*, tercera edición, Pamplona : EUNSA, Enero 2007, 542p., ISBN 84-313-2430-9

PINCKAERS S., *Les sources de la morale chrétienne. Sa méthode, son contenu, son histoire*, Academic Press Fribourg, 1985, 523p. ISBN 9782827110193

PLATON, *Dialogues socratiques : Mémoires sur Socrate, De l'économie, Apologie de Socrate, le Banquet/Xénophon*, Trad. E. TALBOT, Paleo, 2014, 287p. ISBN 9782849099094

POLAINO-LORENTE A. (Ed.), *Manual de bioética general*, RIALP, segunda edición, 1994, 490p., ISBN 84 321 3027 3

POLO L., *Hegel y el post-hegelianismo*, 2e ed. EUNSA, 1999, 344p.

R.M.MFITZSCHE, *Enjeux éthiques de la régulation des naissances en Afrique. Sexualité, fécondité, développement*, Actuel, Louvain-la-Neuve, 1998, 165p., ISBN 9 782 873 020 217

RAMON L.L.. VIAL CORREA J.D., *Comentario Interdisciplinar a la* « Evangelium vitae », Madrid, AUTORES CRISTIANOS, 1996, 811p., ISBN 84-7914-225-1

RATZINGER J. (BENOIT XVI), *Jésus de Nazareth. Du baptême dans le Jourdain à la transfiguration*, Paris : Flammarion, 2007, 423p., ISBN 978-2-0812-0390-7

RECUERO J. R., *En defensa de la vida humana*, Madrid : BIBLIOTECA NUEVA, 2011, 392 p., ISBN 978-84-9940-249-9

RHONHEIMER M. *Ley natural y razón práctica. Una visión tomista de la autonomía moral*, Pamplona: EUNSA, 2000, 576 p., ISBN 84-313-1805-8

IDEM, *Derecho a la vida y estado moderno. À propósito de la « Evangelium vitae »*, RIALP, Madrid, 1998, ISBN 84-321-3176-8, 108p.

RODRÍGUEZ LUÑO, *Sulla fondazione trascendentale della morale cristiana*, « Persona, verità e morale», Atti del Congresso internazionale di Teologia Morale, Città Nuova, Roma, 1987, pp.61-79.

RÖTZER J., RÖTZER E. *L'art de vivre sa fertilité. Méthode sympto-thermique de régulation naturelle des naissances*, ed.godiz-Autriche, 2012, 136p, ISBN 9783952364598

SARMIENTO A. TRIGO T. MOLINA E., *Teología Moral Fundamental*, Pamplona : EUNSA, Febrero 2013, 558p., ISBN 978-84-313-2908-2

IDEM, *Moral de la persona,* Pamplona : EUNSA, octubre 2006, 455 pp., ISBN 84-313-2419-8

SCHLÜTER RODES A.M., « Santa Teresa y Zen » in *Pasos* (131), 2015

SEMEN Y. *La sexualité selon JEAN-PAUL II,* Nouvelle édition revue et augmentée, Presses de la Renaissance, Paris, 2004, 245p. ISBN 9 782 750 900 366

SÈVE L., *Pour une critique de la raison en bioéthique*, Odile Jacob, 1994, 418p. ISBN 9782 738 102423

SPENCER H., *Social Statics : Or the Conditions Essential to Human Happiness Specified, and the First of Them Developed*, LLC, 2014, 538p. ISBN 1498110932

SPENCER H., *The principles of Ethics*, Vol. I, Liberty Fund, 1978, 322p.

THÉRÈSE D'AVILA, *Œuvres de sainte Thérèse,* Traduites d'après les manuscrits originaux par Marcel BOUIX, IIe édition, Tome III, Paris, 1859, 576p.

THÉRÈSE DE LISIEUX, *Œuvres Complètes*, Cerf-DDB, 2011, 1593p. ISBN 978-2-204-04303-8 (Cerf) ; 978-2-2200-3306-8 (DDB)

THÉVENOT X., *Morale fondamentale,* Notes de cours, Paris : DESCLEE DE BROUWER, 2007, 229 p., ISBN 978-2-220-05854-2

TREMBLAY Réal, *L'Homme qui divinise. Pour une interprétation christocentrique de l'existence,* Québec : PAULINES, 1993, 248 p., ISBN 2-89039-571-5

TRIGO T. (Ed.), *En busca de una ética universal : un nuevo modo de ver la ley natural. Documento de la Comisión Teológica Internacional y comentarios*, Pamplona: EUNSA, Octubre 2010, 243p., ISBN 948-84-313-2736-1

TRIGO T., MOLINA E. (Eds.), *Matrimonio, Familia, Vida. Homenaje al Prof. Dr. A. Sarmiento*, Pamplona : EUNSA, 2011, 492p., ISBN 978-84-313-2777-4

TRIGO T., *El debate sobre la especificidad de la moral cristiana,* Pamplona : EUNSA, 2003, 757p., ISBN 84-313-2082-6.

TROTTMANN C., *Vers la contemplation. Etudes sur la syndérèse et les modalités de la contemplation de l'Antiquité à la Renaissance*, CHAMPION, Paris, 2007, 312p., ISBN 978-2-7453-1659-2

VALADIER P, « Entre le mythe et la science, la morale », *Monde scientifique* n° 16, vol. 2, p. 757

VAN LIER H., *La intención sexual. Síntesis contemporáneas,* Marfil, 1970, 145p.

VERCORS, *Les Animaux dénaturés,* Paris, Livre de Poche, 1952, 288p., ISBN 978 2253010234

VON HILDEBRAND D., « La virtud hoy » in *Santidad y virtud en el mundo*, Rialp, Madrid, 1972, pp.119-125

WEARVER R.M., *Las Ideas tienen consecuencias,* El buen mudo, 2011, 220p. ISBN 978 84 938 8 4

WOJTYLA K., *Amor y reponsabilidad,* VII[a] ed. Madrid, 1978, 347p.

WOJTYLA K., *Amour et responsabilité. Étude de morale sexuelle*, Dialogue/Stock, Paris, 1978, 285p.

WOLF J.-F., *Espoirs et limites de l'assistance médicale à la procréation. Prendre soin de l'enfant à naître,* Odile-Jacob, 2015, 236p. ISBN 9782738132567

III. DICTIONNAIRES

Nuevo diccionario de Teología Moral, F. COMPAGNONI, G. PIANA, S. PRIVITERA, M. VIDAL, 2ª edición, Madrid : SAN PABLO, 2001, ISBN 84-285-1494-1, 1957p.

Diccionario de Pastoral de la salud y Bioética, J.C. BERMEJO, F. ÁLVAREZ, Madrid : SAN PABLO, 2009, ISBN 978-285-3513-7, 1887p

IV. SITOGRAPHIE

www.sciencedaily.com

www.hgc.gov.uk

www.institutdelafamillegeneve.org.

www.tourette-romandie.ch.

www.cpma.ch.

Pubmed.gov

www.ine.es

www.re-so.net

www.educarhoy.org

www.joveneshoy.org

Table des matières

Santé et Médecine
aux éditions L'Harmattan

Dernières parutions

MALADIES AUTO-IMMUNES
Quand notre système de défense nous trahit
Tron François
Le système immunitaire nous protège contre les virus, les bactéries et les parasites. Il peut parfois tourner ses armes contre l'organisme qu'il est censé défendre et y induire des lésions. Les maladies qui en résultent sont dites auto-immunes. Elles sont fréquentes et ensemble constituent la troisième cause de morbidité derrière les maladies cardiovasculaires et cancéreuses. Ce livre parcourt aussi les voies que la recherche emprunte pour corriger les désordres cellulaires et moléculaires observés au cours de chaque maladie auto-immune.
(Coll. Acteurs de la Science, 22.50 euros, 212 p.)
ISBN : 978-2-343-07769-7, ISBN EBOOK : 978-2-336-39806-8

LE DROIT DE LA GÉNÉTIQUE
À la recherche d'une branche du droit
Bricker Guillaume - Préface de Gérald Teboul
En matière de génie génétique, les questions éthiques et polémiques se multiplient à mesure que la technique évolue et embrasse de nombreux sujets : reproduction, OGM, tests génétiques, clonage… Le droit est-il suffisamment en avance pour y répondre ? Cet ouvrage permet de mieux connaître les règles et en assure la promotion, tout en mettant en garde contre les glissements éthiques. Il offre un panorama complet du cadre juridique applicable à la génétique. L'ensemble des textes permet de mieux comprendre les enjeux et quelquefois les limites de la législation.
(Coll. Le Droit aujourd'hui, 65.00 euros, 852 p.)
ISBN : 978-2-343-06705-6, ISBN EBOOK : 978-2-336-39860-0

BIOÉTHIQUE ET TRANSDISCIPLINARITÉ
Brelet Claudine, Patrick Curmi, Fatima Zhora Elkebir, Salwa Hamrouni, Mourad Merdaci - Préface de Christian Byk
Réflexion transdisciplinaire sur les rapports entre les sciences de l'homme et son environnement, cet ouvrage défend une bioéthique ouverte à la société civile. Il reflète les défis moraux auxquels sont maintenant confrontées les biotechnologies, depuis les OGM jusqu'à la PMA. Les chercheurs rappellent que la révolution biotechnologique peut et doit contribuer à améliorer la qualité de la vie, présente et future. La bioéthique questionne finalement la nature même de l'être humain et offre la perspective d'un nouvel avenir.
(Coll. Cultures et Médecines, 17.00 euros, 154 p.)
ISBN : 978-2-343-07225-8, ISBN EBOOK : 978-2-336-39901-0

TRANSGRESSIONS DES FRONTIÈRES DU CORPS
La chirurgie esthétique
Mitz Vladimir
Les frontières de la chirurgie esthétique délimitent, avec difficulté, une spécialité chirurgicale qui est expansive. Cette chirurgie transgressive dérange les concepts philosophiques du «accepte-toi

tel que tu es», elle bénéficie d'innovations tumultueuses telles les homogreffes du visage ou des membres, elle est constamment soumise à l'œil éveillé des médias. Cet ouvrage se propose d'en exposer les facettes en explorant ses mythes, ses bases conscientes et inconscientes et ses limites.
(Coll. Eidos série Retina, 16.50 euros, 156 p.)
ISBN : 978-2-343-07729-1, ISBN EBOOK : 978-2-336-39759-7

VERS LA CÉCITÉ
Un étrange parcours – Récit
Abbadie-Douce Paulette
Dans son précédent ouvrage « Voyage vers la cécité », l'auteur se penchait sur le choc éprouvé à l'annonce du verdict de cette maladie des yeux qui l'affecte : la « DMLA ». Dans ce nouvel ouvrage, elle nous dévoile d'étranges phénomènes qui l'assaillent et la troublent. À la suite de recherches, elle découvre avec stupéfaction que ces phénomènes sont une conséquence prévisible de la maladie des yeux qui l'affecte. Alors pourquoi ce silence autour de ces phénomènes reconnus par les spécialistes ?
(8.00 euros, 50 p.)
ISBN : 978-2-343-07608-9, ISBN EBOOK : 978-2-336-39792-4

MÉDECINE À TRAVERS LES SIÈCLES
Entre rencontres et découverte
Sous la direction de Xavier Riaud
Si la médecine et ses acteurs ont contribué incontestablement au bien-être de l'humanité, les dérives de quelques-uns ou les zones d'ombre amènent inévitablement à une discussion à propos de l'éthique qui doit la régir. Forts de ce postulat, les auteurs de cette collection ont souhaité décrire les avancées et les évolutions des sciences médicales.
(Coll. Médecine à travers les siècles, 19.00 euros, 182 p., Illustré en couleur)
ISBN : 978-2-343-07425-2, ISBN EBOOK : 978-2-336-39465-7

LA DÉPRESSION
Une pathologie à visage multiple
Lamessi Alain - Préfaces du docteur Thierry Malassiné et du professeur Michel Dieudonné Vohito
Le présent ouvrage tente de présenter les multiples visages de la dépression. Pour cela, Alain Lamessi retrace la longue histoire de cette maladie qui n'a cessé de se métamorphoser au fil des ans, avant de questionner la problématique de la classification. Passant ensuite en revue les facteurs, corrélats et autres théories, il lève un bout de voile sur la complexité de ce trouble de l'humeur, tout en faisant un détour dans ses spécificités africaines.
(26.50 euros, 270 p.)
ISBN : 978-2-343-06235-8, ISBN EBOOK : 978-2-336-39178-6

SCIENCE ET HUILES ESSENTIELLES
Baumann Alexandre
Les huiles essentielles sont fortes là où les médicaments sont faibles : maux de dos, maladies cardiovasculaires, infections chroniques, anxiété « ordinaire »... Cela est étayé par de nombreuses études scientifiques. Pourtant elles continuent à être vues comme de simples substances agréablement odorantes. Ce livre combat cette injustice en détaillant une centaine d'études scientifiques démontrant de réels effets thérapeutiques.
(17.50 euros, 172 p.)
ISBN : 978-2-343-07469-6, ISBN EBOOK : 978-2-336-39322-3

LA MALTRAITANCE DES PERSONNES ÂGÉES
L'envers du décor
Sauveur Yannick - Postface de Pascal Lardellier
Ce livre interroge les causes de la maltraitance des personnes âgées. L'auteur cible les responsabilités de l'État et la faiblesse des moyens mis au service des personnes âgées. Il offre ainsi une réflexion sur le jeunisme, l'âgisme et la société marchande. Fort de son expérience du milieu médicosocial,

l'auteur apporte un éclairage original sur l'envers du décor, les personnels maltraités. De nombreux témoignages illustrent son propos.
(Coll. Des Hauts et Débats, 19.00 euros, 186 p.)
ISBN : 978-2-343-07283-8, ISBN EBOOK : 978-2-336-39357-5

ACCOMPAGNER LA VIE JUSQUE-LÀ
Feroumont Bernadette - Préface de Gabriel Ringlet
Ouvrir ce livre, c'est plonger dans l'univers de l'accompagnement de la fin de vie et comprendre combien des attitudes simples et spontanées peuvent compter pour le patient, l'entourage ou l'équipe soignante. Les récits parlent de tendresse et de moments heureux, mais aussi de tristesses, de colères, d'injustices. Ouvrir ce livre, c'est aussi découvrir que le temps nous rappelle l'urgence de savourer la vie : il nous invite à porter sur nos rencontres et nos gestes un regard intérieur qui leur donnera du sens.
(Coll. Encres de vie, 16.50 euros, 162 p.)
ISBN : 978-2-336-30839-5, ISBN EBOOK : 978-2-336-39254-7

LES ÎLES DÉSERTES
Avela Guilloux, Rébecca Stella
Léa a 9 ans. Un jour, elle découvre qu'elle est diabétique. À partir de ce moment-là, sa vie change, devient compliquée. Elle doit faire face à sa colère, ses propres peurs, à un traitement difficile, à des contraintes auxquelles elle ne s'attendait pas, aux réflexions pas toujours délicates de son entourage. Léa va devoir apprendre à vivre avec ce diabète, cette « sale bête » qui l'accompagne désormais. Dans son imaginaire d'enfant, Léa devient Super Léa, une super-héroïne du quotidien, une dompteuse... La « sale bête » n'a qu'à bien se tenir ! «Écrite par deux mères d'enfants qui souffrent de ce mal, la pièce a des accents de vérité d'autant plus convaincants que le rôle de la fillette est endossé par Rébecca Stella, l'une des mamans qui est de surcroît une comédienne d'une subtile envergure.» (Pariscope). «Un joli spectacle.» (www.froggydelight.com)
(15.00 euros) ISBN : 978-2-336-2-97408

SE LIBÉRER D'UNE ADDICTION SANS DROGUE
Baclofène et boulimie : une expérience
Goffart Claude
Ce livre retrace l'itinéraire d'une «toxico de la bouffe», aidée dans son combat par l'usage du baclofène, molécule ancienne redécouverte par un professeur alcoolique. Elle s'avère efficace pour supprimer l'envie irrésistible qui mène à la bouteille mais semble aussi apte à aider les boulimiques. Décrit dans ces pages, ce traitement demande surtout de la ténacité et un travail sur soi attentif mené avec un thérapeute et en lien avec une association dédiée aux utilisateurs de ce traitement.
(20.50 euros, 198 p.)
ISBN : 978-2-343-06233-4, ISBN EBOOK : 978-2-336-38817-5

AUTISME
Le sacrifice invisible
Trajectoires des familles et regards croisés des professionnels
Jean-Bart Christiane
Malgré des évolutions positives dans l'accompagnement des enfants autistes, l'auteure sort de l'institution et va à la rencontre des familles. Retracer leurs trajectoires lui semble indispensable à la compréhension de l'environnement de l'enfant autiste. Il s'agit d'avoir une vision globale de l'enfant autiste, de prendre en compte tout ce qui influe sur lui dans des cadres comme l'institution qui le prend en charge, sa famille, l'école, son voisinage...
(Coll. Réseau Tessitures, 25.00 euros, 256 p.)
ISBN : 978-2-343-06565-6, ISBN EBOOK : 978-2-336-38662-1

FRAGMENTS POUR UNE HISTOIRE DE LA GÉRONTOLOGIE (Volume 1)
OAREIL
Ce livre raconte avec force anecdotes la naissance de l'action gérontologique : les errements, les oppositions et les luttes des acteurs qui ont ouvert cette voie nouvelle. Ce tome rassemble les

entretiens individuels de ces femmes et hommes, pionniers chacun dans leur domaine. Ils narrent leurs parcours, leurs rencontres, la manière dont ils s'y sont pris pour construire pas à pas des actions, des services, des organisations sur des terrains en friche.
(Coll. La gérontologie en actes, 23.50 euros, 220 p.)
ISBN : 978-2-343-06908-1, ISBN EBOOK : 978-2-336-38920-2

FRAGMENTS POUR UNE HISTOIRE DE LA GÉRONTOLOGIE (Volume 2)
OAREIL
Ce livre raconte avec force d'anecdotes la naissance de l'action gérontologique : les errements, les oppositions, et les luttes des acteurs qui ont ouvert cette voie nouvelle. Ce tome rend compte des journées régionales qui ont réuni sur des territoires différents les acteurs de la première heure. Les entretiens croisés proposent un vrai tissage d'expériences et mettent en évidence les réseaux naissants constitués autour d'affinités, de compétences, où se sont retrouvés professionnels, élus, bénévoles qui avaient à cœur d'inventer et de bâtir.
(Coll. La gérontologie en actes, 17.50 euros, 152 p.) ISBN : 978-2-336-30382-6, ISBN EBOOK : 978-2-336-38921-9

HISTOIRE ET ÉPISTÉMOLOGIE DE L'ANATOMIE ET DE LA PHYSIOLOGIE EN ART DENTAIRE
De l'Antiquité à la fin du XX e siècle
Gros Gilles - Préface de Roger Teyssou
Dans cet ouvrage, Gilles Gros retrace l'histoire des principales étapes du développement épistémologique de l'anatomie et de la physiologie, deux des déterminants fondamentaux de l'évolution épistémologique de l'art dentaire. Tout au long de cet interminable et laborieux parcours épistémologique, l'auteur se plaît à nous dévoiler la manière dont l'art dentaire a évolué dans ses rapports à l'anatomie et à la physiologie, en passant d'une attitude essentiellement morphologiste et descriptive à une vision plus physiologique et expérimentale.
(Coll. Acteurs de la Science, 40.00 euros, 426 p.) ISBN : 978-2-343-06750-6, ISBN EBOOK : 978-2-336-38774-1

DE CÉLINE – Histoire d'une thèse à Semmelweis
Histoire d'une œuvre
Deveaux Michel
Cet ouvrage rassemble l'histoire de deux médecins. *L'Histoire d'une thèse* est celle de Louis Destouches, de sa jeunesse jusqu'au début de sa carrière médicale, on y découvre les évènements et personnages qui inspirèrent Céline. *L'Histoire d'une œuvre* est celle d'Ignace Semmelweis, consacrée à sa carrière médicale et surtout à la résolution qu'il apporta au problème de la fièvre puerpérale. C'est aussi son combat mené face à la communauté médicale, longtemps résistante à ses idées.
(19.00 euros, 182 p.) ISBN : 978-2-343-06807-7, ISBN EBOOK : 978-2-336-38894-6

LES AVENTURES ET MÉSAVENTURE D'HERMÈS, MÉDECIN
Cohen Albert J.
L'exercice de la médecine générale conduit à diverses aventures, quelquefois tendres, parfois cocasses, certaines dramatiques. En cinquante années d'exercice, l'auteur a traversé tant et tant de psychodrames, et, hélas, tant de drames tout court, qu'il en a retenu ces quelques anecdotes vraies, toutes vécues... ou presque. Elles méritaient d'être racontées. C'est toute une vie de praticien, étendue sur plus de cinquante années, qui se raconte dans ce livre.
(17.50 euros, 160 p.) ISBN : 978-2-343-06284-6, ISBN EBOOK : 978-2-336-38599-0

L'HARMATTAN ITALIA
Via Degli Artisti 15; 10124 Torino
harmattan.italia@gmail.com

L'HARMATTAN HONGRIE
Könyvesbolt ; Kossuth L. u. 14-16
1053 Budapest

L'HARMATTAN KINSHASA
185, avenue Nyangwe
Commune de Lingwala
Kinshasa, R.D. Congo
(00243) 998697603 ou (00243) 999229662

L'HARMATTAN CONGO
67, av. E. P. Lumumba
Bât. – Congo Pharmacie (Bib. Nat.)
BP2874 Brazzaville
harmattan.congo@yahoo.fr

L'HARMATTAN GUINÉE
Almamya Rue KA 028, en face
du restaurant Le Cèdre
OKB agency BP 3470 Conakry
(00224) 657 20 85 08 / 664 28 91 96
harmattanguinee@yahoo.fr

L'HARMATTAN MALI
Rue 73, Porte 536, Niamakoro,
Cité Unicef, Bamako
Tél. 00 (223) 20205724 / +(223) 76378082
poudiougopaul@yahoo.fr
pp.harmattan@gmail.com

L'HARMATTAN CAMEROUN
BP 11486
Face à la SNI, immeuble Don Bosco
Yaoundé
(00237) 99 76 61 66
harmattancam@yahoo.fr

L'HARMATTAN CÔTE D'IVOIRE
Résidence Karl / cité des arts
Abidjan-Cocody 03 BP 1588 Abidjan 03
(00225) 05 77 87 31
etien_nda@yahoo.fr

L'HARMATTAN BURKINA
Penou Achille Some
Ouagadougou
(+226) 70 26 88 27

L'HARMATTAN SÉNÉGAL
10 VDN en face Mermoz, après le pont de Fann
BP 45034 Dakar Fann
33 825 98 58 / 33 860 9858
senharmattan@gmail.com / senlibraire@gmail.com
www.harmattansenegal.com

L'HARMATTAN BÉNIN
ISOR-BENIN
01 BP 359 COTONOU-RP
Quartier Gbèdjromèdé,
Rue Agbélenco, Lot 1247 I
Tél : 00 229 21 32 53 79
christian_dablaka123@yahoo.fr

Achevé d'imprimer par Corlet Numérique - 14110 Condé-sur-Noireau
N° d'Imprimeur : 134431 - Dépôt légal : décembre 2016 - *Imprimé en France*

www.ingramcontent.com/pod-product-compliance
Lightning Source LLC
LaVergne TN
LVHW011452061026
849535LV00004BA/1062
* 9 7 8 2 3 4 3 1 0 7 0 2 8 *